大数据技术与应用

大数据质量

蔡　莉　朱扬勇
编著

上海科学技术出版社

图书在版编目(CIP)数据

大数据质量 / 蔡莉，朱扬勇编著. —上海：上海科学技术出版社，2017.1

(大数据技术与应用)

ISBN 978-7-5478-3374-2

Ⅰ.①大… Ⅱ.①蔡… ②朱… Ⅲ.①数据处理—研究 Ⅳ.①TP274

中国版本图书馆 CIP 数据核字(2016)第 277757 号

大数据质量

蔡 莉 朱扬勇 编著

上海世纪出版股份有限公司
上 海 科 学 技 术 出 版 社 出版

(上海钦州南路 71 号 邮政编码 200235)

上海世纪出版股份有限公司发行中心发行

200001 上海福建中路 193 号 www.ewen.co

苏州望电印刷有限公司印刷

开本 787×1092 1/16 印张 15.25

字数 320 千字

2017 年 1 月第 1 版 2017 年 1 月第 1 次印刷

ISBN 978-7-5478-3374-2/TP·47

定价：60.00 元

内容提要

数据作为一种基础性与战略性资源得到了广泛认可，数据服务成为很多组织和机构日常营运和活动中必不可少的重要环节。当下，数据质量在理论与实践中越来越受到关注，不仅是制约数据产业发展的关键问题，也是大数据应用研究中绕不开的重大命题。本书汇集了国内外数据质量研究的经典理论、技术和方法，以及最新的前沿发展趋势；首先介绍了传统数据质量研究的各种代表性成果；接着，在此基础上，结合大数据的特性，分析大数据时代下数据质量面临的挑战，并详细介绍基于大数据的数据质量相关技术的实现；最后，通过一个实际案例，提出一套完整的大数据质量解决方案。

本书可作为高等院校相关专业高年级学生和研究生的数据质量课程教材，以及从事数据质量研究和应用的科技工作者的参考书。

本书的相关研究工作得到以下相关项目的资助：
1. 国家自然科学基金项目(编号：61663047)
2. 国家自然科学基金项目(编号：U1636207)
3. 上海市科技发展基金项目(编号：16JC1400801)

大数据技术与应用

学术顾问

大数据技术与应用

编撰委员会

丛书序

我国各级政府非常重视大数据的科研和产业发展，2014 年国务院政府工作报告中明确指出要“以创新支撑和引领经济结构优化升级”，并提出“设立新兴产业创业创新平台，在新一代移动通信、集成电路、大数据、先进制造、新能源、新材料等方面赶超先进，引领未来产业发展”。2015 年 8 月 31 日，国务院印发了《促进大数据发展行动纲要》，明确提出将全面推进我国大数据发展和应用，加快建设数据强国。前不久，党的十八届五中全会公报提出要实施“国家大数据战略”，这是大数据第一次写入党的全会决议，标志着大数据战略正式上升为国家战略。

上海的大数据研究与发展在国内起步较早。上海市科学技术委员会于 2012 年开始布局，并组织力量开展大数据三年行动计划的调研和编制工作，于 2013 年 7 月 12 日率先发布了《上海推进大数据研究与发展三年行动计划(2013—2015 年)》，又称“汇计划”，寓意“汇数据、汇技术、汇人才”和“数据‘汇’聚、百川入‘海’”的文化内涵。

“汇计划”围绕“发展数据产业，服务智慧城市”的指导思想，对上海大数据研究与发展做了顶层设计，包括大数据理论研究、关键技术突破、重要产品开发、公共服务平台建设、行业应用、产业模式和模式创新等大数据研究与发展的各个方面。近两年来，“汇计划”针对城市交通、医疗健康、食品安全、公共安全等大型城市中的重大民生问题，逐步建立了大数据公共服务平台，惠及民生。一批新型大数据算法，特别是实时数据库、内存计算平台在国内独树一帜，有企业因此获得了数百万美元的投资。

为确保行动计划的实施，着力营造大数据创新生态，“上海大数据产业技术创新战略联盟”(以下简称“联盟”)于 2013 年 7 月成立。截至 2015 年 8 月底，联盟共有 108 家成员单位，既有从事各类数据应用与服务的企业，也有行业协会和专业学会、高校和研究院所、大数据技术和产品装备研发企业，更有大数据领域投资机构、产业园区、非 IT

领域的数据资源拥有单位，显现出强大的吸引力，勾勒出上海数据产业的良好生态。同时，依托复旦大学筹建成立了“上海市数据科学重点实验室”，开展数据科学和大数据理论基础研究、建设数据科学学科和开展人才培养、解决大数据发展中的基础科学问题和技术问题、开展大数据发展战略咨询等工作。

在“汇计划”引领下，由联盟、上海市数据科学重点实验室、上海产业技术研究院和上海科学技术出版社于2014年初共同策划了“大数据技术与应用”丛书。本丛书第一批已于2015年初上市，包括了《汇计划在行动》《大数据测评》《数据密集型计算和模型》《城市发展的数据逻辑》《智慧城市大数据》《金融大数据》《城市交通大数据》《医疗大数据》共八册，在业界取得了广泛的好评。今年进一步联合北京中关村大数据产业联盟共同策划本丛书第二批，包括《大数据挖掘》《制造业大数据》《航运大数据》《海洋大数据》《能源大数据》《大数据治理与服务》《大数据质量》等。从大数据的共性技术概念、主要前沿技术研究和当前的成功应用领域等方面向读者做了阐述，作者希望把上海在大数据领域技术研究的成果和应用成功案例分享给大家，希望读者能从中获得有益启示并共同探讨。第三批的书目也已在策划、编写中，作者将与大家分享更多的技术与应用。

大数据对科学研究、经济建设、社会发展和文化生活等各个领域正在产生革命性的影响。上海希望通过“汇计划”的实施，同时也是本丛书希望带给大家一个理念：大数据所带来的变革，让公众能享受到更个性化的医疗服务、更便利的出行、更放心的食品，以及在互联网、金融等领域创造新型商业模式，让老百姓享受到科技带来的美好生活，促进经济结构调整和产业转型。

上海市科学技术委员会副主任

2015年11月

前言

质量是关于符合性的一种度量，即符合国际/国家标准或者符合使用者需求的程度。ISO 9000 系列质量体系是一个公认的国际标准，被全球 110 多个国家采用，既包括发达国家，也包括发展中国家。这一标准的执行使得市场竞争更加激烈，产品和服务质量得到日益提高。

国际标准化组织制订的国际标准——《质量管理体系基础和术语》(ISO 9000：2008)中指出：产品质量是指产品的一组固有特性满足要求的程度。与通常的有形产品不同，数据常常被认为是无形的，数据质量的评价要困难很多。1980 年以来，学术界、工业界和国际组织针对数据质量的测量、评估和管理提出了许多理论、技术和方法，却缺乏一个广泛认可的标准。ISO 正在开发的数据质量国际标准(ISO 8000)，目前也只有 20 多个国家接受它。

除了数据是无形的之外，建立数据质量标准的又一难点在于数据具备资源性、产品性和服务性。数据的资源性是指数据类似于矿藏和原矿，强调的是可开采性和可利用性；数据的产品性是指数据经过加工后可以形成数据产品，进入市场流通；数据的服务性是指数据能够以提供服务的方式进入市场，使用者不需要购买和拥有数据，只是使用了数据服务。因此，从这三个大类的性质来看，数据质量的评价体系就存在很大差异，而且每个类别都会面临不同的需求符合性。

数据作为一种基础性资源和一种战略性资源，已经获得广泛认可，数据服务业已广泛开展，各地数据交易所纷纷成立；这时，数据质量就逐渐成为制约数据产业发展的关键问题。此外，由于大数据自身特性，直接采用传统的、面向结构化数据的质量理论和方法来处理质量问题并不合适，数据质量的研究在新环境下面临着更大的挑战。

数据作为一种特殊资源，其质量应当符合真实性、合法性和可用性的基本要求。本书主要从数据的资源性来阐述数据质量，在传统数据质量研究的基础上，结合大数据的特性，阐述基于大数据的数据质量相关技术的实现，并通过一个实际案例，提出一套完整的大数据质量解决方案。

本书共7章。第1章叙述数据质量的概况，列举出数据质量的影响和产生因素、数据质量的定义及面临的挑战，以及数据质量与信息质量的关系。第2章介绍了与数据质量有关的各种国际标准和行业标准。第3章讨论了数据分类和数据模型，并针对半结构化和非结构化数据，给出了一些数据模型和质量模型。第4章详细阐述数据质量的相关技术，包括：数据集成、数据剖析、数据清洁和数据溯源，并给出它们在大数据环境下的实现技术和方案。第5章详细论述了数据质量评估维度的选取，质量维度的测量和评估方法，同时每一种常用的评估方法都给出具体的评估案例。第6章描述数据质量的管理方法和质量管理成熟度模型。第7章以位置大数据为例，详细分析了位置大数据的来源、质量问题，评估模型和质量控制，给出确实可行的数据质量解决方法。

本书可作为高等院校相关专业高年级学生和研究生的数据质量课程教材，以及从事数据质量研究和应用的科技工作者的技术参考。

特别感谢国内外数据质量专著、教材和许多高水平论文报告的作者们，他们是黄伟、刁兴春、曹建军、黎建辉、樊文飞、Richard Y. Wang、Yang W. Lee、Elizabeth M. Pierce、Danette McGilvray、John Talburt、Carlo Batini、Monica Scannapieca 等教授。在本书中引用了他们的部分成果，使本书较全面地反映数据质量各个研究领域的最新进展。感谢李英姿、李永轩和周怡帆三位硕士研究生提供的支持。

本书由朱扬勇教授和蔡莉副教授共同策划并拟定框架内容，并由蔡莉副教授执笔，朱扬勇教授审阅修订。限于作者学术水平，错误之处难免，恳请读者不吝指教。任何意见和建议，请发至电子邮件：caili@ynu.edu.cn。对此，我们将深为感激。

蔡　莉　朱扬勇

2016年12月6日

目录

第1章

理解数据质量

“Garbage in,garbage out”①是数据质量领域最经典的一句话，意思是“垃圾进来，垃圾出去”，这句话形象地描述了数据质量在数据分析过程中的重要性。在没有检测数据质量是否符合标准和业务需求之前，就直接使用和分析数据，那最终的结果将是无效或者错误的。因此，全面了解数据质量问题所造成的影响、产生的根源和表现形式，成为数据分析过程中最基础的环节。

1.1 数据质量问题

信息技术产业在进入21世纪后，出现了许多具有颠覆性的技术变革，如云计算、物联网、社交网络等。这些技术的兴起使得数据正在以前所未有的速度不断地增加和累积，进而催生出备受人们广泛关注的技术——大数据[1]。大数据的出现引起了产业界、学术界和政府部门的高度关注。例如：美国政府投资2亿美元启动“大数据研究和发展计划(Big Data Research and Development Initiative)”[2]。这是继1993年美国宣布“信息高速公路”计划后的又一次重大科技发展部署。*Nature* 早在2008年就推出了 Big Data 专刊[3]。*Science* 在2011年推出专刊“Dealing with Data”[4]，主要围绕着科学研究中大数据的问题展开讨论，说明大数据对于科学研究的重要性。此外，大数据的开发与利用已经在医疗服务、零售业、金融业、制造业、物流、电信等行业广泛展开，并产生了巨大的社会价值和产业空间[5]。

通过快速获取、分析各种来源和各种用途的大数据，研究人员和决策者们已经开始意识到这些海量信息对了解客户需求、提供服务质量、预测和防止风险的发生都有益处。但是，大数据的使用和分析必须建立在准确、高质量的数据上，这是大数据产生价值的有力保障。因此，在大数据环境下，数据质量的优劣将直接影响数据价值的高低，进而影响人们的分析和决策。

1.1.1 数据质量带来的影响

如何提高数据质量，避免因为低劣数据所带来的各种影响，始终是组织和机构所面临的一个重要问题。以下几个例子说明了低劣的数据和信息质量造成的各种影响和危害。

① “Garbage in, garbage out” 摘自《牛津高阶现代英语词典》第四版(1989)。

在人类航天史上，最早由于数据质量问题而带来的巨大损失发生在美国国家航空航天局(简称 NASA)。1999 年，NASA 发射升空的火星气象卫星(Mars Climate Orbiter)经过 10 个月的旅程到达火星，原本预计这颗卫星将对火星表面进行为期 687 天的观测，可是卫星到达火星后就被烧毁了。NASA 经过一番调查后得出结论：飞行系统软件使用公制单位——牛顿计算推进器动力，而地面人员输入的方向校正量和推进器参数则使用英制单位——磅力。设计文档中这种数据单位的混乱导致了探测器进入大气层的高度有误，最终瓦解碎裂。这颗火星气象卫星的损毁给 NASA 造成了 1 亿 2 500 万美元的损失[33]。

无独有偶，2016 年 2 月日本宇航局一颗造价接近 19 亿元人民币的 X 射线太空望远镜升空，除了搭载日本自己的仪器外，它还搭载了美国和加拿大宇航局的几个仪器。科学家们希望利用这台太空望远镜观测黑洞、天体碰撞或爆炸，从而帮助研究人员探索宇宙的演变过程[42]。然而，发射升空一个多月后，这台望远镜出现了异常情况。3 月 25 日，望远镜正在对其中一个天体进行设备性能验证操作时，望远镜的高度首先发生了异常变化。到 3 月 26 日时，卫星突然开始不停地旋转，在高速旋转之下，甩飞了太阳能电池板，甩飞了各种设备，最后造成了设备解体，整个望远镜完全报废。根据调查[43]，造成事故的原因是日本人的程序写反了，即当望远镜发生异常进行高速旋转时，应该往旋转的反方向喷气，减慢其旋转速度。但是，电脑给出的指令却是顺着旋转方向喷气，进一步加剧旋转速度，最终发生了望远镜解体。由于这条指令是一周多前没有经过完整的测试就上传到望远镜上，因此导致了事故的发生。

2004 年 2 月 13 日，韩国国立首尔大学教授黄禹锡在《科学》杂志发表文章宣称，他们在世界上率先利用人体体细胞和卵子，培育出人体胚胎干细胞。2005 年 5 月 19 日，黄禹锡和他的合作者在《科学》杂志网络版上发表论文，宣布攻克了用患者体细胞克隆胚胎干细胞的科学难题，“向人类的治疗性克隆迈出了实质性的第一步”。发表于《科学》杂志上的这两篇论文，反映了黄禹锡的科学成就及其研究水平，并最终确立了其科学地位[6]。2005 年 6 月，韩国政府将黄禹锡评选为“韩国最高科学家”，并向其研究投入了数百亿韩元的经费。此后，还任命他担任总统直属国家科学技术委员会委员等多项公职。2005 年 11 月底，韩国媒体对黄禹锡的研究成果提出质疑，认为其在《科学》杂志上发表的有关从克隆胚胎中提取了干细胞的论文中有“造假”成分。随后，韩国首尔大学成立“黄禹锡科研组干细胞成果”调查委员会。根据最终调查结果，黄禹锡在 2004 年和 2005 年分别刊载于《科学》杂志上的两篇论文数据属于故意伪造：2004 年论文中所提到的通过人类体细胞克隆早期胚胎而提取的干细胞根本不存在；2005 年论文中提到克隆的 11 个干细胞系至少有 9 个是伪造的，他们将 2 个干细胞夸大为 11 个，而且这两个胚胎干细胞也并非体细胞克隆干细胞，而是受精卵胚胎干细胞[7]。2006 年，根据最终调查结论，韩国政府决定取消黄禹锡“韩国最高科学家”称号，并免去其担任的一切公职；首尔大学解聘其教职；同年，美国《科学》杂志正式宣布，撤销黄禹锡等人两篇被认定造假的论文，导致超过 200 篇其他学术文章引用了该 2 篇造假论文成果这一无法挽回的消极后果与负面影响[8]。

原始医疗数据主要来源于各种登记记录过程、临床诊断过程。由于长期以来的重视程度不够和缺乏统一的数据标准及监控系统，致使现在的原始医疗数据质量问题十分突出[12]。某医院 2002 年 7 月—9 月出院患者病案首页 1 457 份，错误信息 1 661 条，其中，73.99％是病人基本信息方面的错误[13]。另一医院对 2012 年 11 月出院的 1 217 份病案进行检查，发现实验室检查结果记录不全占 36.95 ％，诊疗经过不全占 34.07％，出院医嘱不详占 25.13 ％，病历质量不容乐观[14]。2010 年，美国一位医生给一个身患癫痫病的 12 岁小孩开出治疗药物扑痫酮(primidone)，由于药剂师误读医生的笔迹，将类固醇药物泼尼松(prednisone)当作扑痫酮给小孩服用。在经过 4 个月药物治疗后，小孩得了类固醇诱导的糖尿病。可是，造成糖尿病的原因却一直没有发现，最终，这个孩子死于酮症酸中毒。

在商业领域，低劣的数据质量也会带来巨大的经济损失。2001 年，普华永道会计事务所在纽约进行的 2001 年的一项目研究中发现：所调查的 599 家公司中有 75％的公司经历过因缺陷数据而引起的财政损失。报告指出，因不良数据管理，全球企业每年有 140 多亿美元浪费在结账、记账和库存混乱上[11]。2007 年，国际著名科技咨询机构 Gartner 的调查显示，全球财富 1 000 强企业中超过 25％的企业信息系统中的数据不准确或者不完整，这些数据是导致商业智能以及 CRM 项目失败的主要原因[9]。2009 年，Gartner 又对 140 多家公司调查后得出结论：由于数据质量管理不善，他们平均每年损失约 820 万美元。22％的受访机构称其每年损失超过 2 000 万美元，而有 4％的公司称其每年损失超过 1 亿美元。

1.1.2 影响数据质量的因素

影响数据质量的因素有很多，既有管理方面的因素，又有技术方面的因素。无论由哪个方面的因素造成的，其结果均表现为数据没有达到预期的质量指标[15]。在数据的生产和处理中，任何一个环节的问题都会对信息系统的数据质量产生负面影响。下面从数据使用周期的角度，阐述影响数据质量的主要因素。

数据使用周期是指数据从产生，经数据加工和发布，备份和保存，最终实现数据再利用的一个循环过程，如图 1-1 所示。

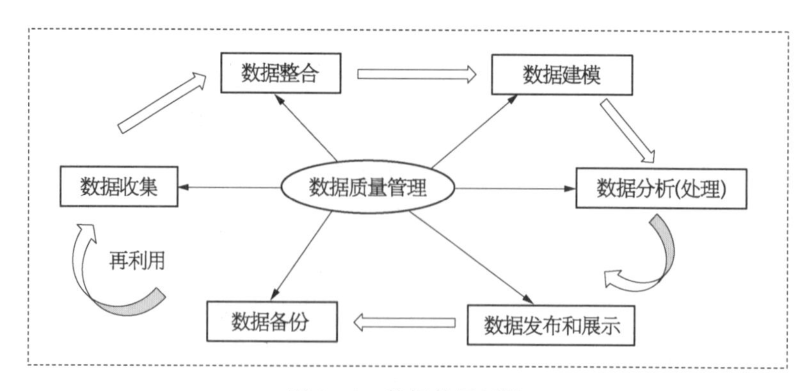

图 1-1 数据使用周期

数据收集是指根据用户的需求或者实际的应用，收集相关数据。这些数据可以由内部人员手工录入，也可以从外部数据源批量导入[16]。

数据整合是共享或者合并来自两个或者更多应用的数据，创建一个具有更多功能的企业应用的过程，它主要通过各种不同数据源之间的数据传递、转换、净化、集成等功能实现。数据整合的最终目标是建立集合各类业务数据为一体的数据仓库，为市场营销和管理决策提供科学依据。

数据建模是一种对现实世界各类数据进行抽象的组织形式，确定数据的使用范围、数据自身的属性以及数据之间的关联和约束。数据建模可以记录商品的基本信息，如形状、尺寸和颜色等，同时也反映在业务处理流程中数据元素的使用规律[17]。

数据分析(处理)是指用适当的统计分析方法对收集来的大量数据进行分析，提取有用信息和形成结论而对数据加以详细研究和概括总结的过程。这一过程也是质量管理体系的支持过程。在实际应用中，数据分析可帮助人们做出判断，以便采取适当行动。

数据发布和展示是将经处理和分析后的数据以某一种形式(表格和图表等)展现给用户，帮助用户直观地理解数据价值及其所蕴含的信息和知识，同时提供数据共享。

数据备份是容灾的基础，是指为防止系统出现操作失误或系统故障导致数据丢失，而将全部或部分数据集合从应用主机的硬盘或阵列复制到其他存储介质的过程。

数据再利用是指为了在更大范围内发挥数据的作用，用户可以对数据进行再加工，提供数据增值服务。例如数据可视化、数据模拟等。

数据质量管理(data quality management)贯穿于数据使用周期的每一个阶段，是指对数据从获取、存储、共享、维护、应用生命周期的每个阶段里可能引发的各类数据质量问题，进行识别、度量、监控、预警等一系列管理活动，并通过改善和提高组织的管理水平使得数据质量获得进一步提高。

数据质量问题可能发生在数据生命周期的每一个阶段，尤其是在数据收集和数据整合阶段最容易出现质量低劣的数据，从而影响后续的建模和分析，造成错误的分析结果和决策失误。

在数据收集阶段，引起数据质量问题发生的因素主要是两点：数据来源和数据录入。通常，数据来源可分为直接来源和间接来源，每个来源又通过不同的途径获取，如图 1-2 所示。数据的直接来源主要包括调查数据和实验数据，它们是由用户通过调查或观察以及实验等方式获得的第一手资料，可信度很高。间接来源是收集来自一些政府部门或者权威机构公开出版或发布的数据和资料，这些数据也称为二手数据。在互联网时代，由于获取数据和信息非常方便和快速，二手数据逐渐成为主要的数据来源。但是，一些二手数据的可信度并不高，存在诸如数据错误、数据缺失等质量问题，在使用时需要进行充分评估。

许多原始数据并没有形成数字化形式，需要从期刊、文档或者其他资料中提取信息，由于存在印刷错误或对原始数据资料的曲解，造成数据录入错误或者数据缺失；其次，当

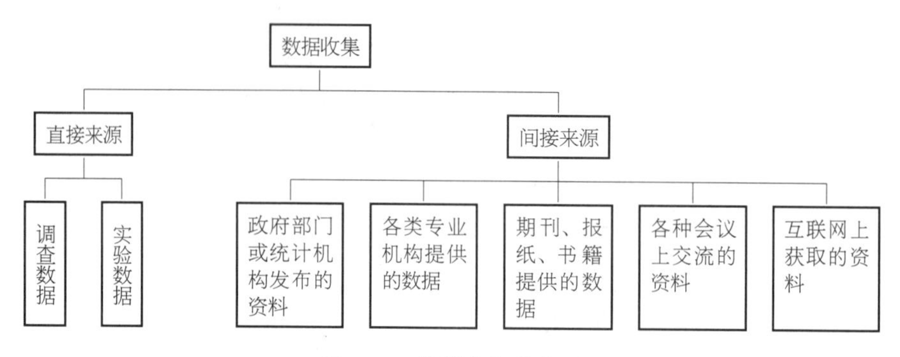

图1-2 数据收集的来源

录入人员不知道正确值时，经常编造一个容易输入的默认值，或将他们认为的典型值录入，通过引入"脏数据"以达到所谓的伪完整性(spurious integrity)，这样的数据通常会带来数据错误。

在数据整合阶段，最容易产生的质量问题是数据集成错误。将多个数据源中的数据并入一个数据库是常见的操作，这种数据集成任务需要解决数据库之间的不一致或冲突问题，在实例级主要是相似重复问题，在模式级主要是命名冲突和结构冲突。各数据源之间的不一致和冲突就是一种数据质量问题。

数据模型是现实世界数据特征的抽象，用于描述一组数据的概念和定义。好的数据建模可以用合适的结构将数据组织起来，减少数据重复并提供更好的数据共享；同时，数据之间约束条件的使用可以保证数据之间的依赖关系，防止出现不准确、不完整和不一致性的质量问题。

测量错误是数据分析阶段的常见质量问题，它包括三类问题：一是测量工具不合适，引起数据不准确或者异常；二是无意的人为错误，例如方案问题(如不合适的抽样方法)以及方案执行中的问题(如测量工具误用等)；三是有意的人为舞弊，即出于某种不良意图的造假，例如，2005年韩国国立首尔大学教授黄禹锡的干细胞研究实验数据造假案件，这类数据可以直接导致信息系统决策错误，同时也造成严重后果和不良社会影响。

相比较而言，数据发布和展示阶段的质量问题要比前面几个阶段少，数据表达质量不高是这一阶段存在的主要问题，展示数据的图表不容易理解、表达不一致或者不够简洁都是一些常见的质量问题。

严格来说，数据备份阶段并不存在质量问题，它只是为数据使用提供一个安全和可靠的存储环境。一旦数据遭受破坏不能正常使用时，可以利用备份好的数据进行完整、快速的恢复。

绝大多数企业在数据使用周期内缺乏必要的质量控制和监督措施，如缺乏数据质量标准体系、尚未制定数据质量管理制度、缺少数据质量考核监督等。尤其是在数据收集阶段，很少有企业会安排专人负责数据审核工作，在实际操作中，通常由录入者自行检查或者相互检查，数据质量无法做到有效的控制和监督。

1.2 数据质量概述

大数据时代的来临，对数据的重视提到了前所未有的高度，一些专家和学者甚至提出了"大数据为新财富，价值"的观点。然而，并不是所有的数据都能成为组织或者机构的资产，成为资产的数据必须具有一些特性和属性，其中数据质量是衡量数据价值的关键要素。

1.2.1 数据质量定义

从 20 世纪 50 年代开始，人们开始研究质量问题，"质量"成为一个在现代社会中被广泛使用的词语，但没有形成单一、固定的概念。质量的一般含义经历了物质产品质量的狭义概念到物质产品质量、服务质量及各行各业质量的广义概念的认识过程[23]。传统的"质量"概念，主要关注物质产品的物理性质和客观特征，例如，"经久耐用"、"使用方便"、"寿命长"等，仅仅用于表明一件产品是好或者不好。然而，随着工业化进程的加速，人们将"质量"定义为"满足不同顾客的个性化需求"，因此，"质量"一词也具备了一些主观的特征，而且这些主观的特征越来越引起人们更多的关注。虽然不同学者和机构给"质量"一词以不同的定义[24-26]，但下面两种较为典型。一种是 Juarn 和 Grgna 在 1980 年提出的：所谓"质量"即指"使用的适合性"(fitness for use)[2]，他们强调，产品或服务的质量应该满足用户的期待和需要。另一种是国际标准化组织(ISO)对"质量"的定义更明确地阐述了这一观点。1986 年，ISO 8402 提出[26]："质量"是指"产品或服务所具备的满足明确或隐含需求能力的特征和特性的总和"。

20 世纪 80 年代，随着信息技术的飞速发展，人们将目光转向了数据质量(data quality, DQ)的研究。数据质量在不同组织也有不同的定义。例如，美国麻省理工学院(MIT) Richard. Y. Wang 教授领导的全面数据质量管理(total data quality management，TDQM)研究小组对数据质量领域进行了较为全面的研究。他们采纳了"使用的适合性"的概念，将数据质量定义为"数据适合数据消费者的使用"，数据质量判断依赖于使用数据的个体，不同环境下不同人员的"使用的适合性"不同[27]。

数据分析专家 Redman 给出了数据质量的定义[28]，他认为：如果数据在运营、决策和规划中能够满足客户的既定用途，数据便是高质量的。根据这一定义，客户是质量的最终裁决者。

美国国家统计科学研究所(NISS)关于数据质量研究的主要观点在于[29]：

(1) 数据是产品；

(2) 作为产品，数据有质量，这个质量来自产生数据的过程；

(3) 数据质量原则上可以测量和改进；

(4) 数据质量的重要性正在增加，但不平衡；

（5）在大学里，实质上不存在数据质量作为一个重要研究领域的认识；

（6）数据质量与环境有关；

（7）数据质量是多维度的；

（8）数据质量是多尺度的；

（9）人的因素是核心。

国内学者陈远等认为[30]“数据质量可以用正确性、准确性、不矛盾性、一致性、完整性和集成性来描述”。周东则认为[31]数据质量“是由从数据的一致性、准确性到相关性等一系列的参数决定”。

可见，数据质量在学术界和工业界并没有形成统一的定义，学术界大多认可 MIT 关于数据质量的定义，而工业界要么采用 ISO 的定义，要么根据各自的特定领域扩展了“使用的适合性”的内涵。

本书借鉴上述研究成果，将数据质量定义如下：

数据质量是指在业务环境下，数据符合数据消费者的使用目的，能满足业务场景具体需求的程度。

在不同的业务场景中，数据消费者对数据质量的需要不尽相同，有些人主要关注数据的准确性和一致性，另外一些人则关注数据的实时性和相关性。因此，只要数据能满足使用目的，就可以说数据质量符合要求。

1.2.2 大数据时代数据质量面临的挑战

由于大数据本身呈现出一些新的特性，因此数据质量也面临诸多挑战。通常，大数据的特点可以归纳为 4V：Volume、Velocity、Variety 和 Veracity[18]。Volume 是指数据体量巨大，数据量通常以 TB 以上的量级进行衡量。Velocity 表示处理速度快，在海量的数据面前，处理数据的效率就是企业的生命。Variety 表示大数据的类型繁多，这种类型的多样性也让数据被分为结构化数据和非结构化数据。大数据中非结构化数据越来越多，包括网络日志、音频、视频、图片、地理位置信息等，这些多类型的数据对数据的处理能力提出了更高要求。Value 代表价值密度。价值密度的高低与数据总量的大小成反比。大数据规模越大，真正有价值的数据相对越少。

由于大数据具有 4V 的特性，所以如何从海量的、快速变化的、内容庞杂的大数据中提取出高质量和真实的数据就成为企业处理大数据亟待解决的问题。目前，大数据质量面临着如下一些挑战[32]：

1）数据来源的多样性带来丰富的数据类型和复杂的数据结构，增加了数据集成的难度

以前，企业常用的数据仅仅涵盖自己业务系统所生成的数据，如销售、库存等数据；但是，现在企业所能采集和分析的数据已经远远超越这一范畴。大数据的来源非常广泛，主要包括四个途径：

一是来自互联网和移动互联网产生的数据量[19]。例如：电商的在线销售的订单数，微博、Twitter 产生的消息，社交网站的浏览量和手机 GPS 产生的位置信息等。

二是来自物联网所收集的数据。例如：红外线，超声波，微波雷达，感应圈等传感器收集的车辆信息；医疗传感器节点采集的人体生理参数信息。

三是来各个行业收集的数据。例如：来自医疗行业的影像数据和 EMR 电子病历产生的大数据；来自电信运营商收集的关于用户年龄、品牌、资费、入网渠道等数据。

四是科学实验与观测数据[20]，如高能物理实验数据、生物数据、空间观测数据等。这些来源造就了丰富的数据类型。

不同来源的数据在结构上差别很大：

一是非结构化数据，如文本、视频、音频和图片。

二是半结构化数据，包括电子邮件、软件包/模块、电子表格、财务报表。

三是结构化数据，如数据仓库/商业智能数据、传感器/机器数据记录、关系型数据库管理系统的数据等。

在这三种结构中，非结构化数据占据了数据总量的 80%以上。企业要想保证从多个数据源获取结构复杂的大数据并有效地对其进行整合，是一项异常艰巨的任务[21]。来自不同数据源的数据之间存在着冲突、不一致或相互矛盾的现象。在数据量较小的情形下，可以通过人工查找或者编写程序；当数据量较大时可以通过 ETL 或者 ELT 就能实现多数据源中不一致数据的检测和定位，然而这些方法在 PB 级甚至 EB 级的数据量面前却显得力不从心。

2）数据量巨大，难以在合理时间内判断数据质量的好坏

工业革命以后，以文字为载体的信息量大约每十年翻一番；1970 年以后，信息量大约每三年就翻一番；如今，全球信息总量每两年就可以翻一番。2011 年全球被创建和被复制的数据总量约为 1.8 ZB。要对这么大体量的数据进行采集、清洁、整合，最后得到符合要求的高质量数据，这在一定时间内是很难实现的。因为大数据中的非结构化数据的比例非常高，从非结构化类型转换到结构化类型，再进行处理需要花费大量时间，这对现有处理数据质量的技术来说是一个极大的挑战。对于一个组织和机构的数据主管来说，在传统数据下，数据主管可管理大部分数据，但是在大数据环境下，数据主管只能管理相对更小的数据[44]。

3）数据变化速度快，数据“时效性”很短，对处理技术提出更高的要求

由于大数据的变化速度较快，有些数据的“时效性”很短。如果企业没有实时地收集所需的数据或者处理这些收集到的数据需要很长的时间，那么有可能得到的就是“过期的”、无效的数据。在这些数据上进行的处理和分析，就会出现一些无用的或者误导性的结论，最终导致政府或企业的决策失误。目前，对大数据进行实时处理和分析的软件还在研制或完善中，真正有效的商用产品还较少。

4）国内外没有形成统一认可的数据质量标准，对大数据质量的研究才刚刚起步

为了保证产品质量，提高企业效益，1987 年国际上出现了 ISO 9000 标准族。目前，全世界已有100多个国家和地区积极推行这个国际标准。国际社会对该标准族的广泛接纳，促进了企业在国内和国际贸易中的相互理解，有利于消除贸易壁垒。与之相比，数据质量标准的研究虽然始于20世纪90年代，但是直到2011年，国际标准化组织(ISO)才专门制定了ISO 8000数据质量标准[22]。目前，已经有超过20个发达国家参与了ISO 8000标准，但是该标准存在许多争议，有待成熟和完善。同时，国内外对于大数据质量的研究才刚刚起步，成果较少。

1.3 数据质量与信息质量

随着组织产生和拥有的信息类资产数量的不断增加，信息已经不仅仅被用于驱动组织当中的行政过程，它还常常被用来发掘组织中的有价值的情报。这些情报信息可以被用来提高组织的表现，并让组织在市场上获得竞争优势。信息质量(information quality，IQ)的出现，定义了这样的一系列基本原则，使得应用这些原则的组织能够最大化地利用组织内部的信息资产，并确保所有的信息产品为用户提供他们想要的信息[34]。

数据质量和信息质量是在质量研究领域经常出现的两个术语。1.2.1节介绍了数据质量的定义，这里不再赘述。根据研究者Larry P. English给出的定义，信息质量是指“能持续满足所有知识工作者和终端客户的期望”[41]。根据这个定义，信息质量既不由系统开发者或者业务人员确定，也不由IT经理或者信息生产经理确定，而是由知识工作者确定。

由于“数据质量”和“信息质量”概念在外延、内涵上具有高度重叠性和强关联性，使得两者定义和界定较为模糊。大多数的研究人员同意数据和信息并不相同这一观点，但具体到细节上，却仍然不能统一意见。在实际使用中，许多用户也将这两个概念进行混用，不加区别。

经过长期对IQ实践以及文献的调查和分析，国际信息和数据质量组织(international association for information and data quality，IAIDQ)将IQ定义为解决以下六个领域问题的知识和技巧[35]：

(1) 信息质量策略和监管。“……包括为提供组织数据的决策，以及确保在其生命周期中由合适人选对其进行管理来创建所需要提供的数据结构，及流程的努力。”

(2) 信息质量环境和文化。“……提供一个使得组织员工可以持续不断地确认、设计、开发、生产、交付以及支持满足客户需求的信息质量的背景。”

(3) 信息质量价值和商业影响。“……用于判断数据质量对业务上的影响的技术以及用来为信息质量项目优先级排序的方法。”

(4) 信息架构质量。“……包括为了保障组织信息蓝图质量的任务。”

(5) 信息质量度量和改良。“……覆盖了为完成数据质量改良项目的步骤。”

(6) 维护信息质量。“……专注于为确保信息质量的可持续性的流程以及管理系统。”

在IAIDQ的IQ框架中，与DQ有关的任务主要可以归纳在最后三个领域当中。DQ

主要关注于使用一系列的规格和需求来度量数据本身的状况。而 IQ 则覆盖了所有六个领域,包括信息产品用户的外部视图,组织层面的数据管理以及信息的提供等。

1.3.1 从数据质量到信息质量的发展历程

信息质量的研究起源于数据质量研究,是数据质量的必然延伸。早期数据质量研究往往从技术角度注重数据的准确性,并且依附于产品质量管理。20 世纪 40 年代,随着计算机的出现,信息技术被迅速地应用于数据管理中,使得数据的准确性大大提高,人们生产和处理数据的能力大大增强。与此同时,数据的质量问题也日益受到人们的重视[36]。20 世纪 70 年代,人们开始研究如何高效存取大批量数据的问题,数据库技术应运而生,它在一定程度上改善了数据质量,拓展了人们对数据质量的理解,除了考虑准确性之外还应考虑完整性、一致性和及时性等。在实践中,人们发现数据库技术虽然有着严格的理论基础,但单单依靠这些理论仍不能进一步提高数据质量。于是人们进一步探索基于数据库技术如何进行有效的测量、分析和改进数据质量等问题。这一阶段是以技术手段来提高数据质量,主要是从技术角度和对数据外部质量特性指标评估等方面进行研究,并不是真正"质量"意义上的数据质量探索,而且这一时期的数据质量研究多是在微观层次上着眼于个别的信息系统和数据组织方面[37]。

这之后,随着信息技术的迅速发展,信息已经从 IT 附属品上升到支持决策的一种重要的战略资源,如何提高信息质量已经成为社会广泛关注的重要内容。这个时候之所以重视"信息"概念,是因为人们不仅关注数据本身,更关注数据的语义内容。虽然像数据库等信息技术逐步应用,可以提高数据质量,使获取高附加值信息成为可能,但用户仍感到无法得到有价值的信息,所谓"高质量"的数据不一定是高质量信息。那种纯技术的数据质量解决办法逐渐暴露出许多问题和缺陷,已经无法满足于信息社会从多方面、多层次角度来把握信息的质量问题,人们开始逐步拓展、加深了对信息质量的认识,信息质量管理开始成为一个独立的研究领域。依据 Larry P. English 的看法[38],从管理的角度对信息质量进行研究始于 20 世纪 90 年代初。

从管理的角度来认识信息质量问题主要基于这样两方面的动力:

一是互联网和 WWW 技术的出现拓展了信息生产、流动的渠道,人类产生信息的速度以指数形式增长,加速步入信息社会。信息对管理提升起到越来越重要的作用,组织的产品、服务以及决策、管理对信息的依赖大大增强,将会有力提升组织的竞争力,而信息管理阶段纯粹的技术手段已不能实现对信息的有效控制和利用。

二是信息质量良莠不齐的现象日益严重,并且严重影响着组织的正常运作。劣质信息常常导致管理者决策失误、冗余信息猛增、用户满意度下降等恶性问题,造成经济损失和成本居高不下,促使管理层以及研究人员从管理角度来重新认识、提高信息质量。

总之,从数据质量到信息质量的发展历程来看,这方面研究内容已经从单纯对信息、数据的监测控制、质量评测发展到对数据、信息产生全过程的全面信息质量管理和持续改进。

1.3.2 数据质量与信息质量的区别与联系

对于数据质量和信息质量的概念界定，目前存在两种观点：一是认为[39]信息质量是数据质量的延续，在数据生产者到系统之间是数据质量的问题，在系统到信息用户之间是信息质量问题，因此常用数据质量解释系统建设中的质量问题(图1-3a)；二是认为[40]两者存在包含关系，数据质量是信息质量的基础(图1-3b)。信息质量是一个包含数据质量、信息系统质量的大概念，一部分数据直接影响信息质量，它们在信息系统中只经过简单的传递，并不进行处理和变换；另一部分数据(在信息系统中进行一定的处理和变换的数据)的质量则是通过信息系统间接影响信息质量。数据质量和信息系统的质量两者的相互作用共同决定了信息的质量。

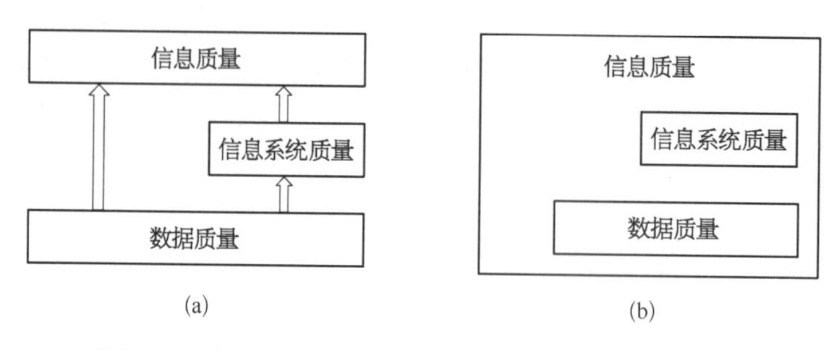

图1-3 数据质量、信息质量和信息系统质量的关系[36]

(a) 数据质量、信息质量和信息系统质量之间的延续关系；
(b) 数据质量、信息质量和信息系统质量之间的包含关系

一些文献[36-37]认为数据质量和信息质量的区别主要在以下两个方面：

1) 数据质量和信息质量研究的对象不同

Russell Ackoff在1989年提出一个称为DIKW的知识体系，DIKW知识体系由四个不同层级——数据、信息、知识和智慧所构成[44]，如图1-4所示。

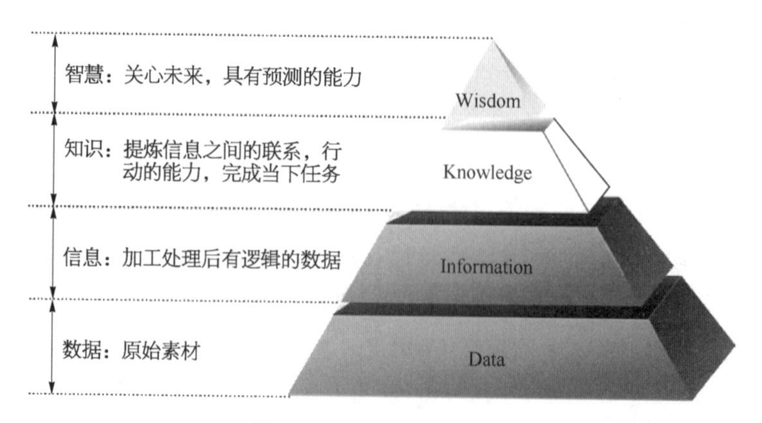

图1-4 DIKW知识体系

数据是反映客观事物运动状态的信号通过感觉器官或观测仪器感知，形成了文本、数字、事实或图像等形式的数据。它是最原始的记录，未被加工和解释，没有回答特定的问题。

信息是利用信息技术对数据进行加工处理，使数据之间建立相关联系，形成了回答某个特定问题的文本，以及被解释具有某些意义的数字、事实、图像等形式的信息。

知识是人们在改造世界的实践中所获得的认识和经验的总和。

智慧是人类解决问题的一种能力，智慧的产生需要基于知识的应用。

数据质量关注的是从技术层面处理最原始记录的质量问题，例如拼写错误、数据缺失、数据不一致、数据存储异常、数据冗余等。而信息质量则关注数据生产—加工—使用的过程控制，处理一些用于分析、评价或其他解释性数据，侧重从内在信息价值上保证用户满意度。因此，信息质量除了要考虑数据质量的问题，还需要关注形式上的质量特征，如相关性、可获得性、有用性、可读性、可信度等。

2）数据质量和信息质量所反映的质量观念不同

数据质量是一种依据标准控制的“符合性”数据生产质量管理方式，是向信息用户提供符合标准规定的数据为目标。研究方向为“数据生产者→数据管理者→信息用户”，是一种任务驱动的管理方式[36]。在实践中，常出现数据生产者认为自己提供的是“符合”的数据，但是用户却认为这些“符合”数据不能满足实际需求的鸿沟。即所谓“高质量”的数据但不一定是高质量信息，信息用户仍无法得到有价值的信息。

信息质量则是一种依据用户需求的“适用性”质量管理方式，研究范围包括了信息（数据）生命流程的整个完整过程，使信息生产形成一个“信息用户→信息管理者→数据生产者”的完整流程。它是在原始数据“一次开发”过程中就将用户的质量要求传递给“数据生产者”，使其按照相应用户信息质量要求规范其数据生产。

数据质量和信息质量的相互联系，可以从“纵向”和“横向”概念关系认识。

从“纵向”关系来看，根据 DIKW 知识体系图，数据是产生信息的基础和前提，而信息是数据的抽象和升华，因此，数据质量和信息质量在层次上有区别，但是两者存在一定的递进关系。从“数据质量”到“信息质量”的转变，是以数据生产者为视角来考虑质量问题，判断数据是否符合标准，转变为以数据消费者或者信息用户为主体，站在用户的角度判断数据是否适用于最终的业务需求。

从“横向”关系来看，数据质量可以看成是信息质量的一个子集，存在包含关系。从质量管理角度来看，严格意义上的数据质量应包含在信息质量的范围内，它反映信息固有的一些质量特征。信息质量最终是要由数据质量和信息系统质量来保证的。

◇参◇考◇文◇献◇

[1] 孟小峰,慈祥. 大数据管理：概念、技术与挑战[J]. 计算机研究与发展，2013，50(1)：146-169.

[2] 李国杰,程学旗. 大数据研究：未来科技及经济社会发展的重大战略领域——大数据的研究现状与科学思考[J]. 中国科学院院刊,2012,27(06)：648-657.

[3] Nature. Big data [EB/OL]. [2012-10-02]. http：//www. nature. com/news/specials/bigdata/index. html.

[4] Science. Special online collection：dealing with data [EB/OL]. [2012-10-02]. http：//www. sciencemag. org/site/special/data.

[5] 冯芷艳,郭迅华,曾大军,等. 大数据背景下商务管理研究若干前沿课题[J]，管理科学学报. 2013，16(01)：1-9.

[6] 蒋美仕,蒋安,段诗韵. 科研不端行为查处程序的比较分析——基于美国、韩国及中国的典型案例[J]. 科学学研究,2013,31(4)：487-492,495.

[7] 李建会. 从黄禹锡事件看伦理学对科学的重要性[J]. 医学与哲学,2006,27(2)：14—18.

[8] MICHAEL G,SCIENTIFIC F. Real consequences[J]. JADA,Vol. 137,http：//jada. ada. org,April 2006：430.

[9] GARTNER. Dirty data is a business problem, not an IT problem, says Gartner [EB/OL]. [2007-03-02]. http：//www. gartner. com/newsroom/id/501733.

[10] Jet Propulsion Laboratory. Mars Climate Orbiter Team finds Likely Cause of Loss [EB/OL]. [1999-09-30]. http：//mars. jpl. nasa. gov/msp98/news/mco990930. html.

[11] BETTSM. Data Quality Should Be a Boardroom Issue [EB/OL]. [2001-12-17]. http：//www. computerworld. com/article/2586667/enterprise-resource-planning/data-quality-should-be-a-boardroom-issue. html.

[12] 彭传薇,李小华,刘琛玺. 医院医疗数据质量现状和影响因素分析[J]. 中国医院管理,2005,25(9)：37-39.

[13] 张晓梅,付沁. 对1 457份病案首页错误信息的分析[J]. 解放军医院管理杂志,2003,10(4)：16.

[14] 黄碧波,赵小佳,袁雪琰. 1 217份病案出院记录缺陷原因分析及策略[J]. 中国病案,2013,14(3)：14-15.

[15] 曹建军,刁兴春,汪挺,等. 数据质量控制研究中若干基本问题[J]. 微计算机信息,2010,26(3—3)：12-14.

[16] 师荣华,刘细文. 基于数据生命周期的图书馆科学数据服务研究[J]. 图书情报工作,2011,55(1)：39-42.

[17] Sharon Allen. 数据建模基础教程[M]. 李化,等译. 北京：清华大学出版社,2004.

[18] AVITA K,MOHAMMAD W,GOUDARR H. Big data：issues, challenges, tools and good practices [C]. //Proc. of the 2013 Sixth International Conference on Contemporary Computing. Noida：IEEE,2013：404-409.

[19] 李建中,刘显敏. 大数据的一个重要方面：数据可用性[J]. 计算机研究与发展，2013,50(6)：1147-1162.

[20] YURI D, PAOLA G, CEES D L, et al. Addressing big data issues in scientific data infrastructure [C]. //Proc. of the 2013 International Conference on Collaboration Technologies and Systems. California：ACM,2013：48 - 55.
[21] DANETTE M. Executing data quality projects：Ten steps to quality data and trusted information [M]. California,Morgan Kaufmann, 2007.
[22] 王军玲,李华,王强. ISO 8000 数据质量系列标准探析[J]. 标准科学,2010,12：44—46.
[23] 刘晓梅. 树立正确的统计数据质量概念刍议[J]. 统计与信息论坛,2003,18(5)：17—18.
[24] JURAN J M,GODFREYA B. Juran's Quality Handbook[M]. 5th edition. New York：McGraw - Hill,1999.
[25] CROSBY P B. Quality is free：the art of making quality certain[M]. New York：McGraw - Hill,1988.
[26] GORDON B. Managing data quality at statistics canada[EB/OL]. [2000 - 08 - 07]. www. nso. go. kr.
[27] WANG R Y,STRONG D M. Beyond accuracy：what data quality means to data consumers [J]. Journal of Management Information Systems. 1996,12(4)：5 - 33.
[28] REDMANTC. Data quality：the field guide[M]. Boston：Digital Press, 2001.
[29] ALAN F K, SANILA P, SACKS J, et al. Workshop Report：Affiliates Workshop on Data Quality [R]. North Carolina：NISS, 2001.
[30] 陈远,罗琳,沈祥兴. 信息系统中的数据质量问题研究[J]. 中国图书馆学报,2004(1)：48 - 50.
[31] 周东. 数据质量应用系统的成功保障[J]. 中国信息界,2006(12)：39 - 40.
[32] CAI L, ZHU Y Y. The Challenges of Data Quality and Data Quality Assessment in the Big Data Era [J]. Data Science Journal. 2015, 14(2)：2 - 10.
[33] Mars Climate Orbiter Failure Board Releases Report[R/OL] [2015 - 03 - 23]. http：//mars. jpl. nasa. gov/msp98/news/mco991110. html.
[34] LARRY P E. Information quality applied[M]. Indianapolis：Wiley Publishing,2009.
[35] IAIDQ, 2010.
[36] 宋立荣,李思经. 从数据质量到信息质量的发展[J]. 情报科学,2010,28(2)：182—186.
[37] 王颖. 企业统计数据质量影响因素研究[D]. 杭州：浙江大学,2005.
[38] LARRY P E. Ten years of information quality advances：what next? [EB/OL]. [2001 - 02 - 03]. http：//www. dmraview. com/magazine.
[39] 中国科学院.《数据质量评价过程》《数据质量控制和评价框架体系》《数据质量研究报告》[R/OL]. [2005 - 12 - 01]. www. sdb. ac. cn.
[40] 苏强,梁冰. 信息质量及其评价指标[J]. 计算机系统应用,2000(7)：63—65.
[41] LARRY P E. Improving data warehouse and business information quality[M]. New York：John Wiley & Sons, 1999：24.
[42] JEFF F. JAXA believes still possible to recover Hitomi[EB/OL]. [2016 - 03 - 30]. http：//spacenews. com/jaxa-believes-still-possible-to-recover-hitomi.
[43] ALEXANDRA W. Software error doomed Japanese hitomi spacecraft[EB/OL]. [2016 - 04 - 29]. http：//www. scientificamerican. com/article/software-error-doomed-japanese-hitomi-spacecraft.
[44] 桑尼尔·索雷斯. 大数据治理[M]. 匡斌,译. 北京：清华大学出版社,2014.

第2章

数据质量标准

"Quality data is data that meets stated requirements."——ISO 9000 标准。

随着信息技术的不断深入,信息和数据质量问题日益突显,正在引起越来越广泛的关注。为保证数据质量,加强对数据质量的管理,许多国家、政府机构及企业开展了大量的研究和应用实践,并制定了数据质量的相关法规和标准。

2.1 ISO 8000 国际标准

为了保证产品质量,提高企业效益,1987 年国际上出现了 ISO 9000 标准族。目前,全世界已有 100 多个国家和地区积极推行这个国际标准,促进了企业在国内和国际贸易中的相互理解,有利于消除贸易壁垒。ISO 8000 系列标准是一个正在开发的有关数据质量的国际标准,该标准描述了数据质量原理,定义了数据质量特征,并且给出了类似于 ISO 9000 系列标准的数据质量的认证过程[1]。ISO 8000 系列标准旨在提供有关数据质量的指导,帮助组织开发和使用高品质数据。

2.1.1 ISO 8000 的历史与现状

在工业界,ISO 9000 标准族是产品质量管理的国际标准,已经在全球 100 多个国家和地区推行。ISO 10303 和 ISO 15926 两个标准是由 ISO 第 184 技术委员会第 4 分委员会(自动化系统和集成)开发的,前一个标准称为工业自动化系统和集成——产品数据表示和交换,后一个标准称为工业自动化系统和集成——数据生命周期集成。这两个标准可以用来描述产品数据的规范性和集成方式。ISO 9000 标准族针对企业产品质量,而 ISO 10303 和 ISO 15926 标准则是面向特定领域的数据内容标准,缺乏中间层次的数据质量标准。为了让计算机能够处理不同企业之间的数据交换、共享和归档操作,就需要有新的数据标准来适应新的数据质量需求。

2005 年,ISO 第 184 技术委员会第 4 分委员会开始组织撰写 ISO 8000 标准,希望这一标准成为 ISO 9000 质量管理标准和数据内容标准之间的桥梁。美国国防部后勤信息服务局(department of library and information studies,DLIS)和电子商务代码管理协会(electronic commerce code management association,ECCMA)参与了重要工作。

ISO 8000 是对 ISO 9000 质量管理体系的扩充,以满足质量管理体系内数据产品质量的需求。图 2-1 显示了 ISO 8000 与 ISO 9000 以及其他数据产品标准之间的关系。在图

2-1中,ISO数据内容标准包含ISO 10303、ISO 13584、ISO 15926和ISO 22745等标准。ISO 22745等数据产品标准规定了交换数据的模型和格式,ISO 8000以这些标准为基础,增加了关于这些标准的使用要求,以确保交换数据的高质量。ISO 8000填补了ISO 9000和数据产品标准之间的差距。

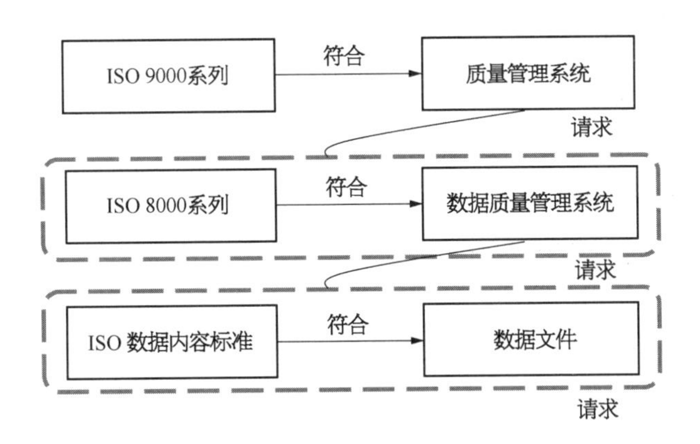

图2-1 ISO 8000标准与ISO 9000及其他标准的联系

ISO 8000的适用范围包括以下几个关键因素[2]:

(1) 数据质量原则;

(2) 确定数据质量的特征;

(3) 支持实现数据质量的必要元素;

(4) 表示数据需求、测量方法和检验结果;

(5) 用于测量和提高数据质量的框架。

ISO 8000数据质量标准主要由4个部分组成[3]:

(1) 通用数据质量: Part 1～Part 99,其中Part 1介绍ISO 8000标准创建的目标、适用范围和进展,Part 2介绍相关的术语。

(2) 主数据质量: Part 100～Part 199。主数据下面又分为几个部分: Part 100、Part 110、Part 120、Part 130、Part 140和Part 150。所有部分都已经在2012年之前制定完成。

(3) 事务数据质量: Part 200～Part 299。

(4) 产品数据质量: Part 300～Part 399部分。

自从2008年底发布了第一部标准(ISO 8000-110: 2008主数据: 语法、语义编码和数据规范的一致性)以来,ISO至今已陆续发布了6部。已发布的ISO 8000标准都集中在ISO 8000 100系列部分,即主数据质量部分。

目前,ISO 8000的整体框架如图2-2所示[4],其系列标准的制定和发布情况见表2-1。

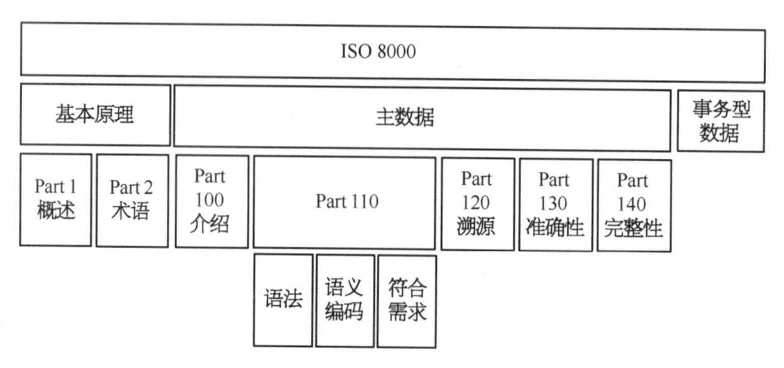

图 2-2 ISO 8000 体系架构

表 2-1 ISO 8000 系列标准的制定和发布情况

标 准 号	标 准 名 称	发布时间
ISO/TS 8000-1	数据质量—Part 1：概述	2011 年
ISO 8000-2	数据质量—Part 2：词汇	2012 年
ISO 8000-8	数据质量—Part 8：信息和数据质量：概念和测量	2015 年
ISO/DTS 8000-60	数据质量—Part 60：信息和数据质量管理过程评估	
ISO/DIS 8000-61	数据质量—Part 61：信息和数据质量管理过程参考模型	
ISO/NP 8000-62	数据质量—Part 62：过程成熟度评估模型	
ISO/NP 8000-63	数据质量—Part 63：测量框架	
ISO/TS 8000-100	数据质量—Part 100：主数据：概述	2009 年
ISO/TS 8000-311	数据质量—Part 311：主数据：产品形状数据质量应用指南	2012 年

2.1.2 ISO/TS 8000-100 系列概述

ISO/TS 8000-100 系列包括 ISO 8000 100～199 部分，该系列标准主要关注主数据质量。主数据(master data)[5]是用来描述企业核心业务实体的数据，是指在整个企业范围内各个系统(操作/事务型应用系统以及分析型系统)间要共享的数据，如描述人员、机构、地点、产品、服务的数据。主数据是具有高业务价值的、可以在企业内跨越各个业务部门被重复使用的数据，并且存在于多个异构的应用系统中，它在整个组织范围内要保持一致性、完整性和可控性。ISO/TS 8000-100 系列主要涉及质量管理系统的主数据描述和主数据质量的度量，目前该系列标准的制定和发布情况见表 2-2。

表 2 - 2 ISO/TS 8000 - 100 系列标准的制定和发布情况表

标 准 号	标 准 名 称	发布时间	备注
ISO/TS 8000 - 100：2009	数据质量—第 100 部：主数据：典型数据的交换：概述	2009 年	
ISO/TS 8000 - 102：2009	数据质量—第 102 部：主数据：典型数据的交换：词汇	2009 年	
ISO 8000 - 110：2009	数据质量—第 110 部：主数据：语法、语义编码和数据规范的一致性	2008 年	2009 年修订
ISO/TS 8000 - 120：2009	数据质量—第 120 部：主数据：典型数据的交换：溯源	2009 年	
ISO/TS 8000 - 130：2009	数据质量—第 130 部：主数据：典型数据的交换：准确性	2009 年	
ISO/TS 8000 - 140：2009	数据质量—第 140 部：主数据：典型数据的交换：完整性	2009 年	
ISO/TS 8000 - 150	数据质量—第 150 部：主数据：质量管理框架	2011 年	

ISO 8000 - 110 标准是 ISO/TS 8000 - 100 系列标准中最先发布，也是最重要的部分。该标准规范了在组织和系统之间进行交换的主数据语法、语义编码和数据规范的一致性需求，特别是可由计算机自动检查的需求。ISO 8000 - 110 主要内容包括：

（1）主数据信息形式语法的一致性需求；

（2）主数据信息的语义编码需求；

（3）主数据信息数据规范的一致性需求；

（4）主数据交换的商业模式需求。

该标准描述了主数据交换需遵循的基本需求。只要数据的提供者和数据的管理者能够提供或接受按 ISO 8000 - 110 要求格式化的数据，这些组织就可通过 ISO 8000 - 110 符合的认证。

ISO/TS 8000 - 120 标准规范了对主数据溯源信息的表示和交换需求，并补充了一些 ISO 8000 - 110 的需求。溯源是衡量数据价值的关键元素。通过溯源，主数据的使用者可以追踪数据源头，当使用者接收到属性相同但来源不同的数据时，主数据溯源信息可以帮助使用者评估这些数据的可信度，并做出选择。ISO/TS 8000 - 120 主要内容包括：

（1）数据溯源信息的描述；

（2）数据溯源信息的获取和交换要求；

（3）数据溯源信息的概念数据模型。

ISO/TS 8000 - 130 标准是 ISO/TS 8000 - 120 标准的一个可选附加部分，它规范了关于主数据的属性值对、记录和数据集的准确性信息的表示和交换。ISO/TS 8000 - 130 主要内容包括：

（1）主数据准确性信息的描述；

（2）主数据准确性信息的获取和交换需求；

（3）主数据准确性信息的概念数据模型。

ISO/TS 8000－140 标准也是 ISO/TS 8000－120 标准的一个可选附加部分，它规范了关于主数据的属性值对、记录和数据集的完备性信息的表示和交换。ISO/TS 8000－140 主要内容包括：

（1）主数据完备性信息的描述；

（2）主数据完备性信息的获取和交换要求；

（3）主数据完备性信息的概念数据模型。

ISO/TS 8000－150 标准描述用于度量和改进主数据质量的框架，该框架可与 ISO 9000 联合使用，也可独立使用，如图 2－3 所示[2]。

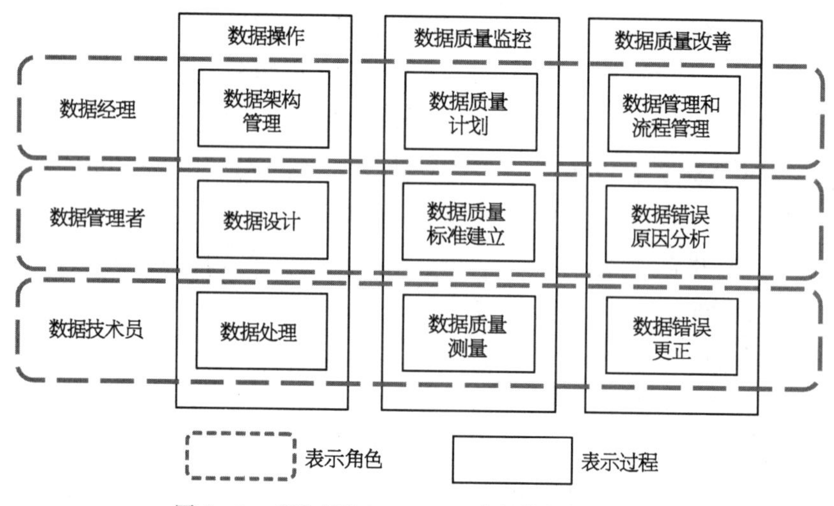

图 2－3　ISO/TS 8000－150 中的数据管理框架

在图 2－3 中，ISO/TS 8000－150 中的数据管理框架由一系列角色和一组顶层过程构成。角色分别是数据经理、数据管理者和数据技术员。顶层过程则为数据操作、数据质量监控和数据质量改善。角色和过程所组成的矩阵形成了 9 个底层的数据操作过程。

2.1.3　ISO/TS 8000－100 主数据质量

要全面理解 ISO/TS 8000－100 的相关知识，首先需要掌握一些常用的数据质量术语，ISO 8000 针对数据、信息、质量和需求等给出如下明确的定义[6]。

信息：与知识相关的对象，如事实、事件、事情、流程、想法，甚至概念，在一定的语境中，有着特别的意义。

数据：用一种形式化的方式重新说明信息，以适用于交流、解释或处理。

质量：一组固有的特性满足需求的程度。

特性：可相互区别的属性。

需求：规定需要或期望，通常是隐含的或者必需的。

下面介绍主数据的语法、语义编码和数据规范的一致性需求。

语法：每个主数据信息应该在其头部包含一个引用以说明主数据信息遵守的正式语法。该引用应该有一个明确的标识符，用于说明编码主数据信息的正式语法的特定版本。

语义编码：语义编码是使用参考数据字典条目的标识符取代自然语言的技术，每个引用应当成为包含在一个数据字典中的条目。

数据规范的一致性需求：每个主数据信息应该在其头部包含一个引用以说明主数据信息遵守的规范。该引用应该有一个明确的标识符用于说明编码主数据信息的数据规范的特定版本。

在 ISO/TS 8000－100 中，组织可以将数据分为两种类型：交易型数据和主数据。交易型数据用于记录业务事件，如客户订单，投诉记录，客服申请等，它往往用于描述在某一个时间点上业务系统发生的行为。主数据是指一个组织内部为了执行交易所需要使用的具有独立性和基础性的实体。通常主数据可以分为以下四类：

参与方：表示参与商业活动的各个实体，如客户、个人、供应商和伙伴等。

位置：表示物理上的地点和组成部分，如地理位置、地点、子公司、站点、地区、区域等。

事物：通常代表企业在商业活动中实际所销售的内容，如产品、服务、物品和金融服务等。

金融和组织：代表所有应用于报告和会计目的的上层结构，如组织机构、销售地区、会计科目表、成本中心、业务单位、利润中心、价格表等。

为了更好地区分主数据在商业活动中的用途，主数据又可划分为引用数据和特征数据。引用数据表示被引用为另一个组织的主数据，而特征数据则代表所描述实体的特性。图 2－4 显示了 ISO/TS 8000－100 中数据的分层结构[7]。

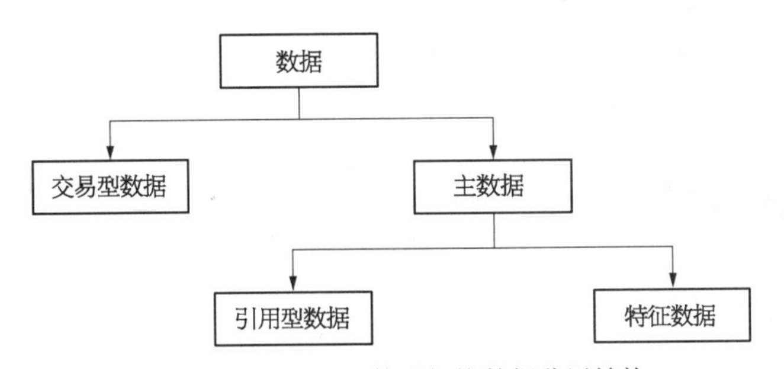

图 2－4　ISO 8000 体系架构数据分层结构

同时，ISO/TS 8000－100 也归纳了 ISO 8000 100～199 系列和其他标准之间的相互关系，如图 2－5 所示。

在图 2－5 中，主数据质量涵盖数据溯源、数据准确性和完整性，主数据的概念来自数据字典，在使用时必须符合数据规范和正式的语法。数据规范可以指定概念的首选术语，也指定了数据需求，例如模板、规制和约束。主数据、数据字典和数据规范中的标识都来自标识模式，该模式由国际标准 ISO 22745：2010 制定。

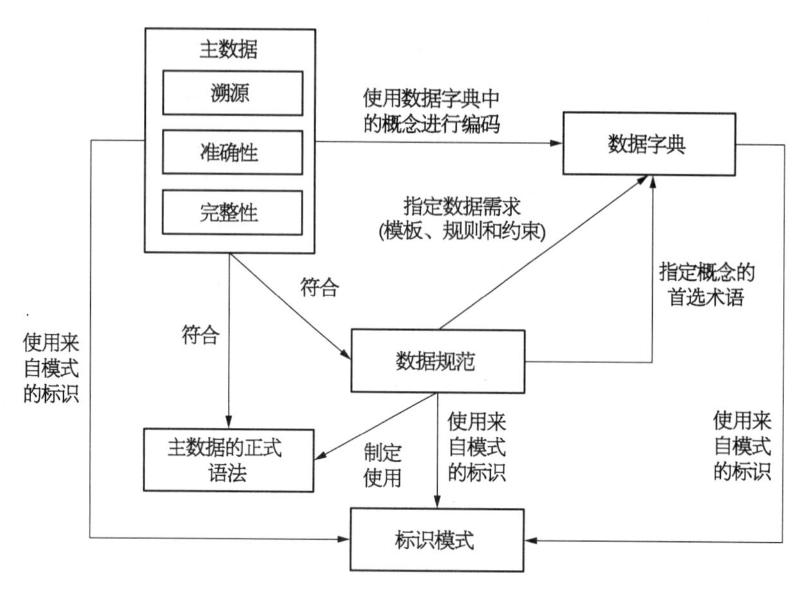

图 2-5 ISO 8000 体系架构数据分层结构

2.1.4 ISO 22745：2010 概述

ISO 22745：2010 是一个关于开放技术字典(the open technical dictionary,OTD)和主数据应用的国际标准。它提供工具使得企业能够保证输入和输出的主数据足够优质,改进内部数据的质量;在整个供应链上进行语义层面、数据粒度级的信息交换,实现直接、正确、有效的协同。在实践中,它通过与 ISO 8000 配合使用,用来描述数据需求[8]。ISO 22745：2010 由 14 个部分构成,每个部分的含义如表 2-3 所示。

表 2-3 ISO 22745：2010 各部分含义

编 号	含 义
Part 1	概述和基本原理
Part 2	词汇
Part 10	字典表述
Part 11	形式化术语指南
Part 13	概念和术语的标识
Part 14	字典查询接口
Part 20	维护一个开放技术字典的过程
Part 30	标识指南描述
Part 35	特征数据查询
Part 40	主数据表示

（续表）

编　号	含　　义
Part 45	绘制指南描述
Part 50	结构和权威性注册操作
Part 200	集成主数据到 ISO 10303 产品数据实现指南
Part 300 系列	主数据指南

OTD 是描述数据项的概念性字典，它是一组词条的集合，每一个词条描述一个概念/元数据，包含概念/元数据的标识符、术语和定义文本、注释、样例、图像、超链接到源标准。OTD 具有以下特征[9]：

（1）满足 ISO 8000－110 自由编码需求；

（2）使用在 ISO 22745－13 中指定的标识符；

（3）提供一个查询接口，用以解析标识符到它对应的含义并且搜索概念。

ISO 22745：2010 中描述的概念涉及类别、属性、特征等六大类，如表 2－4 描述了一些常用的概念示例。

表 2－4　ISO 22745：2010 中的常用概念

概 念 名 称	对 应 的 示 例
类别	螺栓、计算机、眼镜
属性	螺纹系列指示器、螺纹直径
测量单位	度、千克、牛顿
测量的限定符	最大值、最小值、正常值
限定的属性值	枚举型（星期一、星期二、星期三……）
货币	美元、欧元

类是一组具有相同属性的实体的集合，如“螺栓”、“计算机”、“眼镜”。通常，类中包含概化、泛化的关系，构成类的层次结构。但是 OTD 不包含类的层次结构，它是一个扁平的概念集。

属性用来描述类所具有的一类性质，如螺纹级别、直径、材质、强度等。测量单位包括测量单位的国际系统和英制系统。测量的限定符是指最小值、最大值、正常值等。限定的属性值指类属性值的取值范围，可以是枚举类型，例如，一周有七天（星期一、星期二、……、星期日），螺纹的方向有两种（左手、右手）。货币的名称有美元、欧元等。

在实际生活中，同一个概念在不同的语言环境下会采用截然不同的单词来表示，如电梯这个概念，在英国使用单词“lift”，而在美国却变成了单词“elevator”。为了使得 OTD 能够处理这样的语言变化，ISO 22745：2010 指定了语言标识符。语言标识符可以唯一确定一种概念，下面通过一个示例来说明语言标识符的用途，如图 2-6 所示。

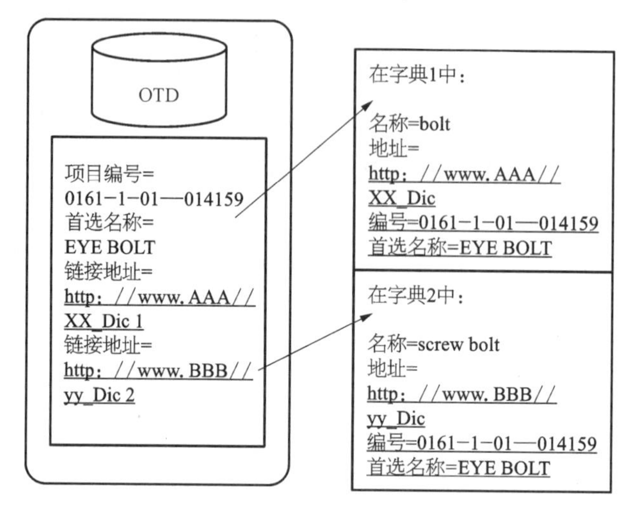

图 2-6 ISO 22745：2010 中语言标识符示例

在图 2-6 中，OTD 中有一个名为“吊环螺栓”(eye bolt)的概念，它的语言标识符为：0161-1#01-014159。吊环螺栓还有两个常用的描述，分别是“bolt”和“screw bolt”，这两个描述来自不同的 URL。前者的 URL 为：http：//www.AAA//XX_Dic，后者的 URL 为：http：//www.BBB//YY_Dic。OTD 会使用链接来指向不同概念来源的 URL。

概念标识符的基本结构和语义由 ISO 22745-13 确定，如图 2-7 所示。概念标识符的基本结构采用 18 位字符表示，分为四个部分[9]：注册机构标识符(registration authority identifier，RAI)、对象标识符(object identifier)、分隔符和版本号标识符。注册机构标识符由第 1～6 位构成，前面 4 位固定用 0161 表示，是一个国际代码标志符；第 5 位是一个“-”分隔符；第 6 位是组织标识符。第 7 位是一个“#”分隔符和第 17 位是一个“#”分隔符。对象

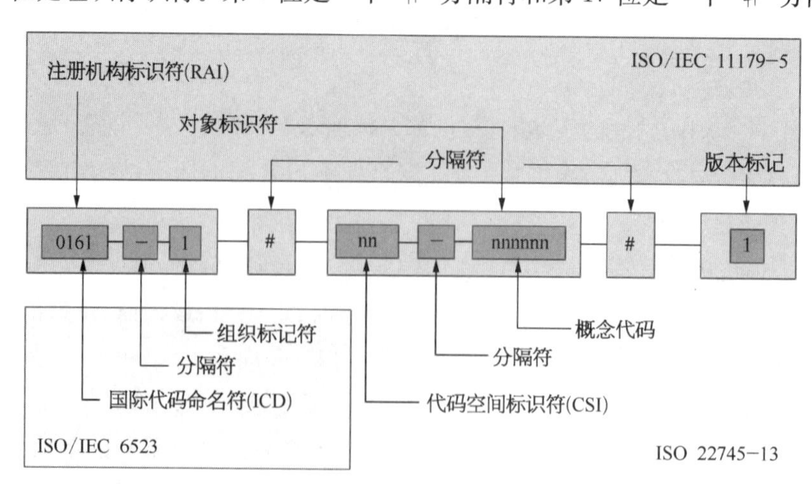

图 2-7 ISO 22745 中语言标识符的基本结构

标识符由第 8～16 位组成，第 8～9 位是一个代码空间标识符；第 10 位也是一个“-”分隔符；第 11～16 位是概念标识符。第 18 位是版本标识符。表 2-5 给出了 OTD 中螺栓这个类别所对应的一些概念的标识符示例。

表 2-5 ISO 22745 中一些概念的标识符示例

概 念 名 称	对应的标识符	取 值	测量单位
类别名称	0161-1#02-046898#1	machine bolt	
产品号	0161-1#02-027375#1	3225020037	
螺纹直径	0161-1#02-023822#1	1.0	英尺
对边宽度	0161-1#02-010200#1	1.450	英尺
对角宽度	0161-1#02-010196#1	1.653	英尺
头部高度	0161-1#02-004968#1	0.591	英尺

ISO 22745-14 是字典查询接口，主要提供三种服务级别：

(1) 第一级：解析标识符到服务提供者；

(2) 第二级：解析标识符到指定的字典入口，使用查询表达式搜索字典入口；

(3) 第三级：解析标识符到本体描述。

ISO 22745-40 用于表述主数据，对应的数据项包括：

(1) 一个类中的成员：在字典中，类标识是指向概念的指针；

(2) 属性值：属性标识符、测量单位、限定的属性值。

ISO 22745-30 是字典查询接口，用来描述：

(1) 在字典中使用概念的限制；

(2) 一个接收方数据需求的规范；

(3) 由数据消费者开发和维护的标识指南；

(4) 由字典维护机构验证有效性。

ISO 22745-20 用在以下场合：

(1) 在字典维护机构的结构；

(2) 涉及一个 OTD 发布的过程；

(3) 一个 OTD 中概念文档更改的过程。

ISO 22745-35 用来查询特征数据，适合以下两种情况的查询：

(1) 已经知道特征数据，需要通过查询获得概念的参考值；

(2) 已经知道概念的参考值，需要通过查询获得特征数据。

ISO/TS 8000-100 系列和 ISO 22745：2010 标准能够共同使用自动化数据供应链，如图 2-8 所示[10]。

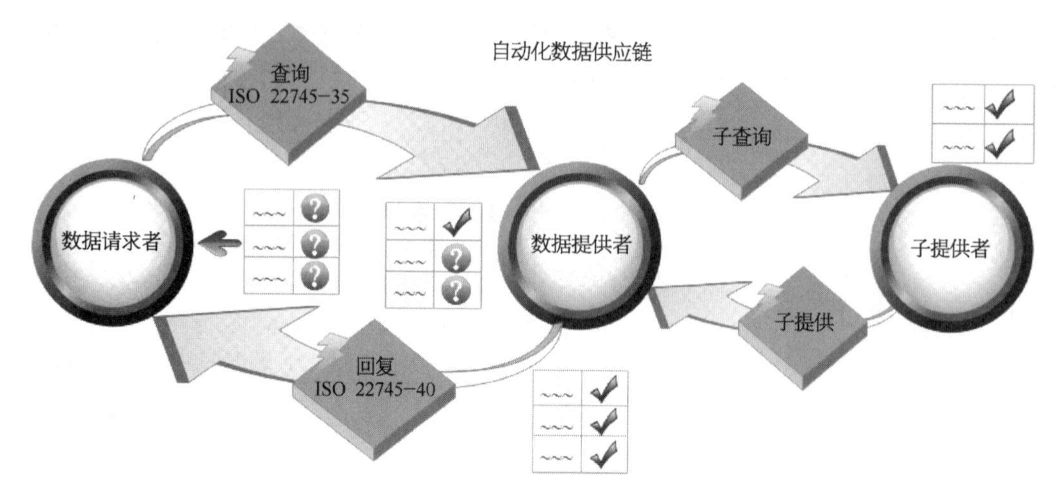

图 2-8 自动化数据供应链

在实践中,买家或者代理商等数据请求者不可能拥有全部需要的数据,因此,他们通过数据供应链获取相关内容。首先,他们将某一商品(螺栓)所需的基本信息,包括:该商品在OTD中的规范名称、可能的供应商和商品特征值等内容采用XML文件格式进行描述,XML文件必须符合ISO 8000-110和ISO 22745-30中的规定。接着,数据请求者创建一个请求,该请求通过ISO 22745-35实现,并发送给数据提供者的供应商或制造商,请他们按照商品的参考值验证特征数据,或者按照指定的特征值提供商品的参考值。最后,数据提供者向数据请求者应答。应答文件参考ISO 22745-40指定的格式,也采用XML格式描述数据应答。如果数据提供者不具有所请求的数据或者只能提供部分数据内容,那么他们以同样的数据格式、向二级数据提供者发送请求,再由二级数据提供者以相同供应链的形式返回所需要的数据内容。

ISO 8000和ISO 22745标准的共同使用,是提高数据质量的基础性能工具,它们可以满足工业界的需求,在整个供应链上进行数据粒度级的信息交换,实现直接、正确、有效的协同[11]。

2.2 地理信息质量标准 ISO 19100

传统上,地理信息由地理业界生产和使用,但现在地理信息越来越多地由个人甚至是商业界生产和使用。因此,对专家来说曾经非常重要的技术问题已成为政府和商业组织需要面对的业务问题。为此,国际标准化组织地理信息技术委员会(简称为ISO/TC 211)成立之初确定首批研制20项地理信息国际标准,这些标准的适用范围均为数字地理信息领域,是一组结构化的定义、描述和管理地理信息的标准(ISO 19100)。这些标准阐述管理地理信息的方法、工具和服务，包括数据的定义、获取、分析、访问、表示，并以数字/电子形式在不同用户、不同系统和不同地方之间转换这类数据[12]。通过对一系列标准的建立，增进对地理信息的理解和使用，提供地理信息的可用性以及访问、集成和共享的能力，促进有效、高效而且经济地使用数字地理信息和相关软硬件系统，为解决全球生态和人道主义问题贡献一个统一标准的方法。

目前，ISO/TC 211 制定并已发布 30 多个标准，这些标准可划分为以下 6 组，见表 2-6。每组标准都有一个侧重的主题[13]。

表 2-6 地理信息系列标准(部分)

组号	标准所涉及的主题	标准编号	名称
1	地理信息标准化的基础架构标准	ISO 19101：2014	地理信息-参考模型
		ISO 19103：2015	地理信息-概念模式语言
		ISO 19104：2016	地理信息-术语
		ISO 19105：2013	地理信息-一致性测试
		ISO 19106：2004	地理信息-专用标准
2	地理信息数据模型标准	ISO 19107：2005	地理信息-空间模式
		ISO 19108：2006	地理信息-时间模式
		ISO 19109：2015	地理信息-应用模式规则
3	地理信息管理标准	ISO 19110：2005	地理信息-要素编目方法
		ISO 19113：2002	地理信息-质量原则
		ISO 19114：2003	地理信息-质量评价过程
		ISO 19115：2014	地理信息-元数据
4	地理信息服务标准	ISO 19116：2004	地理信息-定位服务
		ISO 19117：2012	地理信息-图示表达
		ISO 19119：2016	地理信息-服务
5	地理信息编码标准	ISO 19118：2011	地理信息-编码
		ISO 19136：2007	地理信息-地理标记语言(GML)
6	特定专题领域标准	ISO/TS 19101-2：2015	地理信息-参考模型-第 2 部分：影像
		ISO 19115-2：2009	地理信息-元数据-第 2 部分：影像与网格数据扩展

下面介绍各个分组中重要的标准文件：

(1)《地理信息参考模型》(ISO 19101：2014)标准阐述地理信息标准的总体结构框架、基本原理、标准的整体概念和组成部分，并确定各个标准之间的关系[14]。该标准可供信息系统分析员、项目策划人、地理信息标准研制者以及其他人员所使用,以便理解 ISO 19100 系列标准的基本原则和地理信息标准化工作的整体要求。

(2)《地理信息综述》(ISO 19102：2008)标准以技术报告的形式,阐述 ISO 19100 系列标准的目的、结构和应用,以便用户更好地理解和接受这套标准[14],包括：对 ISO 19100 系列标准每一部分的适用范围、标准间的关系,帮助用户确定 ISO 19100 系列标准中,哪些部分对他们的应用而言是需要的。

(3)《地理信息空间模式》(ISO 19107：2005)标准定义用于描述地理要素的空间特征的概念模式和基于这些模式的一套空间操作[15]。它定义用于最多三维空间(几何的与拓扑的)对象的空间信息存取、查询、管理、处理和数据交换的标准空间操作,利用这些定义确定一组标准操作和算法,以便将基础算子组合用于矢量地理数据的查询和处理。

(4)《地理信息时间模式》(ISO 19108：2006)标准定义描述地理信息时间特征所需要的标准概念,既包括描述数据集时间特征的元数据元素,也包括描述要素时间特征的要素属性。该标准侧重在要素属性中使用时间的标准化[15]。

(5)《地理信息要素编目方法》(ISO 19110：2005)标准定义要素类型的编目方法,详细说明如何将要素类型的分类组成要素目录,以及如何提供给地理数据集用户[15]。它将地理要素分为实例层和类型层,前者是离散的现象,可以用特定的符号表达;后者由具有共同特征的实例构成。

(6)《地理信息质量原则》(ISO 19113：2002)标准确定描述地理数据质量的基本元素,规定质量信息报告的组成部分,以及组织有关数据质量信息的方法[16]。对数据生产者而言,该标准可以提供数据质量信息,明确地或隐含地描述和评估某数据集对产品规范规定的符合程度;而对数据使用者,可以确定特定的地理数据质量是否能满足他们的特定应用要求。

(7)《地理信息质量评价过程》(ISO 19114：2003)标准规定用于确定和评价数字地理数据集质量过程的框架,与 ISO 19113：2002 定义的数据质量基本元素一致[17]。它提供对数字地理数据集和数据集系列进行质量评价的方法,按照质量原理标准定义的数据质量模型,确定和报告数据质量信息。数据生产者可用于提供数据集满足相应产品规范的质量信息,数据用户可用于尝试确定数据集是否具有足够的质量,以满足他们特定的应用要求。

(8)《地理信息元数据》(ISO 19115：2014)标准将元数据定义为“关于数据的数据”,是有关数字地理数据标识、覆盖范围、质量、空间和时间模式、空间参照系和分发等方面特征的描述性信息[18]。该标准适用于数据集编目、空间数据交换网站,以及对数据集的全面描述。

(9)《地理信息定位服务》(ISO 19116：2004)标准定义标准接口的数据结构和内容,让位置数据的提供设备和位置数据的使用设备之间能够通信,并明确地解释位置信息,确定观测结果是否满足使用要求[19]。

(10)《地理信息编码》(ISO 19118：2011)标准定义用于地理数据交换的编码规则，该规则将地理信息按独立于系统和计算机平台的数据结构进行编码。编码规则定义编码数据的类型，用于最终数据结构的语法、结构以及编码模式[19]。

2.2.1 地理信息数据质量

地理数据集表示可识别的地理数据集合。这些数据代表现实世界的实体，它们具有空间、专题和时间方面的特征。从现实世界到论域的抽象过程包括将现实世界实体潜在的许多特征模型化为可用位置、专题和时间定义的理想形式，以使这些实体可以理解和表示。

目前，地理数据集的共享、交换和应用均在不断增加。数据集中数据的值与其质量直接相关，地理数据集的质量信息对选择数据集的过程至关重要。数据消费者对数据质量的要求不完全相同，一些消费者要求数据的准确度非常高，以满足特定需求，而另外一些用户对数据准确度的要求则相对较低。描述地理数据质量是为了选择最适合应用需求的地理数据集。对数据集质量的完备描述能促进相应的地理数据集的共享、交换和使用。ISO 19113：2002 标准的目标是提供描述地理数据质量的基本元素和处理地理数据质量信息的概念。

ISO 19113：2002 标准采用下列术语和定义(部分关键术语)来描述数据质量。

(1) 质量(quality)：一组固有特性满足要求的程度。

(2) 数据集(dataset)：可以识别的数据集合。

(3) 要素(feature)：现实世界现象的抽象。

(4) 要素属性(feature attribute)：要素的特征。

(5) 要素操作(feature operation)：一个要素类型的每个实例都可执行的操作。

(6) 元数据(metadata)：关于数据的数据，即数据的标识、覆盖范围、质量、空间和时间模式、空间参照系和分发等信息。

(7) 数据质量量化元素(data quality element)：说明数据集质量的量化组成部分。

(8) 数据质量非量化元素(data quality overview element)：说明数据集质量的非量化组成部分。

(9) 准确度(accuracy)：在一定观测条件下，观测值及其函数的估值与其真值的偏离程度。

(10) 一致性(conformance)：满足规定的要求。

为了有效描述地理数据集的质量，需要包括数据质量量化元素和数据质量非量化元素。数据质量量化元素、子元素和子元素描述符说明数据集对产品规范规定的符合程度，并提供量化的质量信息。数据质量非量化元素提供概况的非量化描述信息。质量信息的质量可包括质量信息可信度或可靠性的度量。图 2-9 给出数据质量信息的全貌。

数据质量量化元素分为完整性、逻辑一致性、位置准确度、时间准确度和专题准确度，它们用来描述数据集符合产品规范规定的程度。各数据质量量化元素的含义如下：

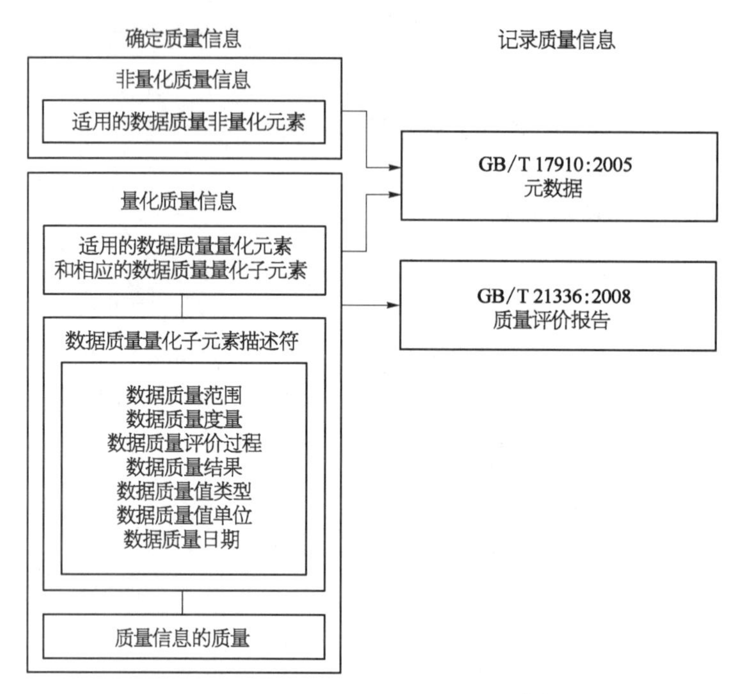

图 2-9 地理数据质量信息全貌[16]

(1) 完整性：要素、要素属性和要素关系的存在和缺失。

(2) 逻辑一致性：对数据结构(数据结构可以是概念的、逻辑的或物理的)、属性及关系的逻辑规则的符合程度。

(3) 位置准确度：要素位置的准确度。

(4) 时间准确度：要素时间属性和时间关系的准确度。

(5) 专题准确度：量化属性的准确度、非量化属性的正确性、要素分类及其关系的正确性。

上述列出的数据质量量化元素并不是唯一的标准，在实际应用中，也可根据业务需求引入新的数据质量量化元素。

每一个数据质量量化元素所对应的子元素和子元素描述符的定义如表 2-7 和表 2-8 所示。

表 2-7 地理数据质量量化子元素

数据质量量化元素	数据质量量化子元素
完整性	多余：数据集中含有多余的数据； 遗漏：数据集中缺少应该包含的数据
逻辑一致性	概念一致性：对概念模式规则的遵循程度； 域一致性：值对值阈的符合情况； 格式一致性：数据存储符合数据集物理结构的程度； 拓扑一致性：数据集拓扑特征显式编码的正确性

（续表）

数据质量量化元素	数据质量量化子元素
位置准确度	绝对或外部准确度：数据中的坐标值与可接受值或真值的接近程度； 相对或内部准确度：数据集中要素的相对位置与各自可接受的或真实的相对位置的接近程度； 格网数据位置准确度：格网数据位置值与可接受值或真值的接近程度
时间准确度	时间度量准确度：一个检验单元时间参照的正确性（记录时间度量误差）； 时间一致性：有序的事件或顺序的正确性； 时间有效性：与时间有关的数据的有效性
专题准确度	分类正确性：赋给要素或其属性的类型与论域（例如地表真值或参照数据集）的比较； 非量化属性正确性：非量化属性的正确性； 量化属性准确度：量化属性的准确度

表 2-8 地理数据质量量化子元素描述符

描述符名称	定　　义
数据质量范围	记录其质量信息的数据的覆盖范围或特征
数据质量度量	数据质量量化子元素的取值
数据质量评价过程	应用和记录质量评价方法及评价结果的操作
数据质量结果	数据质量度量得到的一个值或一组值，或者将获取的一个值或一组值同规定的一致性质量级别相比较得到的评价结果
数据质量值类型	记录数据质量结果的值的类型
数据质量值单位	记录数据质量结果的值的单位
数据质量日期	度量数据质量的日期或日期范围

数据质量非量化元素主要包括目的、使用情况和数据志三种元素。目的是指应说明建立数据集的原因和数据集预期用途。使用情况描述数据集已经实现的实际应用，说明数据生产者或其他各种不同的数据用户对数据集的应用。数据志用来描述数据集的历史，叙述数据集从采集和获取、编辑和派生，直到其当前状况的生命周期。

2.2.2 地理信息数据质量评价

ISO 19114：2003 国际标准提供了一个确定和评价数字地理数据集质量的过程框架，并与 ISO 19113：2002 定义的数据质量原则保持一致。该国际标准建立了评价和报告数据质量结果的框架，以作为数据质量元数据的一部分，或作为质量评价报告。

通过评价数据集质量，数据生产者能够说明其产品满足产品规范要求的程度，数据用户也能够确定数据集满足其应用需求的程度。地理数据质量评价过程是从生产到报告数据质量结果的一系列步骤，如图 2－10 所示。

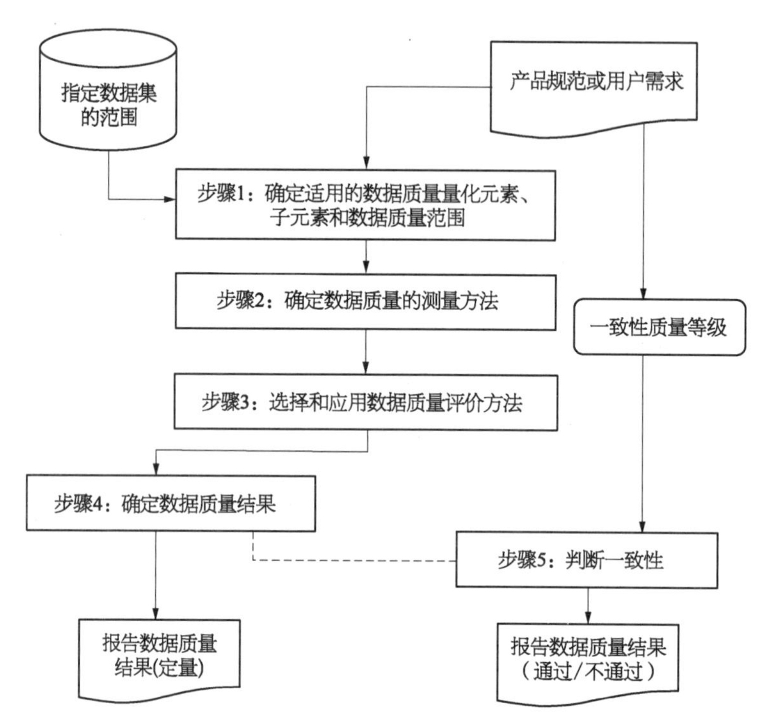

图 2－10　数据质量结果的评价与报告[17]

对地理数据集质量进行评价时，首先应该根据产品规范或用户需求确定待评价的数据质量量化元素、子元素和数据质量范围。接着确定检验数据质量的检测方法、数据质量值的类型和值的单位。然后针对每种数据质量度量的方法，选择数据质量评价方法。评价过程结束后，判定数据质量结果并记录可量化的数据质量结果。如果在产品规范或用户需求中说明了一致性质量级别，还需要将数据质量结果与其对比来确定一致性，同时记录通过/不通过的一致性数据质量结果。

数据质量评价过程是通过应用一个或多个数据质量评价方法实现的。ISO 19114：2003 标准将数据质量评价方法分为两类：直接评价法和间接评价法。直接评价法通过将数据与内部和/或外部参照信息的对比确定数据质量。间接评价法利用数据信息（如数据志）推断或估计数据质量。在实施直接评价法时，可以对数据集进行全检或者抽样检验。全检要求对数据质量范围确定的总体中的每一个检验单元进行检验，抽验则要求检验总体中有足够数量的检验单元，以获得数据质量结果。在对数据集进行间接评价时，可以采用外部知识对数据集进行质量评价，外部知识不仅包括非量化元素，还包括用于生产数据集的数据集质量报告或数据质量报告。

2.3 统计数据质量标准

统计数据是统计工作活动过程中所取得的反映国民经济和社会现象的数字资料以及与之相联系的其他资料的总称。统计数据质量是统计工作的生命，是发挥统计信息、咨询、监督三大功能的基础[20]。不科学、不准确的统计数据会使得政府部门和信息使用者产生误解和决策失误。统计数据质量的高低直接影响和决定着统计信息的有用性及统计信息价值的大小，因此正确评价政府统计数据质量，努力提高统计数据的质量，实现统计信息的准确、有效、全面、快捷地传递，对政府和公众获取信息和科学决策具有重大意义[21]。

目前，国际上还没有一个关于统计数据质量的统一定义。世界各国统计机构和有关国际组织对统计数据质量含义的解释和理解存在着一定的分歧。例如，欧盟统计局提出数据质量的六个维度：相关性、准确性、可比性、连贯性、及时性和准时、可访问性和清晰；加拿大统计局确定了衡量数据质量的六个方面的标准，即准确性、及时性、适用性、可取得性、衔接性、可解释性；澳大利亚国际收支统计局要求达到准确性、及时性、适用性、可取得性、方法科学性的质量标准；荷兰统计局的质量标准包括四个方面，即准确性、适用性、及时性、有效性；美国国民经济分析局要求满足可比性、准确性、适用性的质量标准；英国政府统计数据质量标准是准确性、及时性、有效性、客观性；国际货币基金组织（IMF）的质量标准是相关性、准确性和可靠性、及时性、可获取性、衔接性、可比性、方法专业性或完整性[22]。在我国，许多学者提出了适合我国国情的统计数据质量标准，主要包括适用性、准确性、时效性、可比性、可衔接性、可获得性、可解释性、连贯性八个方面[23]。此外，还有部分学者从统计数据的内容质量、表述质量及约束标准这三大方面来综合衡量统计数据的质量。

2.3.1 国际统计数据标准概述

进入20世纪90年代以来，世界一些地区金融危机频繁爆发。1994年末，墨西哥发生了严重的金融危机，导致国际金融市场剧烈动荡。危机爆发后，国际货币基金组织(international monetary fund, IMF)意识到，在新的国际经济、金融形势下，必须制定统一的数据发布标准，使各成员国按照统一程序提供全面、准确的经济金融信息。

1995年4月，IMF的临时委员会理事会（后更名为国际货币与金融委员会）请求执行董事会制定标准以指导各成员国提供经济和财政数据。1995年10月，临时委员会批准建立两个标准。数据公布特殊标准(special data dissemination system, SDDS)于1996年3月批准通过，旨在为进入或可能寻求进入国际资本市场融资的成员国向公众公布经济和金融数据提供指导。数据公布通用系统(general data dissemination system, GDDS)在1997年3月批准通过，旨在为统计体系欠发达的成员国提供一个评估数据改进需求并确定优先事宜的框架。2012年，SDDS增强版(SDDS Plus)问世，这是国际货币基金组织数据标准倡议的较高一层，旨在帮助解决全球金融危机期间确定的数据缺口问题。

2002年4月，中国正式加入IMF的数据公布通用系统(GDDS)，这意味着我国的统计数据采集、质量评估、公布等都要与国际标准趋同。2014年11月，中国宣布将采纳IMF的数据公布特殊标准(SDDS)。IMF并不强制要求成员国都必须加入SDDS和GDDS，而是由成员国自愿认报。目前，IMF现有的185个成员国中有49个成员国加入SDDS，38个成员国加入GDDS。

欧洲统计系统(European statistical system, ESS)作为国际上发展较为完善的统计机构，早在20世纪80年代就开始着手制定一系列统计数据质量管理工具[24]。为了实现ESS的目标，2001年，由欧洲统计领导专家组起草的《欧洲统计系统质量宣言》[25](quality declaration of the European statistical system，简称《质量宣言》)获得统计方案委员会通过，作为ESS正式迈向全面质量管理的第一步。《质量宣言》包含ESS的任务说明、愿景说明和十项原则；2003年10月，欧洲理事会召开的第六次会议上讨论通过了《ESS统计质量定义》[26](ESS definition of quality in statistics)，明确并且统一了欧盟统计局及各成员国国家统计机构的统计数据质量概念；之后在《质量宣言》的基础上又拟定了《欧洲统计业务实施守则》(European statistics code of practice，也称《欧洲统计实践规范》，以下简称《业务守则》)[27]，于2005年由欧盟统计委员会颁布。按照《业务守则》，欧盟统计局和欧盟成员国的国家统计局承诺采取共同的综合做法，制作高质量的统计资料。《业务守则》在ESS质量定义的基础上，提出了15项关键原则，涵盖体制环境、统计程序、统计输出各个方面，并为每一项原则定义了一组反映良好做法的指标，用作进行评估的基础。

在《业务守则》颁布之后，欧洲统计局一直使用自我评估和同行审议两种工具，对欧盟成员国的国家统计局遵守守则的情况进行估量。根据《欧洲调查管理人员自我评估检查单》[28](The European self-assessment checklist for survey managers, DESAP)，可以很快地对一项调查及其产出进行系统地综合全面的质量评估并找出有可能加以改进的地方。

《欧洲统计系统质量术语》(ESS quality glossary)于2003年第一次发表，收录了许多质量文件方面的技术术语，每个术语有简短的定义，并注明了定义的来源。《元数据最新词汇》是一份更全面的最新词汇，由包括欧盟统计局在内的多个国际组织合作编制。

根据领导专家组的建议，欧盟统计局和欧洲各国的统计局制定了一套完整的通用质量工具，包括《欧洲统计系统质量报告标准》(ESS standard for quality reports)[29]和《欧洲统计系统质量报告手册》(ESS handbook for quality reports)[30]。两个文件都包含整套欧洲系统标准质量和业绩指标的最新版本，以供总结统计产出的质量之用。

2.3.2 IMF的数据公布通用标准(GDDS)

IMF的GDDS[31]的总体框架主要包括数据特征、公布数据的质量、数据公布的完整性和公众获取四个部分。

1）数据特征：范围、频率和及时性

GDDS将国民经济活动划分为五大经济部门：实际部门、财政部门、金融部门、对外部门和社会人口部门。对每一部门各选定一组能够反映其活动实绩和政策以及可以帮助理解经济发展和结构变化的最为重要的数据类别。系统提出了五大部门综合框架和相关的数据类别和指标编制、公布的目标，鼓励以适当的、反映成员国需要和能力的频率和及时性来开发和公布指标。选定的数据类别和指标分为规定的和受鼓励的两类。

规定的数据类别包括：

（1）来自综合框架中的核心部分，如实际部门的国民账户总量、财政部门的中央政府预算总量、金融部门的广义货币和信贷总量、对外部门的国际收支总量。

（2）追踪分析统计类目，如实际部门的各种生产指数、财政部门的中央政府财政收支和债务统计、金融部门的中央银行分析账户、对外部门的国际储备和商品贸易统计。

（3）与该部门相关的统计指标，如实际部门的劳动市场和价格指数统计。

（4）社会人口数据，包括人口、保健、教育、卫生等方面统计。

鼓励性类别是要成员国争取发布的，条件不具备的可以暂不发布。数据类别下有些构成要素后面注明“视具体情况”，即成员国认为该项统计不符合本国实际的，可以不编制发布。

公布频率是指统计数据编制发布的时间间隔。某项统计数据的公布频率需要根据调查、编制的工作难度和使用者的需要来决定。系统鼓励改进数据的公布频率。GDDS对列出的数据类别的公布频率做了统一规定。例如，GDDS要求国民账户体系、国际收支平衡表按年公布，广义货币概览按月公布，汇率则每日公布。

公布及时性是指统计数据公布的速度。统计数据公布的及时性受多种因素制约，如资料整理和计算手续的繁简、数据公布的形式等。GDDS规定了间隔的最长时限，如按季度统计的GDP数据规定在下一季度内发布，按月度统计的生产指数规定在6周至3个月内公布。

2）公布数据的质量

GDDS从两个方面的内容来评估公布的统计数据质量，即提供统计数据的文字说明和提供统计数据的交叉检验。

统计数据质量是个难以界定、因而不易评估的概念。为了便于检查，GDDS选定两条规则作为评估统计数据质量的标准。一是参加国提供数据编制方法和数据来源方面的资料。二是提供统计类目核心指标的细项内容、与其相关的统计数据的核对方法，以及支持数据交叉复核并保证合理性的统计框架。统计框架包括核算等式和统计关系。比较核对主要针对那些跨越不同框架的数据，例如作为国民账户一部分的进出口数据和作为国际收支一部分的进出口数据的交叉核对。

与数据质量密不可分的是制定和公布改进数据的计划。所准备和公布的改进计划应包含所有数据不全的部门。统计当局应表明下述立场中的一个：针对已发现不全的改进计划；最近实施的改进措施；国家认定不需再改进。

3）数据公布的完整性

为了实现向公众提供信息的目的，官方统计数据必须得到用户的信赖；同时，统计使用者对官方统计的信任感归根到底是对官方统计数据编制机构的客观性和专业性的信任。而统计机构的工作实践和程序的透明度是产生这种信任的关键因素。因此，为了监督统计数据的完整性，GDDS 规定了四条检查规则：

（1）参加国必须公布编制统计数据的条件和规定，特别是为信息提供人保密的规定。

（2）关于数据公布前政府机构从内部获取数据的说明。GDDS 要求开列数据编制机构以外的、可以在数据发布前获得数据信息的政府人员名单及职位。这种做法主要针对那些具有政治或其他敏感性的数据。

（3）政府部门在数据公布时的评述。

（4）必须提供数据修正方面的信息并提前通知统计方法的重大修改。

4）公众获取

官方统计数据的公布是统计数据作为一项公共产品的基本特征之一，及时和机会均等地获得统计数据是公众的基本要求。GDDS 对此制定了两项规划：一是参加国要预先公布各项统计的发布日历表。二是统计发布必须同时发送所有有关各方。发布时可先提供概括性数据，然后再提供详细的数据，当局应至少提供一个公众知道并可以进入的地址，数据一经发布，公众就可以公平地获得。

2.3.3 IMF 的数据公布特殊标准（SDDS）

与 IMF 的 GDDS 类似，SDDS[32] 的总体框架也包括数据特征、公布数据的质量、公布数据的完整性和公众获取四个部分。

1）数据特征：范围、频率和及时性

SDDS 将国民经济活动划分为四大经济部门：实际部门、财政部门、金融部门、对外部门，鼓励公布人口总量数据，但只作为附表。与 GDDS 一样，SDDS 对每一部门各选定一组能够反映其活动实绩和政策以及可以帮助理解经济发展和结构变化的最为重要的数据类别。选定的数据类别分为：必需的、受鼓励和“视相关程度”三类。

必需的数据类别包括：综合统计框架，如实际部门的国民账户、财政部门中的广义政府或公共部门的运作、金融部门中银行体系的分析账户以及对外部门中的国际收支账户；跟踪性数据种类，如实际部门中的生产指数，财政部门中的中央政府的运作，金融部门的中央银行分析账户等；与部门有关的其他数据种类，例如实际部门的劳动市场和价格统计，金融部门中的利率和对外部门中的汇率。

除必须公布的数据外，SDDS 还提供了一些受鼓励的指标和“视相关程度”指标。如，国民账户中的储蓄、国内总收入是受鼓励的指标，股票市场中的股票价格指数视为相关程度指标。与 GDDS 数据分类目的相似，SDDS 将选定的数据类别分为必需的、受鼓励的和“视相关程度”三类，目的也是给予成员国公布统计数据一定的灵活性。鼓励性一类是要成员国争取发布的，条件不具备的可以暂不发布。“视相关程度”一类，即成员国认为该项统计不符合本国实际的，可不编制发布。

SDDS 在数据公布频率和及时性上，提出了相当高的要求，目的是为了使成员国以最快的频率、最高的时效性，向社会公布统计信息，从而加强社会公众对经济运行的理解和把握。

2）公布数据的质量

与 GDDS 类似。

3）数据公布的完整性

与 GDDS 类似。

4）公众获取

与 GDDS 类似。

2.4 科学数据质量标准

科学数据是人类在认识世界、改造世界的科技活动所产生的原始性、基础性数据，以及按照不同需求系统加工的数据产品和数据资源[33]。根据现有学科内容和实际需要，可将科学数据划分为基础科学、资源环境科学、农业科学、工程技术科学、人口健康科学和区域与综合领域六个门类。本书主要以基础科学数据为例，说明其对应的数据质量标准规范。

2.4.1 科学数据标准规范

中国科学院一直重视科学数据对科学研究的重要意义，自 20 世纪 70 年代在国内率先启动专业数据库建设。经过 30 年的发展，中国科学院数据资源呈现出“学科领域广泛、生产模式多元、资源类型多样”等特点，而且体量迅速增长，仅“中国科学院数据应用环境建设与服务”项目就从 1991 年的 2.3TB[34] 增长到 2010 年底的 148TB[35]。

目前，科学数据质量并没有形成一个国家标准，在实际应用中，为了保证基础科学数据在收集、交换、存储、共享和使用过程中的数据质量和服务质量，中国科学院制定了一系列的标准规范，如表 2-9 所示。

表2-9 基础科学数据质量相关标准规范

编 号	标 准 编 号	名 称
1	TR-REC-051：2011	数据服务指导性规范
2	TR-REC-032：2011	元数据访问服务接口规范
3	TR-REC-031：2011	建库技术指导规范
4	TR-REC-017：2011	资源唯一标识符规范
5	TR-REC-002：2011	专题数据库建设规范
6	TR-REC-014：2011	数据集核心元数据标准
7	TR-REC-011：2011	数据资源加工指导规范
8	TR-REC-001：2011	主题数据库建设规范
9	TR-REC-065：2011	共享服务效果评价指标体系
10	TR-REC-064：2011	数据质量评测方法与指标体系
11	TR-REC-063：2011	数据质量管理规范
12	TR-REC-018：2011	基础科学数据分类规范
13	TR-REC-033：2011	数据跨域互操作技术规范
14	TR-REC-013：2011	元数据参考模型

下面介绍各标准规范的目的和用途[36]：

1）数据服务指导性规范

数据服务指导性规范立足基础科学数据共享网中各数据库的服务，规范化指导基于科学数据资源的服务模式、方式、内容，特别是利用新技术实现的主动式数据推送服务，以及通过职业人员实现的专家数据服务，保证服务的质量和效果，促进基础科学数据共享网各数据库中的数据资源应用和服务。

2）元数据访问服务接口规范

元数据访问服务接口规范是基础科学数据共享网项目实现基于元数据的数据访问、交换、集成的基础，通过该规范实现对元数据的访问获取。该规范主要描述了元数据被访问时所需遵循的接口规范，包括访问所使用的语言、参数、命名域，服务响应、数据返回的格式等多方面的内容。该技术规范是元数据、数据访问的基础，是服务于程序实现的规范，应基于本规范开发软件实现对项目内元数据资源的访问。

3）建库技术指导规范

规范化关系数据库的命名、结构、建库过程等内容，以及领域内文件型数据资源对象的建设技术指导，保证科学数据存储的规范性，为基础科学数据共享网中各数据库建设项目提供建库技术参考，提高科学数据的有效利用率、可整合性和服务能力。建库技术指导规范的有关内容，诸如建库过程等，可以在相应的工具软件辅助实现规范化建设的目标，对该类情况，可以在规范中体现为推荐采用相应的工具软件及其相应功能支持实现建库目标。

4）资源唯一标识符规范

唯一标识是赋予对象并在一定范围内具有唯一标识作用的字符串。本规范将在明确标识对象（数据集、数据库、数据元、记录等）的基础上，给出通用的唯一标识符命名原则或分配原则，并规范化唯一标识符结构，以及适用标识符的字符集合，真正实现项目内资源对象的唯一标识，以及基于该标识符实现数据的资源集成和应用服务。唯一标识符与所标识资源对象的关联关系的明确，可以通过唯一标识符分配系统实现，也可以通过相应的唯一标识注册系统实现。

5）专题数据库建设规范

专题数据库建库规范是针对重大科研、工程项目的具体需求，对所需数据资源或产出的数据资源采集、整理和整合，在内容关联、应用集成度方面提出一致的规定和要求，使得相关单元的数据资源得到汇集、相关资源得到规范化处理、内容得以按需组装并与应用工具无缝衔接，支持数据资源按科研方向和需求纵深整合或进行跨领域的集成，为专题数据库建设、管理、应用和评估提供规范指导。

6）数据集核心元数据标准

数据集核心元数据标准主要面向基础科学数据共享网建设的需求和特点，特别是专题数据库、主题数据库的建设，以及数据库服务，完善数据集核心元数据规范，特别是对质量保证和面向资源整合、应用服务的内容描述。数据集核心元数据规范参照元数据参考模型的规则，并结合科学数据资源的现状制订。

7）数据资源加工指导规范

数据资源加工指导规范将面向基础科学数据共享网数据资源集成整合与共享服务对数据资源的需求，从资源的采集、处理到应用全生命流程规范化数据资源的处理加工过程、步骤的行为与内容，以及阶段目标，保证数据资源经过规范化加工处理后能够适应基础科学数据共享网的资源整合集成和服务，满足数据共享服务对数据的需要。

数据资源加工指导规范旨在面向不同学科数据资源提出通用和总体性的要求和方法，也是对具体学科领域内数据资源处理和加工方法的归纳总结和升华，各学科领域可在数据资源加工指导规范的指导下发展制订专门面向本学科领域的学科领域数据处理和加工规范。

8）主题数据库建设规范

主题数据库建设规范主要面向重点学科领域、研究方向设置的主题数据库建设，规范化主题数据库建设过程、步骤等的行为和内容，保证同主题内数据资源在跨越不同建设者、所有者、管理者或应用平台系统间的无缝整合，支持领域内主题数据库的集成化、体系化和规模化发展。

主题数据库建设规范是一项指导标准，按照主题数据库建设和服务整个生命组织索引全部相关要求指标和技术方法。主题数据库建设规范与标准体系中其他规范的关系主要是通过聚合引用适用于主题数据库的专项标准。

9）共享服务效果评价指标体系

共享服务评价指标体系是对基础科学数据共享网项目中数据资源、平台、门户、服务等在共享服务中服务效果进行评价的实现，包括评价体系的各项指标，项目内不同对象评价时指标采用与各指标权重赋予的指导原则，以及各指标的数据获取、处理方法以及评价结果的计算方法。本规范的实施能够客观反映项目建设对用户需求等方面的满足程度。

10）数据质量评测方法与指标体系

数据质量评测方法与指标体系以提升项目数据资源建设为主要目标，通过对数据资源的科学评测，客观反映数据资源的质量状况，以促进数据资源质量的建设和改善。数据质量评测方法与指标体系主要包括对各类数据资源质量状况进行评测时通用的方法和指标体系，以客观地反映所有数据资源的质量状况。同时数据使用者也可依据本标准确定数据集质量，判断该数据是否满足其特定应用。

11）数据质量管理规范

数据质量管理规范以提升基础科学数据共享网中各数据库数据资源建设和服务质量为主要目标，通过数据资源全生命流程的质量控制、质量保证和质量评估，实现数据资源的全面质量管理。作为通用的数据质量管理规范，本规范主要包括项目内各类数据资源在数据质量控制、保证和评估中均包括的主要内容，以及在数据生命流程各阶段适用的通用方法、策略等，通过本规范的建设实施，可以提升项目数据资源的质量以及服务，为可持续建设奠定基础。

12）基础科学数据分类规范

基础科学数据共享网数据分类规范是对基础科学数据共享网中的数据进行分类的依据，包括分类的原则与方法、分类方案等，原则和方法是对数据进行具体的分类时必须遵循的原则和方法，而分类方案则是实现分类的具体方法，指导实现具体分类方案，以便产生项目内进行信息处理与交换时共同遵守的数据分类。而分类词表则是具体分类的呈现，是按照相应分类方式组织的词汇集合，是分类方案的实现。

13）数据跨域互操作技术规范

数据跨域互操作技术规范面向基础科学数据共享网数据资源的集成和整合，规范化跨系统、学科、资源类型之间的数据交换和联系建立，支持不同系统、学科和类型的资源基于本规范所定义的数据互操作语言、参数、命令等实现数据资源的交换和共享，或者为存在天然关联关系但事实上关系断裂的数据资源对象通过互操作建立起联系，以实现资源的天然集成和关联服务。

14）元数据参考模型

元数据参考模型立足于数据资源整合，规范化元数据方案的设计、内容及其实现，规范化参考模型的功能、数据结构、格式、语义、语法等，最大程度屏蔽各元数据方案之间的异构性，并为不同元数据方案的元数据交换提供无歧义的“转接板”映射，支持实现不同元数据资源的互相访问、内容交换和整合集成。元数据参考模型为数据集核心元数据规范提供指导和方法，数据集核心元数据在元数据参考模型规定的体系内展开制订。

2.4.2 科学数据质量框架

科学数据作为人类对客观世界认知的载体，具有学科来源广泛、资源类型众多等特点。为了屏蔽由资源类型、归属学科等所带来的质量控制和评估内容的差异，统一数据质量问题的解决模式，中国科学院提出了面向数据生命流程的科学数据质量框架。

科学数据质量框架采用了较为公认的数据生命流程划分方案，同时结合科学数据的特点适当进行了调整，主要包括数据的采集、输入、存储和管理、应用服务等阶段（图 2-11），期间还交叉存在设计、加工、分析等一些操作。

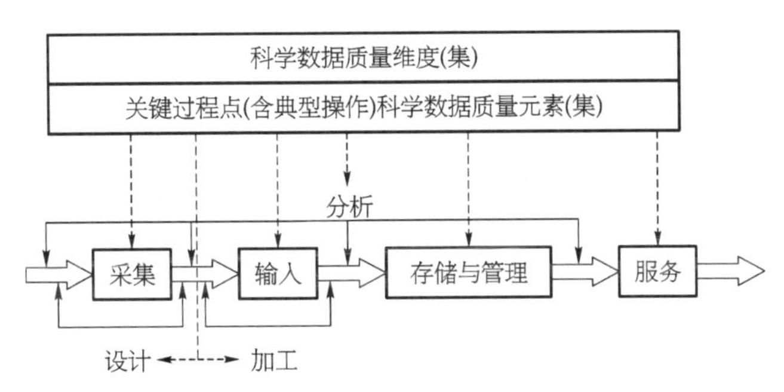

图 2-11 基于数据资源生命流程的科学数据质量框架[37]

科学数据质量框架从数据生命流程出发定义了质量控制和评估的活动及内容，并从其中四个重要阶段分别定义了一系列顶层质量维度，为科学数据质量控制、保证和评估提供了框架体系和内容参考[38]。

1）数据采集

数据生命流程开始于数据采集。借助实验设备、试剂器材等工具，科技人员等对数据客体进行实验和观察后获取原始数据，数据客观上是对观察内容、过程、现象的精确、客观描述。数据采集是与多方面的因素直接相关的，例如：采集人员素质、仪器设备、试剂原料、环境等。为了能够保证在数据采集阶段的数据质量，应当从所有相关因素上采取相应的措施保证质量。

在数据采集行动之前，还可能涉及数据及其采集有关的分析和设计，这些操作显然也是保证数据质量的一些方面，所以应当把存在的分析与设计如实的反映在数据采集阶段的质量内容中。

2）数据输入

数据采集完成后，数据输入是把数据从采集器装载到数据存储和管理系统中。在输入阶段，数据输入包括设备自动导入和人工导入（含人工辅助实现的半自动数据导入）两种方式。前者不需人工干涉,直接实现从数据采集设备到数据存储和管理系统的载入,该过程中仪器设备和系统的状态和参数设定都对数据的质量有所影响;后者需要人工参与实现数据导入,这将增加新的若干质量影响因素,特别是人为可能产生质量变化。因此,应该给予重点关注和控制。

在数据输入阶段,影响质量的因素主要有操作者素质、设备、系统等。如果在数据导入过程中执行系统内置学科知识库、逻辑一致性检查等辅助操作,就能发现并纠正数据存在的质量问题。由于数据输入还可能涉及相关的分析、设计和处理,当这些操作存在时,也都是质量相关维度,应当在质量控制和保证内容中予以关注。

3) 数据存储和管理

数据存储和管理是数据输入到管理系统后数据资源所处的新阶段,在该阶段对一般的系统来说没有对数据的直接改变类操作行为,通常是把数据资源以具体的形式存储并管理,但存储介质、环境都是和数据的生命质量紧密相关,所以在该阶段应该关注其存储介质、环境等维度对质量的影响。此外,数据管理中还应该保证数据资源的安全性,以及安全前提下可为用户访问。因此,存储介质、环境以及管理系统的安全性、可访问性是这一阶段需要重点考虑的质量维度。

4) 数据服务

数据服务阶段是数据管理系统根据需求把数据呈现给用户的过程,该阶段包括直接数据再现和数据信息化加工两类,前者需要系统根据用户的需要直接把用户所需要的数据呈现给用户,而后者需要系统根据用户的需要经系统处理后把数据加工成为信息后反馈给用户。在该阶段数据服务应该保证数据本身及其所产生的信息内容的正确、客观、完整等质量方面,同时系统在服务时还应具有良好的亲和力和易用性,所以在数据服务阶段,系统的友好性、易用性和所产出信息的可信性、客观性都是需要关注的维度。

科学数据质量框架体系从数据生命流程出发定义了质量控制和评估的框架体系,为科学数据质量控制、保证和评估提供了框架体系和内容参考。在具体实践中,用户可以根据质量控制、评估等具体需求增加框架体系的质量维度以及质量元素、质量标示符,辅以相应的质量对象实现理论和方法,控制、保证和评估相应数据质量内容。

◇参◇考◇文◇献◇

[1] EMILY G. ISO 8000 — A Standard for Data Quality[J]. Logistics Spectrum, 2007: 10-12.
[2] King T M, Sweet D C. Best Practice for Data Quality Enables Asset Management for Rail[C].

Asset Management Conference 2014. London, UK, Nov 27 - 27. 2014.

[3] 王军玲,李华,王强. ISO 8000 数据质量系列标准探析[J]. 标准科学,2010,12: 44—46.

[4] GERALD R. Improving Data Portability and Long Term Data Retention through ISO Standards 8000 and 22745 [C]. The Fifth MIT Information Quality Industry Symposium, July 13 - 15, 2011.

[5] ROGER W, KIRK H. The What, Why, and How of Master Data Management [EB/OL]. [2006 - 11]. https://msdn. microsoft. com/en-us/library/bb190163. aspx.

[6] LAMBERT M S, MARIAM T T, SUSAN F H. ISO 8000[M]. VDM Publishing House Ltd., 2011.

[7] ISO/TS (2009) Technical specification ISO/TS 8000 - 100: 2009(E) — data quality-Part 100: master data, overview. Geneva, Switzerland.

[8] PETER R B. Measuring Data Quality Using ISO 8000[EB/OL]. [2015 - 12 - 25]. http://www. sfdama. org/Presentations/2012/Measuring%20data%20quality%20using%20ISO%208000. pdf.

[9] GERALD R. ISO 22745: The Standard for Master Data 28 Nov, 2009. http://findarticles. com/p/articles/mi_qa3766/is_200710/ai_n27997247/.

[10] PETER R B. Meeting the ISO 8000 Requirements for Quality Data[C]. MIT Information Quality Industry Symposium, 2009.

[11] 邹山花. 提高数据质量增强供应链互操作——应用国际标准 ISO 22745[J]. 制作业自动化,2010, 32(12): 229—232.

[12] INTERNATIONAL STANDARD ORGANIZATION. ISO 19101: Geographic Information - Reference Mode[S]. USA, Reston, 2002: 5 - 7.

[13] 全国地理信息标准化技术委员会. ISO/TC 211 国内技术归口管理办公室. 地理信息国际标准手册[S]. 北京: 中国标准出版社,2004.

[14] 蒋景瞳,何建邦. 地理信息国际标准手册[M]. 北京: 中国标准出版社,2003.

[15] 马胜男,魏宏,刘碧松. 地理信息标准研制的国内外进展及思考[J]. 武汉大学学报,2008,33(9): 886—891.

[16] 中华人民共和国国家质量监督检验检疫总局. I 中国国家标准化管理委员会. 地理信息质量原则[S]. 北京: 中国标准出版社,2008.

[17] 中华人民共和国国家质量监督检验检疫总局. I 中国国家标准化管理委员会. 地理信息质量评价过程[S]. 北京: 中国标准出版社,2008.

[18] ISO, 2005. BS EN ISO 19115: 2005. Geographic Information—Metadata [S]. BSi British Standards, Failand, Bristol, UK.

[19] OLAF Ø, PAUL C S. ISO/TC211: standardisation of ISO/TC211: standardisation of Geographic Information and Geographic Information and Geo-Informatics[C]. // International Geoscience and Remote Sensing International Geoscience and Remote Sensing Symposium. Toronto, Canada, 2002.

[20] 朱建平,陈飞. 统计数据质量评价体系探讨[J]. 商业经济与管理,2010,12: 77—80.

[21] 蒋萍,田成诗. 全方位、立体性数据质量概念的建立与实施[J]. 统计研究,2010,27(12): 8—15.

[22] 陈斐. 管理学视角下的我国政府统计数据质量[J]. 市场周刊,2009(1): 12—13.

[23] 白卫疆. 对统计数据质量及质量控制方法的思考[J]. 山西财经大学学报,2009(2): 184.

[24] 许涤龙，龙海跃. 欧盟数据质量评估框架及其对我国的启示[J]. 统计与决策，2013(8)：4—7.

[25] Eurostat. Quality Declaration of the European Statistical System[EB/OL]. [2002]. http://ec.europa.eu/eurostat/documents/4187653/5752601/QUALDEC-EN.PDF.

[26] Eurostat. Definition of quality in statistics[EB/OL]. [2003]. http://ec.europa.eu/eurostat/web/income-and-living-conditions/quality.

[27] Eurostat. European Statistics Code of Practice[EB/OL]. [2011]. http://ec.europa.eu/eurostat/documents/3859598/5921861/KS-32-11-955-EN.PDF.

[28] Eurostat. The European Self-Assessment Checklist for Survey Managers [EB/OL]. [2005]. http://ec.europa.eu/eurostat/documents/4187653/5763673/G0-LEG-20031010-EN.PDF.

[29] Eurostat. Standard for Quality Reports [EB/OL]. [2009]. http://ec.europa.eu/eurostat/documents/3859598/5909785/KS-RA-08-015-EN.PDF.

[30] Eurostat. Handbook for Quality Reports [EB/OL]. [2009]. http://ec.europa.eu/eurostat/documents/3859598/5909913/KS-RA-08-016-EN.PDF.

[31] IMF. THE GENERAL DATA DISSEMINATION SYSTEM[EB/OL]. [2013]. http://www.imf.org/external/pubs/ft/gdds/guide/2013/gddsguide13.pdf.

[32] IMF. Special Data Dissemination Standard[EB/OL]. [2015]. http://dsbb.imf.org/pages/sdds/home.aspx.

[33] 中华人民共和国科学技术部. 科学数据共享工程数据分类编码方案[S]. 科学数据共享工程技术标准，2006.

[34] 科学数据库专家委员会. 中国科学院科学数据库二十年//科学数据库与信息技术论文集(第八集)[C]. 北京：中国环境科学出版社，2006：1—8.

[35] 陈明奇. 中国科学院科技数据资源现状及其发展思考//科学数据库与信息技术论文集(第十一集)[C]. 北京：科学出版社，2012：3—9.

[36] 中国科学院网络信息中心. 标准规范[EB/OL]. http://www.nsdata.cn/pronsdchtml/1.compservice.standards/list-1.html

[37] 胡良霖，黎建辉，刘宁，等. 科学数据质量实践与若干思考[J]. 科研信息化技术与应用，2012，3(2)：10—18.

[38] 胡良霖. 科学数据资源的质量控制和评估[J]. 科研信息化技术与应用，2009，1：50—55.

第3章

数据分类及数据模型

为了全面了解数据面临的各种质量问题，首先要掌握现实世界中的事物是如何转化为数据，完成这一转化过程的工具就是模型。韦伯斯特字典中对模型的定义是“对不能直接观察的事物进行形象地描述和模拟”，即模型是对现实世界特征的模拟和抽象，而数据模型(data model)是现实世界数据特征的模拟和抽象。按照数据模型的不同组织方式，我们可以将其划分为结构化数据模型、半结构化数据模型和非结构化数据模型。下面将详细介绍各种模型的特征和数据的组织方式。

3.1 数据类型及分类

数据是人们获取信息和知识的基础，也是质量研究的基本对象。全面掌握数据的存储方式和特征有助于用户理解数据，为后续的质量分析、评估和管理奠定良好的基础。

3.1.1 数据类型

从存储方式来看，数据类型可分为结构化数据、半结构化数据和非结构化数据。

(1) 结构化数据，即行数据，是指存储在数据库里，可以用二维表结构来逻辑表达实现的数据，如学生表、用户表、商品表等。

(2) 半结构化数据，就是介于完全结构化数据(如关系型数据库、面向对象数据库中的数据)和完全无结构的数据(如声音、图像文件等)之间的数据，XML 文档就属于半结构化数据。它一般是自描述的，数据的结构和内容混在一起，没有明显的区分。

(3) 非结构化数据(或非结构化信息)指的是一种没有预先定义的数据模型，或者没有以预先定义的方式组织的数据。文本、图像、音频和视频等是非结构化数据的典型代表。

下面以一个实际例子，说明这三种类型数据的区别，如图 3-1 所示。

图 3-1 用三种不同的数据类型来描述同一事物，即学生杨洋的基本数据。可见数据质量技术变得越来越复杂的原因就是由于海量非结构化数据的出现，而现有数据质量的研究主要专注于结构化数据和半结构化数据，对非结构化数据的研究则较少。在实际案例中，尽管相同的质量维度可用于不同结构数据的质量评估，但它们的具体度量方法还是存在差异，详细内容将在 5.1 节进行介绍。

(A) 结构化数据：

20150001	杨洋	男	21	汉族	云南昆明

(B) 半结构化数据：
<StudentData>
<ID>20150001</ID>
<name>杨洋</name>
<gender>男</gender>
<age>21</age>
<nationality>汉族</nationality>
<birthplace>云南昆明</birthplace>

(C) 非结构化数据：
学生杨洋的学号是 20150001，性别为男，年龄 21 岁，汉族，籍贯为云南昆明

图 3-1　同一事物的三种不同表现形式

3.1.2　数据分类

数据分类(data categories)是指具有共同特征的数据分组。数据分类有利于数据管理，有助于了解不同类别之间的关系和依赖性，可以指导数据质量方面的工作。从企业数据管理的内容及范畴来看，数据可划分为交易数据、主数据、参考数据以及元数据。下面介绍这些数据类别的概念及用途。

1）交易数据(transaction data)

用于记录业务事件的数据，它往往用于描述在某一个时间点上业务系统发生的行为[1]。典型的交易数据有表示金融交易过程的订单、发票和支付数据；有表示工作过程的计划和活动记录；还有反映物流变化的物流记录，存储记录和旅行记录等。

2）主数据(master data)

无论是零售商、银行或者政府机构，一个机构内部总有一组核心的数据，各种应用均会使用。此类数据就称为"主数据"。主数据代表着核心商业对象，商业事务会围绕着这些对象开展[2]。常见的例子包括：客户(customer)、员工(employee)、供应商(supplier)、产品(product)、地址(location)和合同(contract)[3]。与记录业务活动，波动较大的交易数据相比，主数据(也称基准数据)变化缓慢。哪些种类的信息被视为主数据，不同行业和不同机构间会存在诸多差异。

3）参考数据(reference data)

参考数据是定义了一组用在其他数据领域的允许使用的数据，它使用代码来表示字符串值。通常情况下，参考数据很少变更(除了偶尔修订)，它们往往是由标准组织定义(如 ISO 3166-1 定义的国家代码)。常用的参考数据包括：国家代码、公司代码、日历、单位换算、固定兑换率等[4-5]。

4）元数据(metadata)

元数据通常被称为"数据的数据"，它主要是描述数据属性(property)的信息，用来支持诸如指示存储位置、历史数据、资源查找、文件记录等功能。元数据的基本特点主要有：

(1) 元数据一经建立，便可共享。元数据的结构和完整性依赖于信息资源的价值和使用环境；元数据的开发与利用环境往往是一个变化的分布式环境；任何一种格式都不可能完全满足不同团体的不同需要。

(2) 元数据首先是一种编码体系。元数据是用来描述数字化信息资源，特别是网络信息资源的编码体系，这导致了元数据和传统数据编码体系存在根本区别；元数据最为重要的特征和功能是为数字化信息资源建立一种机器可理解框架。

由于元数据也是数据，因此可以用类似数据的方法在数据库中进行存储和获取。如果提供数据的组织同时提供描述数据的元数据，将会使数据的使用变得准确而高效。用户在使用数据时可以首先查看其元数据以便能够获取自己所需的信息。

这里，通过一个实例(图 3-2)来描述各种数据类别的关联。瑞峰公司是一家专营计算机外设产品的电子商务公司，其客户类型有普通个人用户、政府用户、商业用户和教育机构用户。用户 XYZ 希望从瑞峰公司购买两个罗技公司的无线鼠标。用户 XYZ 属于普通个人用户(客户类型为 01)，其标识信息为 A001。罗技鼠标的商品编号为 20—22，单价为 175 元，总额为 350 元。

当用户 XYZ 在瑞峰公司网站订购商品后，网站系统就会创建一张销售订单，该订单会记录用户的编号 A001，并根据编号 ID 从客户主数据中把用户名称、类型和地址信息调到销售订单屏幕；同时，根据商品编号，将商品描述、单价、折扣信息和总额等内容一同显示在销售订单中。由于 XYZ 属于普通个人用户，没有相应的折扣信息，因此两个鼠标的价格为 350 元。

接着，观察包含在该实例中的数据类别。客户记录和商品记录属于瑞峰公司的主数据，客户记录中的一些数据来源于参考数据，例如用户类型。瑞峰公司的数据类型有四种，每一种类型对应一个唯一的编码。参考数据是由系统、软件、数据库、报告、交易和主记录访问的数值集合或分类模式。参考数据对公司来说，可能是唯一的(如客户类型)，也有可能被其他一些公司使用。这方面的实例有全国各个银行营业网点的编码集合。销售订单可看成交易数据，在上例中，销售订单从两个不同的主记录中调用数据。元数据定义了商品主记录类型中的字段、字段类型和字段长度的相关说明。

元数据对于避免可能产生数据质量问题的误解至关重要。从图 3-2 的主记录中可以看出，“罗技鼠标”的字段被称为商品名称，但在交易记录中，同样的数据被标识为“描述”。虽然我们希望数据在任何场合的标识都是相同的，但是在现实场景中，不一致性却很常见，并且经常导致误用和误解。因此，元数据的存在对于正确理解数据、管理数据和使用数据都有着非常重要的作用。

如上所述，参考数据可以有力地影响主数据和交易数据的质量，对于互操作性也至关重要。参考数据越是规范和标准，就越能提高共享企业内外数据的能力。主数据质量影响交易数据，但是，元数据的质量则影响所有数据类别。对于一个具有准确数据的企业，其竞争优势远远大于那些数据不规范或者不一致的企业。

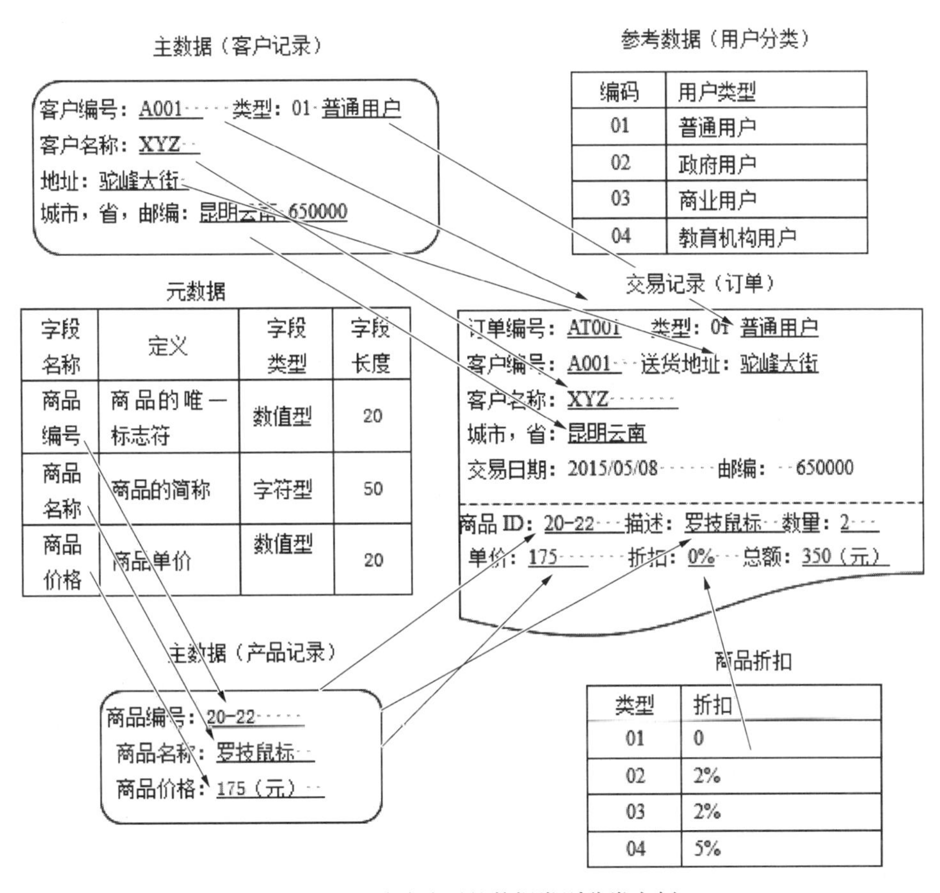

图 3-2 瑞峰公司的数据类别分类实例

3.2 结构化数据模型

数据需要人们的认识、理解、整理、规范和加工，然后才能存放到数据库中。数据库为结构化的数据集合提供了一种很好的存储方式。结构化数据模型主要是指用于数据库中的模型，根据模型应用的不同目的，它们可以被划分为两类：概念模型和逻辑模型[6]。第一类模型是概念模型，它是按照用户的观点来对数据和信息建模，主要用于数据库设计。第二类模型是数据模型，也称为逻辑模型，它是按照计算机的观点对数据建模，主要用于数据库管理系统(database management system, DBMS)的实现。

3.2.1 概念模型

概念模型用于信息世界的建模，是现实世界到信息世界的第一层抽象。信息世界涉及的基本概念主要有：

1）实体（entity）

在现实世界客观存在并可以相互区分的客观事物或者抽象事件可以称为实体。比如一个电影院的在线售票管理系统中，电影、放映厅、电影票、座位、购票者等都可以称为实体。

2）属性（attribute）

由于实体可以相互区分，那么属性就用来描述每个实体的特征或者性质。例如电影实体可以由导演、主演、类型、地区、放映时间、时长等属性来表征。属性可以再细分为单值属性和多值属性。单值属性是指属性的取值是唯一值，而多值属性的取值可以是多个。

3）域（domain）

域是一组具有相同数据类型的值的集合，表示属性的取值范围。如自然数、整数、实数、字符串集合等都可以是域。例如，导演的域为字符型集合，放映时间的域是日期型，时长是短整型。

4）实体集（entity set）

把具有相同特征的一类实体的集合称为实体集。例如，所有的电影、所有的教师、所有的商品都构成各自的实体集。

5）候选键（candidate key）

能唯一标识实体的属性集称为候选键，一个实体可能存在不止一个的候选键。比如一个用户管理系统，用户名或者用户的电子邮件都可以是用户实体的候选键。

6）主键（primary key）

数据库设计者从多个候选键中挑选一个来唯一标识实体，那这个候选键就称为主键或者主标识符。比如，选择用户的电子邮件来唯一标识用户实体。

7）联系（relationship）

在现实世界中，事物之间或者事物内部都是有一定关联的，这种关联就称为联系。事物之间的联系可用实体之间的联系来体现，事物内部的联系则表示组成实体的各个属性之间的联系。

一般来说，实体之间的联系可以分为三类：一对一联系、一对多联系和多对多联系[7]。

（1）一对一联系（1∶1）。如果实体集A与实体集B之间存在联系，对于实体集A中的任意一个实体，实体集B中至多有一个实体与之对应；对于实体集B中的任意一个实体，实体集A中也至多有一个实体与之对应，则称实体集A到实体集B的联系是一对一联系，记为1∶1。1∶1联系的例子是部门实体与部门经理。一个部门经理也只能在一个部门担任管理职务。那么部门和部门经理之间的联系是一对一的，我们把这种联系命名为任职。

（2）一对多联系（1∶n）。如果实体集A与实体集B之间存在联系，对于实体集A中的任意一个实体，实体集B中有多个实体与之对应；对于实体集B中的任意一个实体，实体集

A 中至多有一个实体与之对应，则称实体集 A 到实体集 B 的联系是一对多联系，记为1∶n。1∶n 联系的例子是学校实体和学院实体，一个学校存在多个学院，而一个学院只属于一个学校，我们把这种联系命名为存在。

(3) 多对多联系(m∶n)。如果实体集 A 与实体集 B 之间存在联系，对于实体集 A 中的任意一个实体，实体集 B 中有多个实体与之对应；对于实体集 B 中的任意一个实体，实体集 A 中也有多个实体与之对应，则称实体集 A 到实体集 B 的联系是多对多联系，记为 m∶n。m∶n 联系的例子是供应商实体和商品实体，一个供应商可以提供多种商品，而一种商品也可能由不同的供应商提供，我们把这种联系命名为提供。

概念模型可以用实体-关系(entity-relationship, ER)图进行表示。在 ER 图中，矩形框表示实体，实体名称写在框内。椭圆表示属性，框内写上属性名。如果是单值属性，就用一根连线连到相应实体；如果是多值属性，就用双线连到相应实体。如果实体存在主键，必须标识出来(下划线)，实体之间通过菱形进行关联，框内写上联系名，并用连线与有关的实体相连，同时标明联系类型。联系也可以有自己的属性并用直线连接。图 3－3 显示了一个简单的 E－R 图。

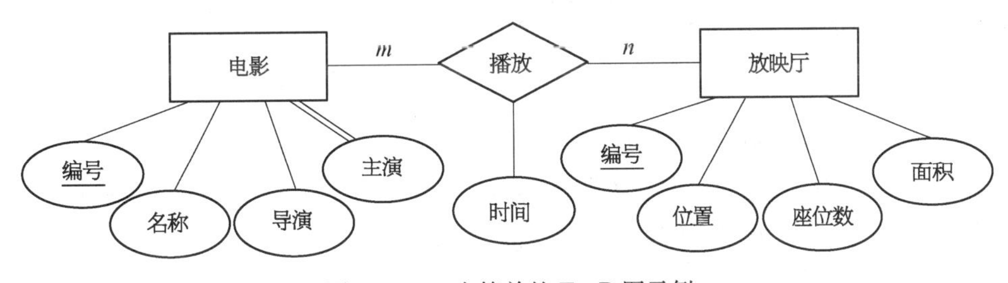

图 3－3 一个简单的 E－R 图示例

在图 3－3 中，电影和放映厅是两个实体，它们之间存在播放联系，由于一部电影可以在多个放映厅放映，而一个放映厅也能播放多部电影，因此它们是多对多联系，联系有自己的属性时间。电影实体有多个属性，这里只列举 4 个重要属性，包括：编号、名称、导演和主演。其中，编号是主键，主演是多值属性，其余属性都为单值属性。放映厅实体也存在多个属性，包括：编号、位置、座位数和面积，放映厅编号是它的主键。

3.2.2 逻辑模型

逻辑模型也称为数据模型，反映的是系统分析设计人员对数据存储的观点，是对概念数据模型进一步的分解和细化。逻辑数据模型是根据业务规则确定的，关于业务对象、业务对象的数据项及业务对象之间关系的基本蓝图。常见的数据模型有网状模型(network model)、层次模型(hierarchical model)、关系模型(relation model)和对象关系模型(object-relation model)。目前，最常用的模型是关系模型[8]。

关系模型采用表的集合来表示数据和数据之间的联系。表名称为关系(relation)。每个表有多个列,每列有唯一的列名,我们称这些列名为属性(attribute)。每个属性有一组允许的值,称为该属性的域(domain)。表中的每一行代表一条记录。每张表一般都会有一个主键,主键由一个或多个属性组成,主键可以唯一标识一条记录。表 3-1 显示了 Departments 关系的结构。

表 3-1 Departments 表示例

DNO	DNAME	ADDRESS	TELEPHONE	MANAGER
1	开发部	9 楼 902 室	66322084	王琦
2	销售部	1 楼 101 室	66322734	刘冬
3	运维部	3 楼 305 室	66322511	张华

在表 3-1,Departments 表由 5 列组成,分别是:DNO(部门编号),DNAME(部门名称),ADDRESS(部门编号),TELEPHONE(部门号码)和 MANAGER(部门经理)。DNO 的值域为整型,DNAME、ADDRESS、TELEPHONE 和 MANAGER 的值域都为字符型。DNO 为该表的主键。

E-R 图可以转换为关系模型,转换过程主要是解决如何将实体和实体间的联系转换为关系,并确定这些关系的属性和码。这种转换一般按下面的规则进行[9]:

规则 1: E-R 图中的每一个实体映射到关系数据库中的一个表,并用实体名来命名这个表。表的列代表了连接到实体的所有属性。实体的主标识符映射为主键。注意到实体的主标识符可以是一个复合属性,所以它将变成为关系表中的一个属性集合。实体实例映射为该表中的行。

规则 2: 给定一个实体 E,主标识是 p。一个多值属性 a 在 E-R 图中连接到 E,那么 a 映射成自身的一个表,该表按照复数形式的多值属性名命名。这个新表的列用 p 和 a 命名(p 或 a 都可能由几个属性组成),表的行对应(p,a)值对,表示与 E 的实体实例关联的 a 的属性值对。这个表的主键属性是 p 和 a 中列的集合。

规则 3: 当两个实体 E 和 F 参与一个多对多二元联系 R 时,在相关的关系数据库设计中,联系映射成一个表 T。这个表包括从实体 E 和 F 转化而来的两个表的主健的所有属性,这些列构成了表 T 的主键。T 还包含了连接到联系的所有属性的列。联系实例用表的行表示,相关联的实体实例可以通过这些行的主键值唯一地标识出。

规则 4: 当两个实体 E 和 F 参与一个多对一的二元联系 R 时,联系在关系数据库设计中不能映射成一个表。相反,如果假设实体 F 是联系中的“多”方,那么从实体 F 转化成的关系表 T 中应当包括从实体 E 转换出的关系表的主键属性列,这被称为 T 的外键。T 的每一行都通过一个外键值联系到实体 E 的一个实例。如果 F 在 R 中是强制参与的,那么它必须恰恰与 E 的一个实例相联系,这意味着 T 的上述外键不能取空值。如果 F 在 R 中是选择参与的,那么T中不与E的实例相联系的行在外键所有列可以取空值。

规则5: 给定两个实体E和F,它们参与一对一二元联系R,两者的参与都是可选的。我们希望将这一情形转换为关系设计。为此,我们首先按照转换规则1建立表S来表示实体E;同样建立表T表示实体F。然后我们向表T中添加一组列(作为外键),这些列在表S构成主键。如果愿意,还可以在表S中加入一组外键列(表T中主键的列)。对于R的任何联系实例,都有唯一一个E的实例联系到唯一一个F的实例——在S和T的对应行中,外键列填写的值引用另一张表中对应的行,这一联系是由R的实例确定的。

根据这几条规则,可将图3-3的ER图转换为如下的关系,如表3-2～表3-5所示。

表3-2 Movies表

MOVIE_NO	MOVEI_NAME	DIRECTOR
1	教父	弗朗西斯·福特·科波拉
2	肖申克的救赎	弗兰克·达拉邦特
3	教父续集	弗朗西斯·福特·科波拉
4	黄金三镖客	赛尔乔·莱昂内

Movies表由电影实体转换而成,电影实体的3个单值属性转换为Movies表的3个列,MOVIE_NO值域是整型,其余2个列的值域都是字符型。MOVIE_NO是Movies表的主键。

表3-3 Co-stars表示例

MOVIE_NO	CO-STARS
1	马龙·白兰度
1	阿尔·帕西诺
2	蒂姆·罗宾斯
2	摩根·弗里曼
3	阿尔·帕西诺
3	罗伯特·德尼罗
4	克林特·伊斯特伍德
4	李·范·克里夫

Co-starts表由电影实体中的多值属性主演转换而成,分为两列:MOVIE_NO和CO-STARS。这两列组成了Co-stars表的主键。

表3-4　Screening_room 表示例

SR_NO	LOCATION	SEATS_NUM	AREA
1	二楼2101室	200	500
2	二楼2105室	100	200
3	三楼3102室	100	200

Movies 表由放映厅实体转换而成，放映厅实体的4个属性转换为 Screening_room 表的4个列，SR_NO 的值域是整型，LOCATION 的值域是字符型，AREA 的值域都是实数。SR_NO 是 Screening_room 表的主键。

表3-5　Showing 表示例

MOVIE_NO	SR_NO	SHOW_TIME
1	1	2012-09-12 07:00:00
1	2	2012-09-12 07:00:00
1	3	2012-09-12 09:00:00
2	1	2012-09-13 12:10:00
3	2	2012-09-13 22:20:00
4	3	2012-09-13 19:30:00

Showing 表由播映联系转换而成，放映厅实体的4个属性转换为 Screening_room 表的4个列，SRNO_NO 的值域是整型，LOCATION 的值域是字符型，AREA 的值域都是实数。SR_NO 是 Movies 表的主键。

3.3　半结构化和非结构化数据模型

半结构化数据是介于结构化数据和非结构数据之间的一种数据类型，这种数据具有一定的结构，但结构不规则、不完整，或者结构是隐含的。这些数据往往以 HTML 和 XML 等文档形式存在。半结构化数据主要来源有三个方面[10]：

(1) 来自互联网上的 HTML、XML 和 SGML 文档；

(2) 在电子邮件、电子商务、病历处理和文献检索中，存在着大量结构和内容均不固定的数据；

(3) 异构信息源集成情形下，由于信息源上的互操作要存取的信息源范围很广，包括各类数据库、知识库和文件系统等。

与结构化数据相比，专门针对半结构数据的数据质量研究还较少，相应的数据模型比较有限。

3.3.1 XML 语言

可扩展标记语言（extensible markup language，XML）是由万维网联盟（world wide web consortium，W3C）的 XML 工作组于 1996 年开发的。XML 是标准通用标记语言（standard generalized markup language，SGML）的一种简化版，SGML 是用来定义各种文献逻辑模型和物理结构的元语言，并已在 1986 年成为 ISO 标准。但是，SGML 在理解方面的复杂性使许多本打算使用它的人望而却步。目前，XML 已经成为在应用程序间数据交换的存储标准。XML 可以描述任何类型的数据，包括数学公式、软件配置指令、音乐、医药处方和财务报告等。XML 的可读性强，无论人和机器都能看懂[11]。

开发人员使用 XML 可以创建具有自我描述性数据的文档，利用这些文档能够改进 Web 页面，并为 Web 应用带来四个方面的优势[12]：(1) XML 把数据从 HTML 分离。(2) XML简化数据共享。(3) XML 简化数据传输。(4) XML 简化平台的变更。

1) XML 语法

XML 文件由内容和标记组成。开发者通过以标记包围内容的方式将大部分内容包含在元素中。假设开发者需要创建一个名为 address. xml 的文档，该文档描述了一个收货地址信息，即收货地址包含收件人的称谓、姓名、所在街道、所在市、联系电话以及邮政编码等内容，那么对应的 XML 文档如表 3 - 6 所示。

表 3 - 6 address. xml 文档示例

```
<?xml version = "1.0" encoding = "gb2312"?>
<address>
<name>
<title>女士</title>
<first - name>刘</first - name>
<last - name>晶</last - name>
</name>
<street>翠湖北路 2 号</street>
<city>昆明</city>
<telephone tele_type = "Mobile">15337294126</telephone>
<zipcode>650091</ zipcode>
</address>
```

(1) XML 声明：XML 文档的第一行是 XML 声明。它定义 XML 的版本(1.0)和所使用的编码(gb2312/中文字符集)。

(2) XML标记、元素和属性：从第二行开始，就是XML文档的主体，主要由一系列的标记、元素和属性组成。标记是左尖括号(<)和右尖括号(>)之间的文本。有开始标记(例如<address>)和结束标记(例如</address>)。

元素是开始标记、结束标记以及位于两者之间的所有内容。在上面的样本中，一个包含了五个元素<name>、<street>、<city>、<telephone>和<zipcode>，而<name>元素又包含三个子元素：<title>、<first-name>和<last-name>。

属性是一个元素的开始标记中的名称-值对。在该示例中，tele_type是<telephone>元素的属性。

XML文档必须包含在一个单一元素中。这个单一元素称为根元素，它包含文档中所有文本和所有其他元素，如上面示例中的<address>。而不包含单一根元素的文档不管该文档可能包含什么信息，XML解析器都会拒绝它。

XML文档不能省去任何结束标记。如果一个元素根本不包含标记，则称为空元素；HTML换行(<br>)和图像(<img>)元素就是两个例子。在XML文档的空元素中，可以把结束斜杠放在开始标记中。下面的两个换行元素和两个图像元素对于XML解析器来说是相同的：

```
<img src="../img/myimg.jpg"></img>
<img src="../img/myimg.jpg" />
```

XML文档中的属性有两个规则：① 属性必须有值；② 属性值必须用引号括起。可以使用单引号，也可以使用双引号，但要始终保持一致。此外，XML标签对大小写敏感。在XML中，标签<Letter>与标签<letter>表示不同的元素。

(3) XML注释：在XML中编写注释的语法与HTML的语法很相似，可以用“<! --This is a comment -->”表示注释。

(4) CDATA使用：为了存储可能包含标记的字符串数据，但是又不希望将标记解释为子元素，可在XML文件中使用CDATA，如：

```
<![CDATA[<book> ... </book>]]>
```

这里，<book>和</book>视为字符串。

(5) 命名空间：XML数据可以在组织之间进行交换，但是同一标记名在不同的组织中可能有不同的意义，从而导致对所交换的文档出现混淆。命名空间是W3C推荐标准提供的一种统一命名XML文档中的元素和属性的机制。使用命名空间可以明确标识和组合XML文档中来自不同标记词汇表的元素和属性，避免了名称之间的冲突。

命名空间声明的一般形式如下所示：

```
xmlns: prefix = "URI"
```

xmlns是命名空间的第一个关键字，用来声明命名空间。prefix表示命名空间的前缀，定义前缀名称必须遵守下面两条基本规则：

① 名称必须由字母、数字、下划线、点号、连字符组成。

② 名称首字母必须是字母或下划线。

URI 是前缀的属性值，用来识别命名空间，需要用双引号引用。为了满足预期的用途，命名空间的名字应该具有唯一性和持久性。

接下来，本书以表 3-6 中的 XML 文档为例，为其增加命名空间。修改后的 XML 文档如表 3-7 所示。当命名空间被定义之后，所有带有相同前缀的子元素都会与同一个命名空间相关联。避免 XML 解析器对 XML 解析时的名字冲突。

表 3-7 添加命名空间后的 address. xml 文档

```
<?xml version = "1.0" encoding = "GB2312"?>
<addressxmlns: addr = "http: //www. sei. ynu. edu. cn /">
<name>
  ……
< /name>
    ……
< /address>
```

2）文档类型定义

文档类型定义(document type definition, DTD)，是一种保证 XML 文档格式正确的有效方法，可以通过比较 XML 文档和 DTD 文件来看文档是否符合规范，元素和标签使用是否正确[13]。

在一个 DTD 中，具体规定了引用该 DTD 的 XML 文档可使用哪些标记、父元素中能够包括哪些子元素、各个元素出现的先后顺序、元素可包含的属性、元素和属性值的数据类型，以及可使用的实体及符号规则等。DTD 由许多约定和声明语句构成，这些语句可以包含在 XML 文档内部，被称为内部 DTD；也可以独立保存为一个文件，而称为外部 DTD。

DTD 文件包含了对 XML 文档所使用的元素、元素间的关系、元素可用的属性、可使用的实体等的定义规则。一个 DTD 实际上是若干条有关元素、属性、实体等定义和声明语句的集合。

(1) 内部 DTD：下面先以内部 DTD 为例，描述它的基本语法结构，如表 3-8 所示。

表 3-8 内部 DTD 示例

```
<?xml version = "1.0" encoding = "gb2312" standalone = "yes"?>
  <!DOCTYPE greeting[
  <!ELEMENT greeting (#PCDATA)>
]>
```

文档声明是由<! 开始的，后面紧跟一个关键字DOCTYPE，然后是文档根元素的名称；后面是放在左中括号([)和右中括号(])之间的标记声明块，可由一个或多个标记声明构成，最后由>结束。

在DTD中，所有关键字都需要大写。不过，DTD中定义的元素和属性大小写可以任意指定的，一旦给一个元素命名，整个文档都用相同大小写。

(2) 外部DTD：外部DTD声明时用SYSTEM(私有DTD)或PUBLIC(公共DTD)指出外部DTD的位置。使用SYSTEM关键字的声明语法如下：

```
<!DOCTYPE 根元素名字 SYSTEM "外部 DTD 文件的 URI">
```

SYSTEM关键字表示文档使用的是私有的DTD文件，“外部DTD文件的URI”可以是相对URI或者绝对URI。相对URI是相对于文档类型声明所在文档的位置。“外部DTD文件的URI”这部分也被称为系统标识符(system identifier)。

下面是适用一个外部DTD文件的例子：

```
<!DOCTYPE greeting SYSTEM "hello.dtd">
```

使用PUBLIC关键字的声明语法如下：

```
<!DOCTYPE 根元素名字 PUBLIC "DTD 的名称" "外部 DTD 文件的 URI">
```

PUBLIC关键字用于声明公共的DTD，而且该DTD还有一个名称，“外部DTD文件的URI”可以是相对URI或者绝对URI。“DTD的名称”也称为公共标识符(public identifier)。这个DTD可以存放在某个公共的地方。XML处理程序就会根据名称去检索DTD，如果处理器不能检索到该DTD，就会适应“外部DTD文件的URI”来查找该DTD。

DTD的结构一般由元素类型声明、属性声明、实体声明、符号(notation)声明等构成。一个典型的文档定义文件会把将来所要创建的XML文档的元素结构、属性类型、实体引用等预先进行定义。

(3) DTD元素类型声明：元素类型声明不但说明了每个文档中可能存在的元素，给出了一个元素的名称，而且给出了元素的具体类型。一个xml元素可为空，也可只包含字符数据，还可有若干个子元素，而这些子元素同时又有它们的子元素。

元素类型声明采用如下的语法格式：

```
<!ELEMENT 元素名称元素内容说明>
```

元素内容说明可指明五种可能的元素内容形式：#PCDATA(说明元素包含字符数据)、子元素、混合内容、EMPTY和ANY。

关键字#PCDATA说明元素包含字符数据，如表3-9所示。

当一个元素只包含子元素，没有字符数据时，则称此元素具有元素型内容(element content)。在该类型的元素说明时，通过内容模型来指定在其内容上的约束。内容模型是决定子元素类型和子元素出现顺序的一种简单语法。表3-10给出了一个子元素示例。

表 3-9 #PCDATA 示例

```
<?xml version="1.0" encoding="gb2312"?>
    <!DOCTYPE Graph[
    <!ELEMENT Graph (#PCDATA)>
    ]>
<hr>图论算法理论</hr>
```

表 3-10 子元素示例

```
<?xml version="1.0" encoding="gb2312"?>
    <!DOCTYPE department[
    <!ELEMENT department(student)>
    <!ELEMENT student (#PCDATA)>]>
    <department>
        <student>学生</student>
    </department>
```

关键字 EMPTY 表明该元素既不包含字符数据，也不包含子元素，是一个空元素。如果文档中元素本身已经表示了明确的含义，就可在 DTD 中用关键字 EMPTY 来声明空元素。如：

```
<!ELEMENT midname EMPTY>
```

这表明 midname 是一个没有内容的空元素。

关键字 ANY 表明该元素可包含任何的字符数据和子元素，只要不违反 XML 格式良好的约束。如：

```
<!ELEMENT student ANY>
```

这表明 student 可包含任何形式的内容。实际使用时尽量避免用 ANY，定义明确的 DTD，有助于理清文档结构，更好地理解文档。

(4) DTD 属性声明：从输入观点看，属性声明的功能比元素稍强，因为可以对属性的取值进行限制。ATTLIST 中可以声明属性，ATTLIST 与元素相关联，它由下列 3 部分组成[13]：

① 属性名称。

② 属性类型——可以限制属性值的类型。

③ 属性值声明——可以指定属性的详细信息。

下面给出一个属性声明的示例：

```
<!ATTLIST country name CDATA #IMPLIED>
```

在上面的示例中，name 属性与 country 元素相互关联，指定它包含字符数据，以及它是隐含的，这意味该属性可选，而且没有默认值或固定值。

(5) DTD 实体声明：实体声明是对 XML 中没有直接含义的字符的引用，其语法格式为：

```
<!ENTITY 实体名"实体值">
```

例如，我们引用一个作者(author)实体，其 DTD 表示为：

```
<!ENTITY author "Stewart Fraser">
```

然后可以在 XML 文档中以 &author;的形式引用它。

(6) DTD 符号声明：符号声明允许引用不能由 XML 解析器处理的外部资源，因此将它们与某些外部处理程序关联起来。例如，可以使用 NOTATION 声明将 BMP 文件与 Internet Explorer 相关联，代码如下：

```
<!NOTATIONbmpSYSTEM "iexplore.exe">
```

(7) 格式良好的 XML 文件与有效的 XML 文件：如果一个 XML 文档有且只有一个根元素，符合 XML 元素的嵌套规则，满足 XML 规范中定义的所有格式正确性的约束，并且在文档中直接或间接引用的每一个已分析实体都是格式正确的，这个文档可称为一个格式良好(well-formed)的 XML 文档。

除了格式良好的 XML 文档外，还有一种称为有效的 XML 文件(validated XML)。它是指规范的 XML 文件如果再符合额外的约束(DTD)就称为有效的 XML 文件。

下面分别给出格式良好的 XML 文档(表 3－11)和有效的 XML 文件(表 3－12 和表 3－13)。

表 3－11 orders.xml 文档示例

```
[1] <?xml version = "1.0" encoding = "GB2312" standalone = "no"?>
[2] <?xml - stylesheet type = "text/xsl" href = "mystyle.xsl"?>
[3] <专有名词列表>
[4]     <专有名词>
[5]         <名词>XML</名词>
[6]         <解释>XML 是一种可扩展的元标记语言，可规定新的置标规则，并按此规则组织
    数据</解释>
[7]         <示例>
[8]             <! - - -一个 XML 的例子 - ->
[9]             <![CDATA[
[10]                <订单>
[11]                <订单号>p01333586</订单号>
[12]                <商品数量>5</商品数量>
[13]                <金额>276</金额>
[14]                </订单>
[15]             ]]>
[16]         </示例>
[17]     </专有名词>
[18] </专有名词列表>
```

在表 3－11 中，orders.xml 文件的[1]是一个 XML 声明，[2]是处理命令，[3]～[18]是文件中的各个元素；其中，[8]是注释，[9]～[14]是 CDATA 的描述。因此，这个文件符合

格式良好的定义。

在表 3-12 中，contacts. xml 文档不仅格式良好，而且符合 cont. dtd 文档的约束，故该文件是一个有效的 XML 文件。

表 3-12 cont. dtd 文档示例

```
<?xml version = "1.0" encoding = "GB2312"?>
<!ELEMENT 联系人列表 (联系人) * >
<!ELEMENT 联系人 (用户编号,姓名,单位,电话,地址)>
<!ELEMENT 地址 (街道,城市,省份)>
<!ELEMENT 用户编号 (#PCDATA)>
<!ELEMENT 姓名 (#PCDATA)>
<!ELEMENT 单位 (#PCDATA)>
<!ELEMENT 电话 (#PCDATA)>
<!ELEMENT 街道 (#PCDATA)>
<!ELEMENT 城市 (#PCDATA)>
<!ELEMENT 省份 (#PCDATA)>
```

表 3-13 contacts. xml 文档示例

```
<?xml version = "1.0" encoding = "GB2312" standalone = "no"?>
<!DOCTYPE contacts SYSTEM "cont.dtd">
<contacts>
<contact>
<UserID>c00001</UserID>
<Uname>杨琪</Uname>
<Company>易道公司</Company>
<Telephone>(021)62341678</Telephone>
<Address>
<Street>邯郸路 220 号</Street>
<City>上海市</City>
<Province>上海</Province>
</Address>
</contact>
<contact>
<UserID>c00002</UserID>
<Uname>韩佳</Uname>
<Company>尤世达公司</Company>
<Telephone>(021)87654321</Telephone>
<Address>
<Street>武东路 1876 号</Street>
<City>上海市</City>
<Province>上海</Province>
</Address>
</contact>
</contacts>
```

3) XML 模式

DTD 的使用能确保 XML 文档有效，但是 DTD 存在一系列问题，使它们逐渐不再流行。XML 模式(schema)语言是 W3C 推荐用于替代 DTD 的语言，它是定义和约束 XML 文档的语言[14]。XML Schema 语言也称作 XML Schema 定义(XML schema definition，XSD)。下面介绍 XML 模式的概念，以便理解它与 DTD 之间的区别。

(1) XML 模式中的元素：XML 模式定义语言(XSDL)是一个标准的“XML 文档”，它是利用“定义”样式的 XML 语言编写的。XSDL 由元素、属性、命名空间和 XML 文档中的其他节点构成。

XSD 文档至少要包括两个部分：schema 根元素和 XML 模式命名空间的定义；element 元素。

Schema 根元素是 XSD 的根，它包括模式的约束、XML 模式命名空间的定义，其他命名空间的定义、版本信息、语言信息和其他一些属性。XSD 必须定义一个且只能定义一个 schema 根元素。

定义 schema 根元素的语法如下：

```
<xsd: schema xmlns: xsd = http: //www. w3. org /2001 /XMLSchema>
…
< /xsd: schema>
```

XSDL 中的元素是利用 element 标识符声明的，其基本语法是：

```
<xsd: elementname = "sname" type = "xsd: string" />
```

例如，下面的模式定义了一个包含字符串值的 sname 元素：

```
<xsd: schema xmlns: xsd = http: //www. w3. org /2001 /XMLSchema>
<xsd: elementname = "sname" type = "xsd: string" />
< /xsd: schema>
```

注意：schema 元素是 XSD 文档的根元素，student 元素定义为 schema 根元素的一个子元素，它必须是 string 类型。

(2) XML 模式中的属性：可以按照定义元素的方法在 XSDL 中定义属性，但是它们只能是简单类型，只能包含文本，而且没有子属性。属性的简单定义如下：

```
<xsd: attributename = "age" type = "xsd: integer" />
```

该语句定义了一个名为 age 的属性，它的值为整数。把它添加到模式中时，它必须是 schema 元素、complexType 元素或者 attributeGroup 元素的子元素。如果希望定义一个包含子元素和/或属性的元素时，应使用 complexType 类型。为了继承而对属性分组以及利用 xsd：attributeGroup 元素以实现重复利用属性时，应该使用 attributeGroup 元素。

要把属性附加在元素上，属性应在 complexType 定义中的组合器之后定义或引用，在下面的示例中，要把 age 属性添加到 student 元素中，必须按照下面的方法定义模式：

```
<xsd: schema xmlns: xsd = http: //www.w3.org/2001/XMLSchema>
<xsd: elementname = "student" type = "xsd: string" />
<xsd: complexType>
<xsd: sequence>
<xsd: elementname = "sname" type = "xsd: string" />
</xsd: sequence>
<xsd: attributename = "age" type = "xsd: integer" />
</xsd: complexType>
</xsd: element>
</xsd: schema>
```

这样就可以验证下面的 XML 实例：

```
<?xml version = "1.0"?>
<student age = "19">
<sname>韩佳</sname>
</student>
```

(3) XML 模式数据类型：XML schem 提供了丰富的内置数据类型，它们主要由基本数据类型和派生数据类型构成[14]。

基本数据类型包括：

① string ——字符型数据。

② datetime ——日期时间型数据，其格式为 YYYY - MM - DDThh：mm：ss，表示年—月—日时分秒。

③ decimal ——表示任意精度的十进制数字。

④ Boolean ——布尔型数据，1(True)或者 0(False)。

基本派生类型包括：

① int ——表示从－2 147 483 648 到 2 147 483 648 之间的一个整数。它来自 long 派生类型。

② nonNegativeInteger ——表示大于或者等于 0 的一个整数。它来自 int 派生类型。

③ nonPositiveInteger ——表示大于 0 的一个整数。它从 nonNegativeInteger 类型派生而来。

④ short ——表示从－32 768 到－32 768 之间的一个整数，也是从 nonNegativeInteger 类型派生而来。

(4) XML 模式中的限制：限制(restriction)用于为 XML 元素或者属性定义可接受的值。对 XML 元素的限定被称为 facet。限制可以利用 restriction 元素来描述，restriction 元素有一个 base 属性，它包含要进一步限制的数据类型的值。

Restriction 元素的定义如下所示：

```
<restriction id = "ID" base = "QName" />
```

其中，ID 表示 restriction 元素的标识符，base 属性设置为一个内置的 XSD 数据类型或者现有的简单类型定义，它是一种被限制的类型。

例如：下面示例把字符串的最小长度限定为4个字符：

```
<xsd: restrictionbase = "xsd: string" />
<xsd: minLength value = "4" />
< /xsd: restriction />
```

下面一个示例把一个整型的取值范围设置为1～100之间：

```
<xsd: restrictionbase = "xsd: int" />
<xsd: minInclusive value = "1" />
<xsd: maxInclusive value = "100" />
< /xsd: restriction />
```

(5) 命名空间：XML模式中的命名空间的功能与XML文档中的命名空间类似，也是为了避免相同模式标记名在不同的组织中可能有不同的意义，从而导致对文档的验证出现混淆。

模式所描述XML文档使用一个默认的、没有前缀的命名空间。大多数时候每个命名空间的URI映射到一个模式上。

不在任何命名空间中的元素使用的模式通过xsi：noNamespaceSchemaLocation属性来标识，而在命名空间中的元素使用的模式通过xsi：schemaLocation属性来标识。这个属性包含一个命名空间URI/模式URI对的列表，每个命名空间URI后面跟一个模式URI[30]。

下面通过一个示例来说明命名空间的使用。

```
<?xml version = "1.0"?>
<xsd: schema xmlns: xsd = http: //www.w3.org/2001/XMLSchema
xmlns = "http: //www.sei.ynu.edu.cn/DQ/address"
  targetNamespace = http: //www.sei.ynu.edu.cn/DQ/address
  elementFormDefault = "qualified"
attributeFormDefault = "unqualified"
>
...
< /xsd: schema>
```

第一个xmlns属性表示模式默认的命名空间，即XML示例本身。它将命名空间设置为xmlns=http：//www. sei. ynu. edu. cn/DQ/address，这表明本模式中无前缀的元素名字位于http：//www. sei. ynu. edu. cn/DQ/address命名空间中。

第二个xmlns属性表示模式中应用在http：//www. sei. ynu. edu. cn/DQ/address命名空间中的文档，即由name属性标识的元素。

第三个属性elementFormDefault具有值qualified，这表明该示例中描述的元素实际上在命名空间中。

第四个属性attributeFormDefault具有值“unqualified” qualified，这表明该示例中描述

的元素不在命名空间中。

3.3.2 半结构化数据模型——数据和数据质量（D^2Q）模型

为了评估半结构化数据的质量，如XML数据格式，Scannapieco和Virgillito[15]等人提出了数据和数据质量（data and data quality，D^2Q）模型。D2Q模型来自DaQuinCIS（methodologies and tools for data qualityinside cooperative information systems）架构，这一架构常用于协作信息系统（cooperative information system，CIS）。在这种系统中，各种协作组织提供不同的数据源，而且需要交换彼此的数据。因此，数据质量对它们来说至关重要。

D^2Q模型可用于检验数据的准确性、一致性、完整性和实时性。由于D^2Q模型是半结构化的，允许每个组织采用一定的灵活性导出数据的质量。此外，质量维度可以被关联到数据模型的不同元素上，范围从单个数据值到整个数据源。

企业高校科技合作网络信息平台是一个为企业和高校提供科技合作的平台，该平台一方面能为高校教师、研究人员、学生创新研究的科研成果寻找市场；另一方面能将企业的课题和经营动态介绍给学校的教师和科研人员，起到“牵线搭桥”的作用[16]。由于信息平台涉及不同类型的高校和企业之间的信息共享，因此，可以将其看作一个CIS系统。

假设企业方希望在网络信息平台中获取各个高校的基本信息，那么可以采用XML文档来存储和交换所需信息。为了简化信息描述，本书仅用名称和电话号码来描述高校，同时，高校下设多个学院，每个学院的基本信息包括名称、地址和院长。

根据以上规定，我们使用XML文档来描述高校信息。文档只列举了一所高校及其下设的两个学院信息，如图3－4所示。

```
<?xml version="1.0" encoding="UTF-8"?>
<University xmlns="http://www.ynu.edu.cn/D2Q" xmlns:xsi="http://www.w3.org/2001/XMLSchema-instance"
xsi:schemaLocation="http://www.ynu.edu.cn/D2Q" D:\YNU\YNU_D2Q.xsd">
    <UniName>YNU</UniName>
    <Telephone>650315125</Telephone>
    <Schooled>
        <Schools>
            <School>
                <Name>Software</Name>
                <Address>Software Building 101, Yuhua Road</Address>
                <Dean>Shaowen Yao</Dean>
            </School>
        <Schools>
            <School>
                <Name>Information</Name>
                <Address>Information Building 101, Yuhua Road</Address>
                <Dean>XueJie Zhang</Dean>
            </School>
        <Schools>
    <Schooled>
</University>
```

图3－4 XML文档示例

接下来将采用D^2Q模型来描述文档中的相关数据和质量，这里先介绍D^2Q模型的基本概念[15]。

1) D^2Q 数据模型

D^2Q 模型是一种用于增强 XML 数据模型的半结构化模型，可以使用它来表达数据质量。

(1) 定义 1：数据类别。数据类别可以表示为：$\delta(name_{\delta}, \pi_1, \cdots, \pi_n)$。

其中，$name_{\delta}$ 表示数据类别名称，$\pi_i = < name_i : type_i >$ 表示一组属性，$i=1, \cdots, n$，$n \geqslant 1$，$name_i$ 是属性 π_i 的名称，$type_i$ 可以是常见的数据类型，如字符型、整型、实数型、日期型等；或者是其他数据类型；也可以是常见类型或其他类型的集合。

(2) 定义 2：数据模式。D^2Q 的数据模式是一个带方向、有节点和边标签的图，简写为 S_D。节点分为两种，一种是数据类别节点，另外一种是叶子节点，表示基本的类型属性。数据类别节点和叶子节点都有标签，前者可表示为＜类别名称：类别＞，后者可表示为＜属性名称：类型＞。此外，在边标签上还可以指明两个有联系的节点的基数。图 3-5 显示了一个数据模式的例子。

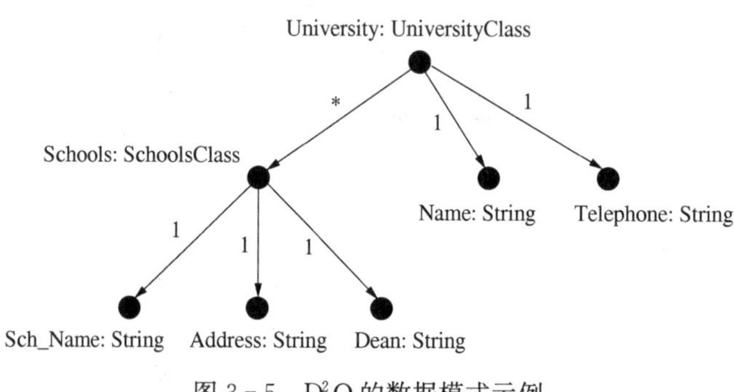

图 3-5　D^2Q 的数据模式示例

在图 3-5 中，D^2Q 模型有两个类别：University 和 Schools。连接 University 和 Schools 的边标签为 *，表示 Schools 的基数是多方。连接每个数据类别到基本类型属性的边标签为 1，表示属性的基数为 1。

2) D^2Q 质量模型

与 D^2Q 模型类似，D^2Q 质量模型也分为质量类别和质量模式。质量类别对应于质量维度，包括：准确性、一致性、完整性和实时性，同时，每一种质量类别都有各自的域值，如用 $DOM_{accuracy}$ 表示准确性的域值。一个质量类别关联到每个数据类别和每一个属性上。用符号 λ_{δ} 表示关联到 $\delta(name_{\delta}, \pi_1, \cdots, \pi_n)$ 上的质量类型；用符号 $\lambda_{\delta_i : \pi_i}$ 表示关联到 π_i 上的质量类型。

(1) 定义 3：质量类别。D^2Q 的质量类别可以表示为：

$\lambda_{\delta}(name_{\lambda\delta}, K_{accuracy}, K_{completeness}, K_{consistency}, K_{currency}, \pi_1^{\lambda}, \cdots, \pi_n^{\lambda})$。

其中，$name_{\lambda\delta}$ 表示质量类别名称，$(K_{accuracy}, K_{completeness}, K_{consistency}, K_{currency}, \pi_1^{\lambda}, \cdots, \pi_n^{\lambda})$ 表示一组质量属性。

(2) 定义 4：属性质量类别。D^2Q 中，每一个质量类别的属性所定义的质量类别可以定义为：$\lambda_{\delta_{i}:\pi_i}$。$\lambda_{\delta_{i}:\pi_i}$ 表示名称，四个质量属性分别为：($K_{accuracy}$，$K_{completeness}$，$K_{consistency}$，$K_{currency}$)。

(3) 定义 5：质量模式。D^2Q 的质量模式表示为 S_Q，也是一个带方向，有节点和边标签的图。节点有叶节点和非叶节点两类。非叶节点表示质量类别，叶节点表示质量类别属性。两种类型的节点都有标签，非叶节点标签形如：<质量类别名称：质量类别>，叶节点标签形如为<质量属性名称：质量类别>。此外，在边标签上还可以指明两个有联系的质量节点的基数。图 3－6 显示了一个质量模式的例子。

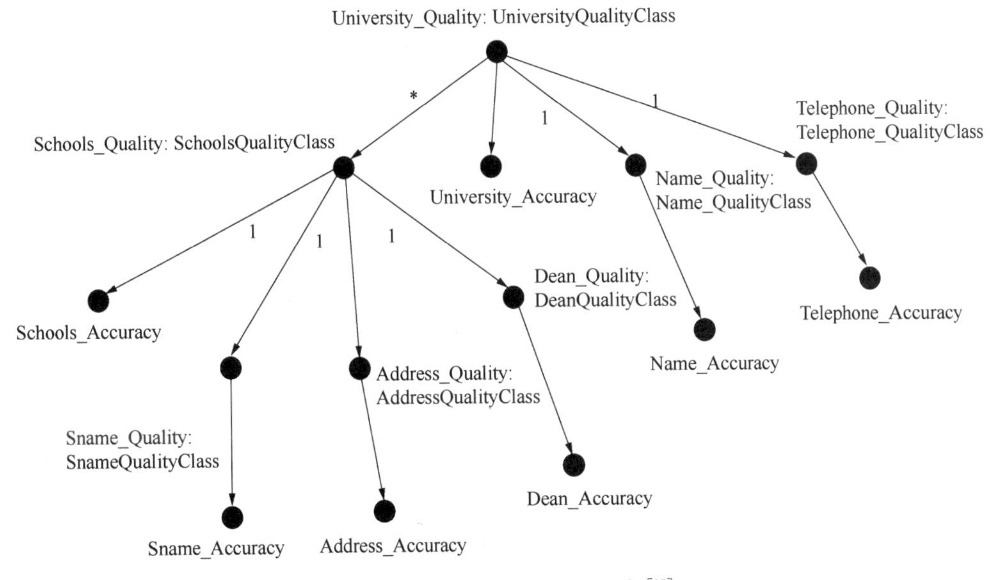

图 3－6　D^2Q 的质量模式示例[15]

在图 3－6 中，D^2Q 质量模式有两个类别：University_Quality 和 Schools_Quality，它们分别关联到数据类别 University 和 Schools。图中只显示了准确性节点与数据类和相关属性的关系。连接 University_Quality 和 Schools_Quality 的边标签为 *，表示 Schools_Quality 的基数是多方。连接每个数据类别到基本类型属性的边标签为 1，表示属性的基数为 1。

3) D^2Q 模型：数据＋质量

前文定义了 D^2Q 的数据模式和质量模式。在这里，我们将定义 D^2Q 数据模式和质量模式的关系。

(1) 定义 6：质量关联。将符号 $A=\{N_D \cup T_D\}$ 定义为 D^2Q 数据模式中的所有节点集合，N_D表示所有的非叶节点，T_D表示所有的叶节点。将 $B= N_Q$定义为 D^2Q 质量模式中的所有非叶节点集合。一个质量关联是一个如下所示的函数：

qualityAss：A→B，该函数满足如下关系：

对于 $\forall x \in A$，存在一个唯一的 $y \in B$，有 y＝qualityAss(x)，而且对于 $\forall y \in B$，存在一个唯一的 $x \in A$，有 y＝qualityAss(x)，因此，qualityAss 是一个一对一的函数。

(2) 定义7：D^2Q 模式。给定一个 D^2Q 数据模式 S_D 和 D2Q 质量模式 S_Q，一个 D^2Q 模式 S 是带方向、有节点和边标签的图，该图具有如下特性：

① 一组节点 $N = \{N_D \cup N_Q\}$，来自节点集 S_D 和 S_Q 的并集。

② 一组叶节点 $T = \{T_D \cup T_Q\}$。

③ 一组边集合 $\varepsilon = \{\varepsilon_D \cup \varepsilon_Q \cup \varepsilon_{DQ}\}$，而且 $\varepsilon_{DQ} \subseteq \{N_D \cup N_Q\} \times N_Q$。

④ 一组节点标签 $L_N = L_D \cup L_Q$。

⑤ 一组边标签 $L\varepsilon = L\varepsilon_D \cup L\varepsilon_Q \cup L\varepsilon_{DQ}$，$L\varepsilon_{DQ} = \{quality\}$ 是一组质量标签。

根据定义6和定义7，图3-5和图3-6的图例可以转变为图3-7所示的图例。

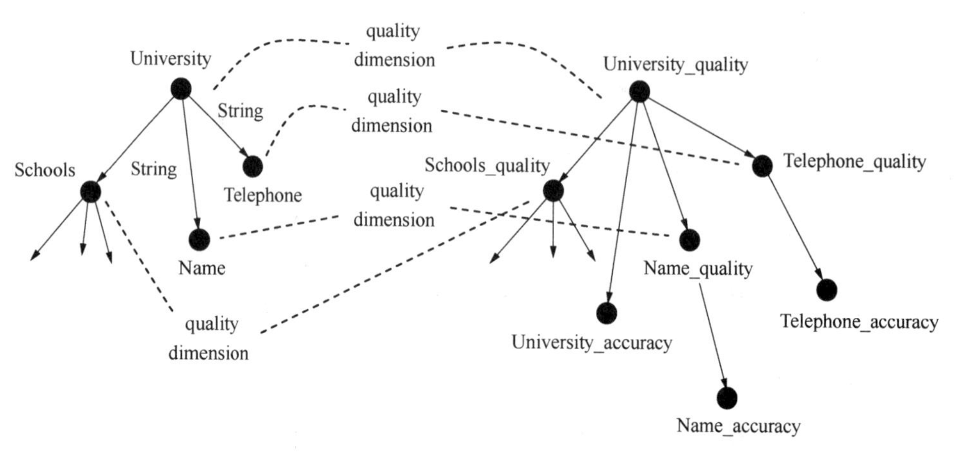

图3-7 D^2Q 模式示例[15]

4) D^2Q 模式实例

根据 D^2Q 模型的结构，可以容易地推导出 D^2Q 数据模式和 D^2Q 质量模式的实例。需要注意的是：数据类别实例表示为数据对象，同样，质量类别实例也表示质量对象；质量关系取值对应于质量链接。

一个 D^2Q 数据模式的实例是一个图，其中节点对应数据对象，叶子对应属性值。进一步来看，节点被标记为数据对象名称，而叶子被标记为形如<基本类型属性名称，基本类型属性值>的元组：边没有做任何标记。

类似地，一个 D^2Q 质量模式的实例也是由质量目标节点和对应到质量属性值的叶节点所组成的一个图。叶子被标记为形如<质量类型属性名称，质量类型属性值>的元组：边也没有做任何标记。

最后，一个 D^2Q 模式实例是由数据模式实例、质量模式的实例，再加上连接数据对象和质量对象的边所构成。这些边对应于质量链接，并标记为质量标志。

图3-8显示了一个 D^2Q 模式的实例。University1 是 University 类的实例，它有两个 schools，即 school1 和 school2，这两个 schools 是 school 类的对象；相关的质量值也进行显示(为简单起见，只有关联到数据对象的质量链接才显示出来)。

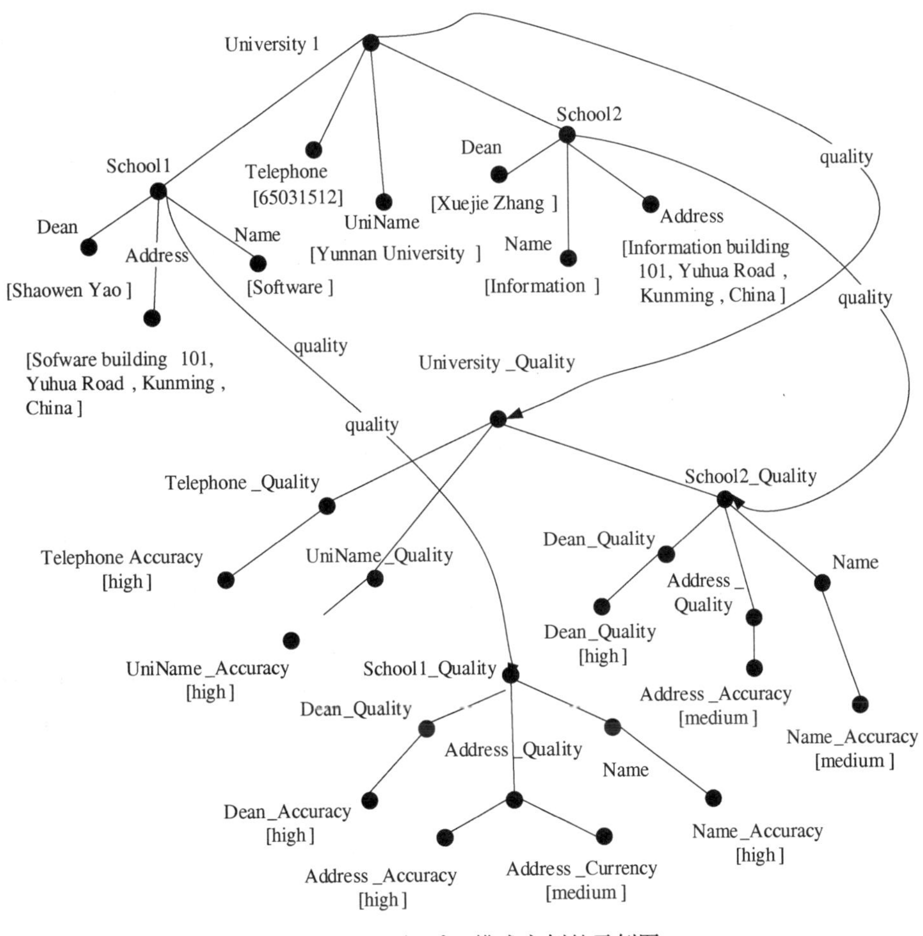

图 3-8 一个 D^2Q 模式实例的示例图

3.3.3 非结构化数据模型——四面体模型

在大数据时代，非结构化的数据占据全部数据总量的 80%以上。不同于存储在传统数据库中的结构化数据，非结构化数据由于缺乏明确的语义结构使得计算机在解释这些数据时面临较大困难[17]。由此带来的数据管理和数据质量评估远比结构化数据复杂。尽管一些传统的数据库厂商，如 IBM 和 ORACLE 等，在原有数据管理系统的基础上扩展了对非结构化数据的支持；但是这些系统往往只针对一些特定的数据类型，不能面向全部非结构化数据类型。因此，一个能全面描述非结构化数据特征的模型显得非常重要。

通常，对于非结构化数据的处理过程有两种：一种采用“非结构化数据—半结构化数据—结构化数据”的逐步转换方式，实现了非结构化数据向结构化数据转换的功能，最终将数据存入关系数据库中管理[18-19]。另一种则采用“非结构化数据—结构化数据”的转换方式，借助元数据完成相应的处理[20-21]。

数据模型是非结构化数据管理系统的核心。非结构化的数据模型包括关系、扩展关系、面向对象、ER图和多层模型。

基于关系数据库的方法，Doan 和 Naughton 等人提出了一种结构化方法用来管理非结构化数据[22]。然而，非结构化数据的复杂结构不能通过关系进行很好的描述。随后，扩展的关系模型增加了一个新的字段来表示非结构化数据。面向对象模型广泛应用在多媒体数据库和空间数据库。在一个面向对象模型中，将静态结构、动态行为和约束条件抽象为一个单独的类，不同对象的类可以继承关系。但是，面向对象数据模型的问题在于缺乏足够的理论基础和实施中的复杂性。此外，Siadat 和 Chu 等人基于 E-R 图提出一种用于非结构化数据的模型[23-24]。针对多媒体检索系统，Marcus 和 Amato 等人[25-26]提出了一个多层数据模型，用来表示语义描述、底层特征和原始数据。

四面体数据模型(tetrahedral data model)是由 LI Wei 和 LANG Bo 在 2010 年提出的一个面向非结构化数据的模型[27]。该模型可以为不同类型的非结构化数据提供统一、集成和相关描述，并支持检索和数据挖掘等智能数据服务。

1) 非结构化数据的特征

文本、图形、图像、音频和视频等非结构化数据并没有一个统一的结构，往往是作为原始数据进行存储。因此，它们很难被计算机理解和直接处理。为了管理非结构化数据，最基本的途径是描述数据，然后使用描述信息来实现数据操作。基于语义描述的关键字、底层特征描述，或者基于概念的语义描述是目前用来描述非结构化数据的主要方式[26]。非结构化数据由基本属性、语义特征、底层特征和原始数据，以及这些组件之间的关系构成：

(1) 基本属性：所有类型的非结构化数据都具有的诸如名称、类型、作者和创作时间等基础属性。

(2) 语义特征：使用文本表示的特殊语义属性，包括作者意图、主题和底层特征的含义。

(3) 底层特征：底层特征是指通过专门的数据处理技术所获取的非结构化数据的属性，包括颜色、纹理和形状。

(4) 原始数据：原始数据是指非结构化数据的存储文件。

2) 四面体模型的基本概念

四面体模型是由一个顶点、四个面和面之间的棱构成的模型，如图 3-9 所示。顶点代表非结构化数据的唯一标识符；底面代表原始数据；三个侧面分别代表基本属性、语义特征与底层特征；连接各面的棱代表在每一个面上元素之间的关系。

(1) 四面体模型的数据结构。一个四面体模型可由如下的六元组组成：

$$Tetrahedron=(V,\ BA\_FACET,\ SF\_FACET,\ LF\_FACET, RD\_FACET,\ CONJS)$$

其中，V 是四面体模型的顶点，是四个面 BA_FACET，SF_FACET，LF_FACET 和 D_FACET 的交汇点。V 唯一地标识一个四面体。

BA_FACET(基本属性面)是描述非结构化数据的基本属性面。BA_FACET 上的点命

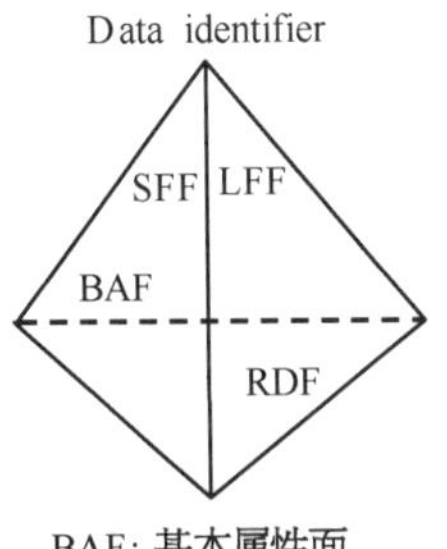

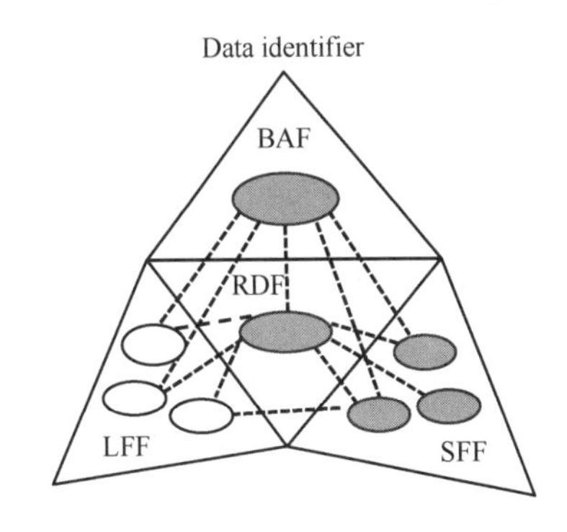

图 3-9 四面体模型的结构

名为$Basic\ Attribute$表示一组基本信息，例如：数据类型、创建时间、作者等。BA_FACET 可表示为如下形式：

$$BA\_FACET=\{Basic\ Attribute\}$$

SF_FACET(语义特征面)是模型的语义特征面。SF_FACET 上的点命名为 $Semantic\_Feature_j$，表示文本中有效的语义信息，例如主题、作者意图以及一个数据对象或底层特征意义，该特征面可表示为如下形式：

$$SF\_FACET=\{Semantic\_Feature_j \mid j\in[1,\ m]\}$$

LF_FACET(底层特征面)是模型的底层特征面。LF_FACET 上的点 $Low\text{-}level\_feature_k$ 代表使用多媒体特征提取技术从数据上获得的特征，如音频；颜色、纹理、图像的形状和视频的关键帧，该特征面可表示为：

$$LF\_FACET=\{Low\text{-}level\_Feature_k \mid k\in[1,\ n]\}$$

RD_FACET(原始数据面)代表原始数据。RD_FACET 上的点 $Data_l$ 表示一个原始文件，该特征面可表示为：

$$RD\_FACET=\{Data_l \mid l\in[1,\ p]\}$$

其中，p 是一个表示数据文件总数的正值。

CONJS(conjunction)是一个包含所有棱的集合，这些棱连接了各个面上的不同对象。一条棱意味着两个对象之间存在一定的关联。CONJS 可表示为：

$$\begin{aligned}CONJS=\{&BA\_FACET\times SF\_FACET\cup BA\_FACET\times LF\_FACET\cup\\&BA\_FACET\times RD\_FACET\cup SF\_FACET\times LF\_FACET\cup\\&SF\_FACET\times RD\_FACET\cup LF\_FACET\times RD\_FACET\}\end{aligned}$$

(2) 原始数据面。原始数据面上的点表示原始数据文件。一段视频和音频或者图像数据可能包含若干个存储文件，每个文件是被表示为原始数据面上的一个点，其形式化的描述如下所示：

$$DATA(V, DATA\_id, DATA\_File\_id, DATA\_File\_Name)$$

其中,V 是包含原始数据面的四面体的标识符;$DATA\_id$ 是原始数据对应的数据文件集的标识符;$DATA\_File\_id$ 是数据文件集中某一文件的标识符;$DATA\_File\_Name$ 是指数据文件的名称。

(3) 底层特征面。一个底层特征是通过特征抽取技术从非结构化数据中获得的特征,它可以表示为底层特征面上的一个点并可用如下的一个六元组进行形式化描述:

$$LOW\text{-}LEVEL\_FEATURE(V, LF\_id, LF\_class, LF\_name, LF\_rep\_type, LF\_id\_content)$$

其中,V 表示包含底层特征面的四面体标识符;LF_id 是底层特征的标识符;LF_class 是描述底层特征的数据类型,主要的数据类型有文本、图像、视频、音频和图片;LF_Name 是底层特征的名称;LF_rep_type 表示底层特征的数据结构,如颜色直方图、傅里叶形状描述子等;$LF\_id\_content$ 代表底层特征值。

(4) 语义特征面。语义特征描述了非结构化数据的内容和对象。语义特征面上的一个点表示一个特定的语义特征。常用的语义特征包括关键字或文本样式的注释,以及使用本体所描述的数据对象的概念。一个语义特征可以用一个六元组来表示:

$$SEMANTIC\_FEATURE(V, SF\_id, SF\_class, SF\_name, SF\_keyword, SF\_content)$$

其中,V 表示包含原语义特征面的四面体标识符;SF_id 是语义特征的标识符;SF_class 用来描述语义特征的数据类型,如视频特征或者音频特征;SF_Name 是语义特征的名称,如主题、作者意图、情节等;$SF\_keyword$ 包含语义特征的一个或多个关键字;$SF\_content$ 包含语义特征的内容。

(5) 基本属性面。基本属性面包含各种非结构化数据的公共信息。基本信息的集合可以通过基本属性面的一个点来表示。一个基本属性面可以用一个三元组进行形式化描述:

$$BASIC\ ATTRIBUTE(V, BA\_id, BA\_set, BA\_content)$$

其中,V 表示基本信息组所属四面体的标识符;BA_id 是基本信息集合的标识符;BA_set 是基本信息项的集合,如类型、作者和创建日期;$BA\_content$ 表示 BA_set 中数据项的取值。

(6) 四面体中的联系。在四面体数据模型中,位于四个面上的点表示不同的对象,而且这些对象之间存在特定的关系。例如,底层特征和它们的语义描述相关,对于有相同主题的非结构化数据,它们之间也彼此关联。所有的这些关系都称为联系。在四面体模型中,棱用来表示各个面之间的关系。多个四面体之间的联系可由它们的标识符来建立。这些联系可以支持针对一个四面体的多个面或者多个四面体之间的相关检索。

一个四面体的面对象之间的关联可以通过一个三元组来表示:

$$ASSOCIATION(V, Object_1\_id, Object_2\_id)$$

其中,V 表示联系所属四面体的标识符。

$Object_1\_id$,$Object_2\_id$ 可定义为:

$$Object_1, Object_2 \in \{BA\_FACET \vee SF\_FACET \vee LF\_FACET \vee RD\_FACET\}$$

$Object_1$ 和 $Object_2$ 属于不同的面。

多个四面体之间的关系可以通过使用四面体的标识符来建立。联系 k 可以通过一个二元组表示:

$$ASSOCIATION\_of\_TETRAHEDRONS(Subject, \{V_u \mid u \in [1, w]\})$$

其中,$Subject$ 是主题的描述,$\{V_u \mid u \in [1, w]\}$ 表示与某一主题相关的 w 个四面体集合。

3) 四面体数据模型的实现结构

四面体数据模型并不包含任何与实现相关的元素,它是 DBMS 中的一种逻辑模式,类似于 3.1.2 节介绍的针对结构化数据的逻辑模型。将非结构化的数据模型划分为逻辑层和物理层是为了实现数据的独立性,数据独立性是 DBMS 中的一个重要的性质。图 3-10 显示了四面体模型的结构实现。

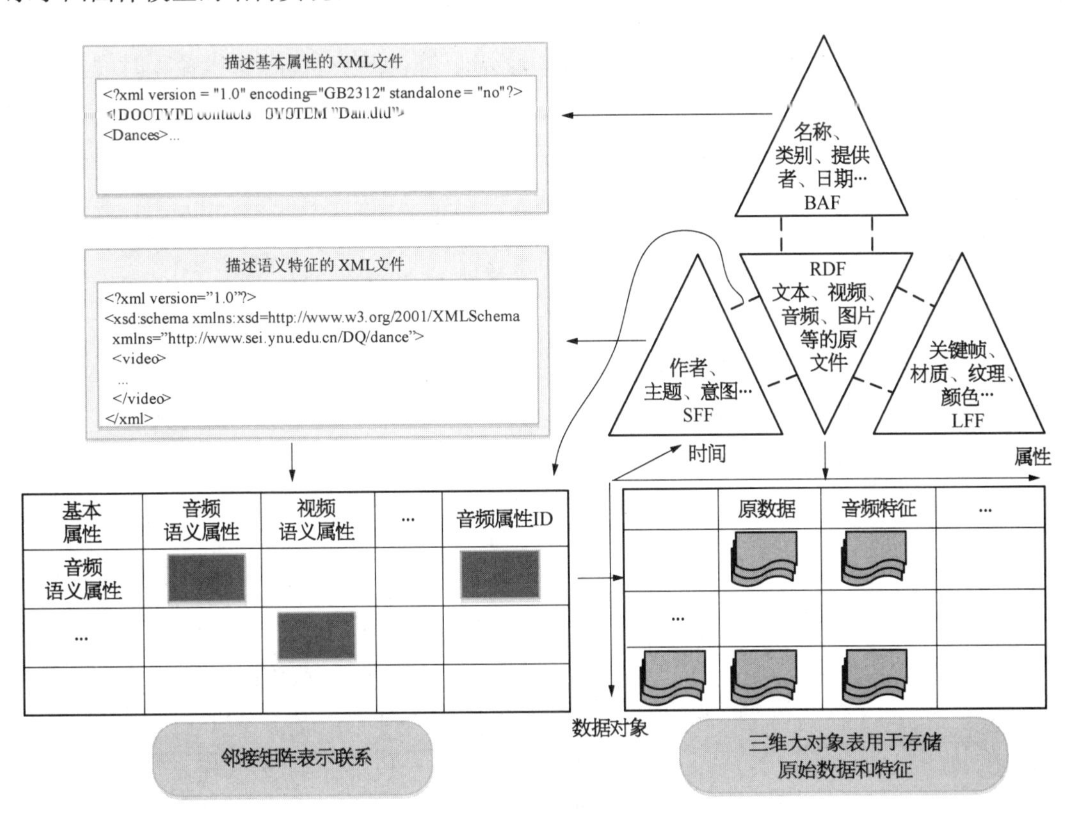

图 3-10 四面体模型的结构实现

在图 3-10 中,顶点用来表示一个四面体;BAF 和 SFF 面都包含文本内容,其中,BAF 面包含名称、类别、地域、民族,日期等属性;SFF 面则包含作者、意图、主题等语义信息,这两个面包含的信息都可以用 XML 文件来描述。在这个模型中,XML 被用来表达和存储基本属性和语义特征。同时,LLF 和 RDF 面所对应的原始数据和底层特征是用一张三维表来存储。三维表的三个维度分别表示数据对象、属性和时间。表中的每一行代表一个数据对象,每一列代表一个属性。属性的取值可以是数字、字符或者其他的基本数据类型,甚至可以是一个 Web 页面、一个 XML 文件、一个非结构化文件,或者是一个特征向量。数据对象的属性值也可以随时间而改变,每一次的变化都可以通过时间维度进行存储。最后,位于不同面上的对象之间的联系采用一个邻接矩阵表示。

4) 四面体数据模型的示例

下面通过一个示例说明,如何使用四面体模型来描述非结构化的文化资源数据。我们选取一段由云南大学文化发展研究院 2013 年拍摄的云南省非遗资源视频——峨山彝族花鼓舞[28]。"花鼓舞"是峨山彝族的一种民间歌舞,过去主要为丧葬时的一种带祭祀性歌舞。随着社会的发展,现在逢年过节、贺家、联欢、开新街、庆祝活动等热闹场合都表演花鼓舞。它主要分布在峨山县境内的西北部。视频记录了花鼓舞的一些舞蹈动作。我们把花鼓舞的视频命名为"Dancing",其对应的四面体模型结构如图 3-11 所示[29]。

图 3-11 中的四面体各个面所包含的数据如下所示:

(1) 基本属性面。Dancing 的基本属性包括标识符、类型、名称、创建者和时间。这些属性与具体的视频内容无关,可以用名为"bdance. xml"的文件来描述它。bdance. xml 的具体内容见图 3 所示。"Dancing"的基本属性面可以定义为:

```
BASIC ATTRIBUTE(ynfd824, BA_1, {identifier, type, title, creator, crea_date}, BA_ ynfd824. xml)
```

Ynfd824 是视频的唯一标识,BA_1 是属性集合的标识,{identifier, type, title, creator, crea_date }表示一组基本属性,BA_ ynfd824. xml 是指描述这一侧面的 XML 文档。

(2) 语义特征面。Dancing 的语义特征面包含基本信息和视频内容描述。基本信息为:内容描述、主题等;视频内容描述是指关键帧的描述。可以用 Sem_bdance. xml 文件来存储相关描述。"Dancing"的语义特征面可以定义为:

```
SEMANTIC_FEATURE (Ynfd824, SF_1_1, basic_info, {Description, Subject, Nation, Coverage, Runtime}, {{花鼓舞是峨山彝族的一种民间歌舞,也是一种带祭祀性歌舞。每逢过节、贺家、联欢、开新街、庆祝活动等热闹场合都会表演花鼓舞。}, {舞蹈,民间歌舞,祭祀性歌舞}, {彝族}, {峨山县}, …}, SF_ Ynfd824_XML)
SEMANTIC_FEATURE (Ynfd824, SF_2_1, Video, shotlist, {花鼓舞的基本动作…}, SF_ Ynfd824_XML)
SEMANTIC_FEATURE (Ynfd824, SF_3_1, Audio, music, {花鼓舞是唱一段…}, SF_ Ynfd824_XML)
```

图 3-11 视频 dancing 的四面体模型

Ynfd824 是视频的唯一标识符，SF_1_1 是第一个语义特征的标识符，basic_info 是特征的名字，{Description，Subject，Nation，Coverage，Runtime}是一组基本信息项，用来表示这段舞蹈的基本含义、主题、所属民族、地域和持续时间，{{花鼓舞是…}，{舞蹈，民间歌舞，祭祀性歌舞}，…}是基本信息项对应的取值，SF_ Ynfd824_XML 表示描述这些特征的 XML 文档。第二个语义信息的含义与第一个类似，这里不再说明。

(3) 底层特征面。视频特征可以分为几个级别，包括段、场景、镜头、关键帧、图像特征等。一个场景包含若干个镜头，每一个镜头都由一个关键帧来表示。一个关键帧表示拍摄内容的一个静止图像。每一个关键帧的底层特征,如颜色、纹理和形状也能包含在视频特征中。关键帧及其图像特征是视频特征的最基本要素。

视频"Dancing"的底层特征包括关键帧和各关键帧的图像特性。选择五张图像来代表关键帧集合。对于每一个关键帧,提取颜色和纹理两个图像特征,这两个特征分别表示颜色直方图和纹理图。我们以关键帧集合和图片 ceil271. jpg 为例,说明底层特征面的定义:

```
LOWLEVEL_FEATURE(Ynfd824, LF_1, Video, Key_frame, {LF_kf_1, LF_kf_2,
LF_kf_3, …, LF_kf_5},
{ceil271. jpg, ceil282. jpg, ceil293. jpg,…,…})
LOWLEVEL_FEATURE(Ynfd824, LF_kf_1_1, Video, Image, Histogram, RGB
[256]=[ (186,158,157), (184,158,157), (185,159,158)…])
LOWLEVEL_FEATURE(Ynfd824, LF_kf_1_2, Video, Image, Texture,
texture [5]=[ (0. 016660,0. 019213,0. 019751,0. 016656),(4. 285092,4. 256368,
4. 166592,4. 318232), …])
……
```

在上面的定义中,Ynfd824 是视频四面体的标识符,LF_1 表示这个特征的标识符;Key_frame 为该特征的名称;{LF_kf_1, LF_kf_2, LF_kf_3, …, LF_kf_5}是关键帧的集合,LF_kf_1 表示第 1 号帧,LF_kf_2 表示第 2 号帧,以此类推。{ceil271. jpg, ceil282. jpg, ceil293. jpg,…,…}表示每一帧对应的图片文件名。第二行的底层特征表示图片文件中第一幅图片的颜色直方图,第三行的底层特征表示相同图片的纹理直方图。

(4) 原始文件面。视频 Dancing 是以 mp4 文件类型进行存储。原始文件信息可以用如下的三元组表示:

```
DATA (Ynfd824DATA_1, DATA_File_1, Ynfd824_1876kb. mp4)
```

在上面的定义中,DATA_1 是视频原文件的标识符,DATA_File_1 表示原文件的一个文件,Ynfd824_1876kb. mp4 是这个文件的名称。

(5) 面与面之间的关联。根据前文对四面体各个面之间的关联关系的定义,下面给出 Dancing 四面体之间的各种关联:

① 基本属性与原数据的关联,可表示为:

ASSOCIATION(Ynfd824, BA_1, DATA_1)

② 语义特征与原数据的关联,可表示为:

ASSOCIATION(Ynfd824, SF_i_1, DATA_1), i=1, 2, 3

③ 底层特征与原数据的关联,可表示为:

ASSOCIATION(Ynfd824, LF_1, DATA_1)

ASSOCIATION(Ynfd824, LF_kf_i_j, DATA_1), $i = 1, 2, \cdots, 14$; $j=1, 2, 3, 4$

④ 基本属性与语义特征的关联,可表示为:

ASSOCIATION(Ynfd824, BA_1, SF_i_1), $i=1, 2, 3$

⑤ 基本属性与底层特征的关联,可表示为:

ASSOCIATION(Ynfd824, BA_1, LF_1)

ASSOCIATION(Ynfd824,BA_1, LF_kf_i_j), $i = 1, 2, \cdots, 14$; $j=1, 2, 3, 4$

⑥ 语义特征与底层特征的关联,可表示为:

ASSOCIATION(Ynfd824, SF_i_1, LF_1), $i=1, 2, 3$

ASSOCIATION(Ynfd824, SF_i_1, LF_kf_l_j), $i=1, 2, 3$; $l=1, 2, 3, \cdots, 14$; $j = 1, 2, 3, 4$

◇参◇考◇文◇献◇

[1] Wikipedia. Transaction Data[EB/OL]. 2015-12-29. https://en.wikipedia.org/wiki/Transaction_data.

[2] BORIS O, ALEXANDER S. ENTERPRISE MASTER DATA ARCHITECTURE: DESIGN DECISIONS AND OPTIONS. Institute of Information Management, University of St. Gallen, 2013.

[3] ROGER W, KIRK H. The What, Why, and How of Master Data Management [EB/OL]. (2006-11-01)[2015-12-2]. msdn.microsoft.com/en-us/library/bb190163.aspx.

[4] IBM Redbooks. Reference Data Management [EB/OL]. (2013-05-15) [2015-12-09]. www.redbooks.ibm.com.

[5] Rahul Kamath. Reference Data Management and Master Data: Are they Related? [EB/OL]. (2012-12-07) [2015-12-09]. blogs.oracle.com.

[6] 萨师煊,王珊. 数据库系统概论(第三版)[M]. 北京:高等教育出版社,2002.

[7] 崔巍. 数据库系统及应用[M]. 北京:高等教育出版社,2003.

[8] Abraham Silberschatz, Henry F. Korth, S. Sudarshan. 数据库系统概念(第五版)[M]. 杨冬青等译. 北京:机械工业出版社,2010.

[9] Patrick O'Neil, Elizabeth O'Neil. Database: Principles, Programming, and Performance[M]. 2nd. 北京:高等教育出版社,2001.

[10] 肖威,刘明远,代博兰. 半结构化数据模型的主要特征[J]. 中国水运,2009,9(6):105—107.

[11] (美) Ann N, Chuck White, Linda Burman. XML 从入门到精通[M]. 周生炳等译. 北京:电子工业出版社,2000.

[12] Sean McGrath. XML 应用实例[M]. 潇湘工作室译. 北京：人民邮电出版社，2000.
[13] 万常选，刘喜平. XML 数据库技术[M]. 北京：清华大学出版社，2008.
[14] (美)Stewart Fraser, Steven Livingstone. C# XML 入门经典[M]. 毛尧飞等译. 北京：电子工业出版社，2003.
[15] SCANNAPIECO M, VIRGILLITO A, MARCHETTI C, et al. The DaQuinCIS Architecture: a Platform for Exchanging and Improving Data Quality in Cooperative Information Systems [J]. Information Systems, 2004, 29(7): 551 - 582.
[16] 陈君. 率先搭建企业高校科技合作网络信息平台[J]. 杭州：周刊，2012(6)：19—20，105—107.
[17] OASIS. Unstructured Information Management Architecture (UIMA). Working Draft 05, 2008.
[18] 宋艳娟. 基于 XML 的 HTML 和 PDF 信息抽取技术的研究[D]. 福州：福州大学，2005.
[19] 杨甲森，王浩. 用于数据交换的 XML 文档和关系数据库转换[J]. 计算机工程与设计，2006，27(5)：857—859.
[20] CHAUDHRY W R, MEZIANE F. Information extraction from heterogeneous sources using domain ontologies. Proc of IEEE International Conference on Emerging Technologies. Islamnabad, Pakistan, 2005: 511 - 516.
[21] TOWN C P. Ontology based visual information processing [D]. Cambridge: University of Cambridge, 2004.
[22] DOAN A, NAUGHTON J F, BAID A, et al. The case for a structured approach to managing unstructured data [C]. //Proc of the Fourth Biennial Conference on Innovative Data Systems Research. Asilomar, 2009.
[23] SIADAT M, SOLTANIAN - ZADEH H, FOTOUB I F, et al. Data modeling for content-based support environment (C - BASE): application on Epilepsy Data Mining. //Proc of the 7th IEEE International Conference on Data Mining. Omaha, 2007: 181 - 186.
[24] CHU E, BAID A, CHEN T, et al. A relational approach to incrementally extracting and querying structure in unstructured data [C]. //Proc of VLDB'07. Vienna, 2007.
[25] MARCUS S, SUBRAHMANIAN V S. Foundations of multimedia database systems. J ACM, 1996, 43: 474 - 523.
[26] AMATO G, MAINETTO G, SAVINO P. An approach to a content-based retrieval of multimedia data. Multimed Tools Appl, 1998, 7: 9 - 36.
[27] LI W, LANG B. A tetrahedral data model for unstructured data management [J]. SCIENCE CHINA(Information Sciences), 2010, 53(8): 1497 - 1510.
[28] 王佳. 传统民族歌舞的现代走向——基于对云南民族歌舞的研究[M]. 北京：中国社会科学出版社，2013.
[29] 蔡莉，胡洪斌，朱扬勇. 大数据时代下非物质文化遗产的数据模型研究[C]//第十一届(2016)中国管理学年会. 哈尔滨，2016.
[30] (美) Elliotte Rusty Harold. XML 宝典[M]. 2nd. 马云等译. 北京：电子工业出版社，2002.

第4章

数据质量相关技术

数据集成是将相互关联的分布式异构数据源集成到一起,让用户以透明的方式访问这些数据源,以便消除信息孤岛现象。集成后的数据可以使用数据剖析来统计数据的内容和结构,为后续的质量评估提供依据。当我们经过人工方式或者自动化方式检测和评估数据后,发现其质量没有达到预期目标,就需要分析产生问题数据的来源和途径,并且采取必要的技术手段和措施改善数据质量。数据溯源和数据清洁这二项技术分别用于数据来源追踪和管理,数据净化和修复,最终得到高质量的数据集或者数据产品。

4.1 数据集成

数据集成是把不同来源、格式、特点性质的数据在逻辑上或物理上有机地集中,从而为企业提供全面的数据共享。在企业数据集成领域,已经有了很多成熟的框架可以利用,如采用联邦式、基于中间件模型和数据仓库等方法来构造集成的系统。这些技术在不同的着重点和应用上解决数据共享和为企业提供决策支持。本书主要以数据仓库为例进行介绍。

4.1.1 数据仓库的基本概念

1997年W. H. Inmon在其代表性的著作《建立数据仓库》一书中首次提出数据仓库的定义:数据仓库是面向主题的、集成的、非易失的和随时间变化的数据集合,它用以支持决策经营管理中的决策制定过程[1]。这本著作的出版在当时的数据库领域带来极大的轰动,因此,W. H. Inmon被业界公认为数据仓库的创始人。

W. H. Inmon给出的数据仓库定义包含一些基本概念,下面就这些概念一一给出解释[2-4]:

1) 面向主题

所谓主题,是一个抽象的概念,是在较高层次上将企业信息系统中的数据综合、归类并进行分析利用的抽象;在逻辑意义上,它对应企业中某一宏观分析领域所涉及的分析对象。“主题”在数据仓库中是由一系列表实现的,同时,“主题”在数据仓库中可用多维数据库方式进行存储。

2) 集成

数据仓库的集成性是指根据决策分析的需求,将分散于各处的源数据进行一系列的预处理工作,即抽取、筛选、清理、转换和综合等集成工作,这样保证数据仓库内的数据在面向整个企业应用时保持一致。

3）不可更新

数据仓库的用户对数据的操作大多是数据查询或比较复杂的挖掘，一旦数据进入数据仓库以后，一般情况下基本不进行修改操作。数据仓库存储的是相当长一段时间内的历史数据，是不同时间下数据库快照的集合，以及基于这些快照进行统计、综合和重组的导出数据，不是联机处理的数据，因而数据相对稳定。

4）随时间变化

数据仓库包含各种粒度的历史数据。数据仓库中的数据可能与某个特定日期、星期、月份、季度或者年份有关。数据仓库的目的是通过分析企业过去一段时间业务的经营状况，挖掘其中隐藏的模式。虽然数据仓库的用户不能修改数据，但并不是说数据仓库的数据是永远不变的。分析的结果只能反映过去的情况，当业务变化后，挖掘出的模式会失去时效性。因此数据仓库的数据需要更新，以适应决策的需要。

4.1.2 数据仓库的体系架构

数据仓库系统通常是对多个异构数据源进行有效集成，集成后按照主题执行重组，包含历史数据。存放在数据仓库中的数据通常不再修改，用于做进一步的分析型数据处理。数据仓库作为一个系统而言，包含了不同的阶段和部分。只有宏观上对其体系结构具体了解，明白其工作原理和方式才能确定数据仓库数据质量问题的来源和产生的原因，这是对数据仓库数据质量进行管理的基础。图 4-1 是数据仓库的通常体系结构，按照功能可以分为以下几个部分。

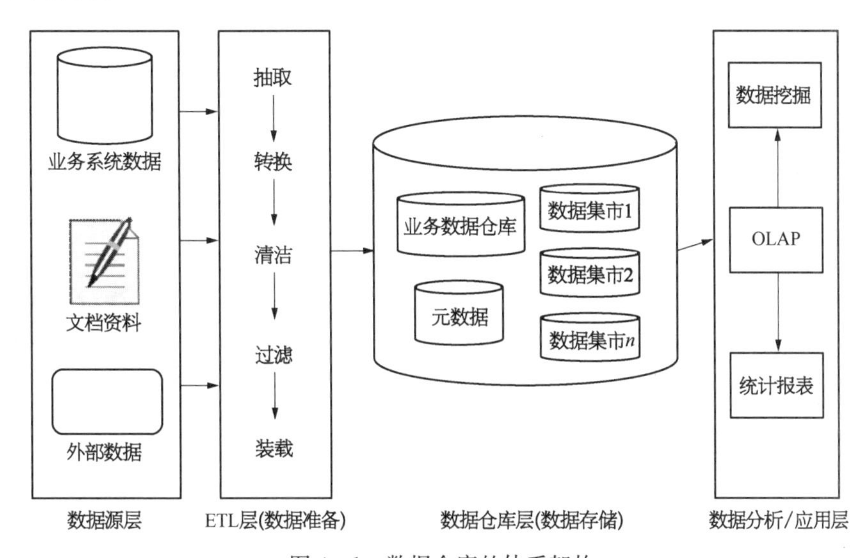

图 4-1 数据仓库的体系架构

1）数据来源层

数据仓库中使用的数据来源主要有：业务数据、历史数据、办公数据、Web 数据、外部数据和元数据[5]。业务数据是指来源于当前正在运行的业务系统中的数据。历史数据是指组织在长期的信息处理过程中所积累下来的数据，这些数据通常存储在磁带或者类似存储设备上，对业务系统的当前运行不起作用。办公数据是指组织内部的办公系统数据，主要由电子数据和非电子数据构成。电子表格、数据库和数字化的文档是电子数据的主要类型；纸质文件、通知、会议纪要等公文则为非电子数据。Web 数据是由组织从 Internet 获取的数据，一般以 HTML 格式表示，需要将其转换为数据仓库的统一格式后才能加载到数据仓库。外部数据是指那些不为组织所产生、所拥有、所控制的数据。如：政府部门的统计数据、股票市场的股票数据，或者市场咨询部门的研究报告等。元数据描述了数据仓库中各种类型来源数据的基本信息，包括：来源、名称、定义、创建时间和分类等。这些信息构成数据仓库中的基本目录。

2）数据准备层

不同来源的数据在进入数据仓库之前，需要执行一系列的预处理以保证数据质量，这些工作可以由数据准备层完成。这一层的功能可以归纳为"抽取（Extract）——转换（Transfer）——加载（Load）"，即 ETL 操作[6]。

数据抽取是从数据源中抽取数据的过程。实际应用中，数据源较多采用的是关系数据库。从数据库中抽取数据一般分为全量抽取和增量抽取两种方式。全量抽取类似于数据迁移或数据复制，它将数据源中的表或视图的数据原封不动的从数据库中抽取出来，并转换成自己的 ETL 工具可以识别的格式。全量抽取比较简单。增量抽取只抽取表中新增或修改的数据。增量抽取比全量抽取的应用范围更广。

抽取后的数据不一定完全满足目标库的标准和要求，例如数据格式不一致、数据输入错误、数据不完整等，因此有必要对抽取出的数据进行数据转换和加工。数据的转换和加工可以在 ETL 引擎中进行，也可以在数据抽取过程中利用关系数据库的特性同时进行。

ETL 引擎中一般以组件化的方式实现数据转换。常用的数据转换组件有字段映射、数据过滤、数据清洁、数据替换、数据计算、数据验证、数据加解密、数据合并、数据拆分等。关系数据库本身已经提供了强大的 SQL、函数来支持数据的加工，如在 SQL 查询语句中添加 where 条件进行过滤，查询中重命名字段名与目的表进行映射，substr 函数，case 条件判断等。

将转换和加工后的数据装载到目标库中通常是 ETL 过程的最后步骤。装载数据的最佳方法取决于所执行操作的类型以及需要装入多少数据。当目标库是关系数据库时，一般来说有两种装载方式。一种方式是使用 SQL 语句中的 insert 命令来加载数据。但是，如果需要加载的数据量太大，这种方式的执行效率会很低。另一种方式是使用诸如 bcp、bulk、load 等关系数据库特有的批量装载工具。批量装载操作易于使用，并且在装入大量数据时效率较高。

数据仓库中数据质量的优劣是数据仓库能否成功的关键因素之一。比如，在客户进行邮寄广告促销时，因为客户地址的错误造成客户无法正常收到广告，就会影响广告投放的效果。尽管在 ETL 过程中，已经对数据源进行了数据质量的提高操作，但是在将数据加载到数据仓库之前，还需要用各种方法来确认数据的质量。最好的方法是在数据源层就对质量问题加以处理，但是要确认外部数据源的质量存在一定困难。因此，就需要在 ETL 阶段通过手工方式或者软件自动化的方式完成对数据质量的确认。

3）数据仓库层

数据仓库是数据存储的主体，其存储的数据包括三个部分：一是指将经过 ETL 处理后的数据按照主题进行组织和存放到业务数据库中；二是存储元数据；三是针对不同的数据挖掘和分析主题生成数据集市[7]。

数据仓库有两种结构，一种是自顶向下结构，也是最早提出的结构，如图 4－2 所示。

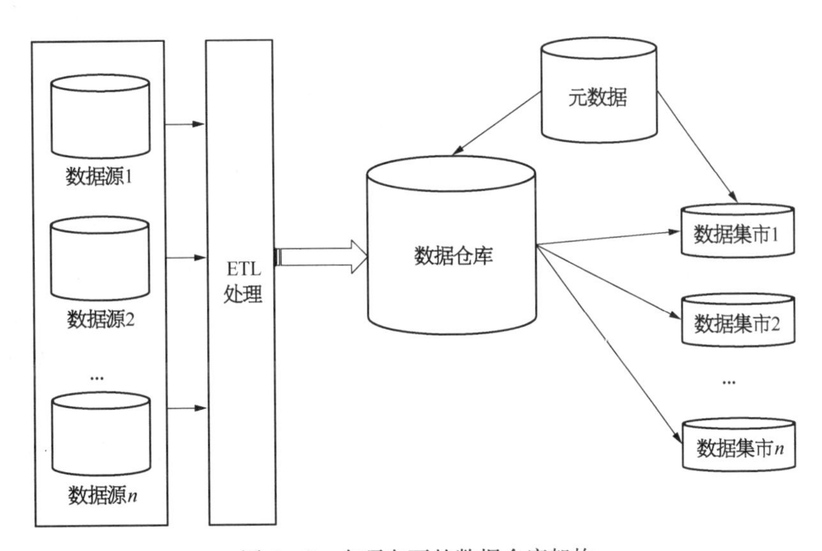

图 4－2 自顶向下的数据仓库架构

自顶向下结构开始于对原始数据的处理，在经过 ETL 等处理过程后，将各种数据源输出到一个集中的数据驻留区域。随后，数据和元数据装载入库。一旦这些过程完成，就可以根据数据仓库中的各种数据来建立数据集市。

自顶向下的模式要求首先建立数据仓库，可由于数据仓库建设规模较大，实施周期长，费用高，初期效果不明显，致使许多企业不愿或者无法承担相关费用。

为了克服自顶向下的模式的弊端，自底向上的结构孕育而生，如图 4－3 所示。它通过独立开发的数据集市逐渐构建数据仓库。这种结构的流程从建立数据集市的 ETL 过程开始，但是不需要一个通用的数据驻留区域，因为每个数据集市都可能有自己独立的存储区域。

虽然自底向上结构满足了最初建立数据集市的需求，但是从长远来看，这种结构不能提供通用的元数据部件，没有共享的元数据，也就难以基于数据集市建立数据仓库。

4）数据集市

数据仓库是企业级的，能够为整个企业中各个部门的运行提供决策支持。但是，构建数据仓库的工作量大、代价很高。数据集市是面向部门级的，通常含有更少的数据、更少的主题区域和更少的历史数据。数据仓库普遍采用 ER 模型来表示数据，而数据集市则采用

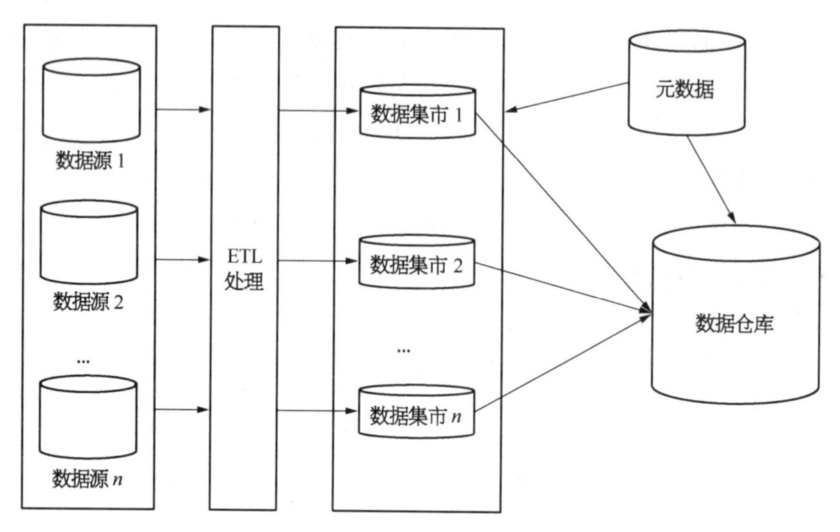

图 4-3 自底向上的数据仓库架构

星形数据模型来提高性能[8]。

ER 模型作为一种数据仓库的设计基础,在实践中存在许多缺点。本书以图 4-4 中的例子进行说明。

在图 4-4 中,存在供应商、商品、客户、订单和发货地址 5 个实体。由于数据仓库的管理者最关注的对象是订单实体,将会有大量的数据载入订单实体表,而其他实体表中的数据载入量则相对较少。这就使数据仓库中的实体产生一种“不平等”效应。为了有效管理数据仓库中载入某个实体的大量数据的设计结构,星型模型就出现了。

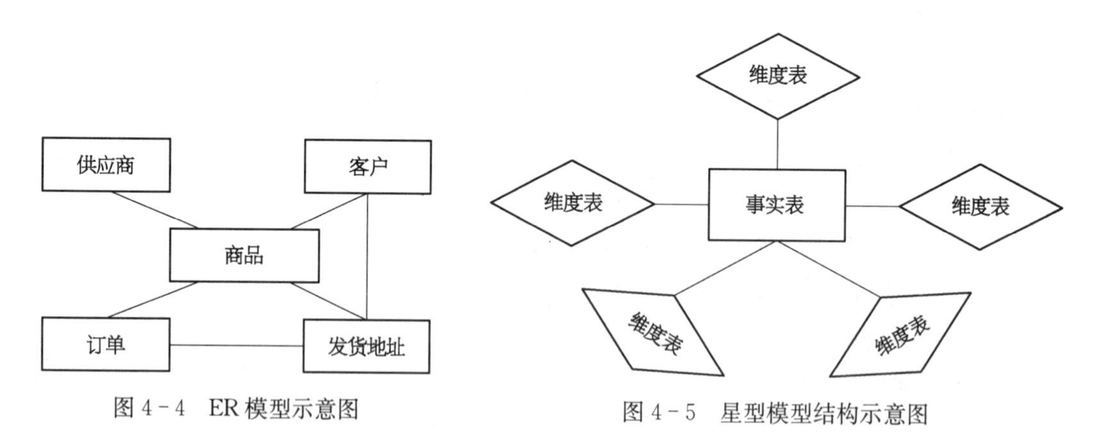

图 4-4 ER 模型示意图

图 4-5 星型模型结构示意图

星型模式是一种多维的数据关系,它由一个事实表(fact table)和一组维度表(dimension table)组成。每个维度表都连接到中央的事实表。维度表中的对象通过事实表与另一维度表中的对象相关。通过事实表将多个维度表进行关联,就能建立各个维度表间对象之间的联系。如图 4-5 所示。

事实表包含描述特定商业事件的数据。通常,事实表中的数据不允许修改,新的数据只是简单地添加到事实表中。维度表主要包含存储在事实表中数据的特征数据。每个维度表利用维度关键字通过事实表中的外键约束于事实表中的某一行，实现与事实表相关联。下面，本书将图 4-4 所示的 ER 模型转化为星型模型，如图 4-6 所示。

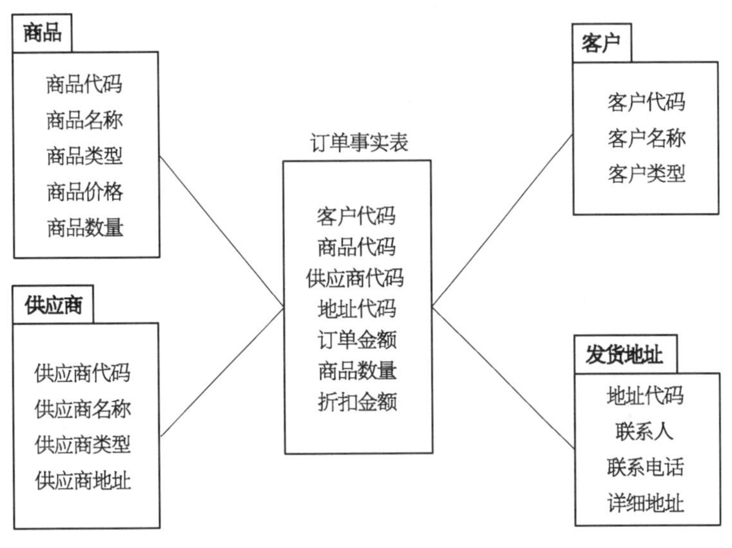

图 4-6 “订单”星型模型

雪花模型是对星型模型的扩展，每个维度都可向外连接到多个详细类别表。在这种模式中，维度表处理具有星型模型中的维度表功能外，还连接上对事实表进行详细描述的详细类别表。详细类别表通过对事实表在有关维度上的详细描述，达到了缩小事实表，提高查询效率的目的。雪花模型对星型模型中的维度表进行了规范化处理。由于采用标准化及维度较低的粒度，该模型提高了数据仓库应用的灵活性。

5）数据分析/应用层

数据分析/应用层是用户进入数据仓库的端口，面向的是系统的一般用户，主要用来满足用户的查询需求，并以适当的方式向用户展示查询、分析的结果。数据分析工具主要有地理信息系统(GIS)、查询统计工具、多维数据的 OLAP 分析工具和数据挖掘工具等。

地理信息系统(GIS)可以把数据仓库中的数据关系用图形化的方式表达出来，如利用 GIS 可以确定对公司产品感兴趣的潜在客户居住区域，帮助企业确定新的销售点位置。

利用数据挖掘工具和统计工具可以找出隐藏在大量数据背后的商业规律。例如，哪些客户可能会对企业的促销手段做出积极的反应，哪些客户可能会发生信用卡透支的问题。

多维数据的 OLAP 分析工具能够以便捷的手段让用户完成复杂的数据查询，并能以形象化的图形、图像和表格的方式给出决策分析的结果。

4.1.3 数据仓库的元数据

元数据在数据仓库的设计、运行中有着重要的作用，它表述了数据仓库中的各种对象，是数据仓库中所有管理、操作和数据的基础和核心。

1）元数据分类

根据元数据在数据仓库中所承担的任务，可以将元数据分为静态元数据和动态元数据[9]。静态元数据主要与数据的结果有关，包括名称、描述、格式、数据类型、关系、域和业务规则等类型；动态元数据主要与数据的状态与使用方法有关，其中主要包括数据质量、统计信息、状态和处理等类型。元数据的分类和作用如表 4－1 所示。

表 4－1 元数据分类

类别	元数据标识	作用
静态元数据	名称	为系统提供识别、区分数据的符号
	格式	用于提供数据仓库中数据的表达规则
	数据类型	用于说明数据仓库中数据所特有的类型
	描述	对数据仓库中的各种数据元素进行说明
	关系	用来说明数据仓库中各种数据对象之间的关系
	创建时间	用来记录数据在数据源处生成的时间
	来源	用于说明数据的来源
	索引	用来说明该数据所拥有或所依赖的索引列
	类别	对数据按照其所属主题进行分类，方便数据仓库的管理
	域	用来说明数据仓库中数据的有效取值范围
	业务规则	用于说明数据在业务处理中所要遵循的规则
动态元数据	入库时间	说明数据加入数据仓库的时间
	更新周期	说明该数据经过多长时间进行一次更新
	数据质量	描述数据仓库中数据的准确性、完整性、一致性和有效性
	统计信息	表示访问数据的用户、访问时间和访问次数
	状态	用于跟踪数据仓库的运行状态
	处理	描述数据仓库系统的使用方法和管理特性
	存储位置	说明数据存储的目的地
	存储大小	说明数据存储的空间容量
	引用处	说明引用该数据的一些操作

2）元数据的作用

生成和管理元数据是为了实现以下的主要作用：

（1）改善与系统的交互。元数据文档中包含系统使用的方法、业务规则、术语、查询和报表等内容的详细说明，在信息检索和查询等方面可以改善与系统的交互。

(2) 提高数据质量。信息系统中，数据必须是准确的、一致的和完整的，利用元数据可以解释数据的来源、操作意义以及质量等。

(3) 支持系统集成。异构数据库和信息系统的集成，多数据源之间的协同工作都需要关于每个数据源的结构和意义的元数据。此外，单个软件组件之间的集成也依赖于接口描述信息和其他组件的元数据。

(4) 支持系统的分析、设计和维护。通过提供数据的结构、来源、意义等信息研究现有的但是还需要进行扩展的应用程序和软件的文档，元数据增加了应用程序开发过程的可控性和可靠性。

4.2 数据剖析

数据剖析(data profiling)，也称为数据概要分析，或者数据探查，是一个检查现有数据库中数据的过程，由此来收集它们的统计分析信息。同时，也可以通过数据剖析来研究和分析不同来源数据的质量[10]。一些常用的数据来源包括：各种类型的数据库、各种文本文件以及企业的 ERP 应用源等。数据剖析不仅有助于了解异常和评估数据质量，也能够发现、注册和评估企业的元数据[11]。

在一个项目开始的早期阶段执行数据剖析可以带来以下的优势[12]：

(1) 找出现有数据是否可以很容易地用于其他用途。

(2) 通过关键字、描述或将其赋值给一个类别来提高搜索数据的能力。

(3) 给出数据质量的度量标准，包括数据是否符合特定的标准或模式。

(4) 评估涉及新应用的数据集成的风险，包括加入的挑战。

(5) 发现源数据库中的元数据，包括值的模式和分布，候选关键字，候选外键值和函数依赖。

(6) 评估已知元数据是否准确地描述了源数据库中的实际值。

(7) 在任何数据密集型项目中理解数据的早期挑战，以避免在项目后期带来的影响。如果在项目后期才发现数据问题将会导致时间延误和成本超支。

(8) 产生一个所有数据的企业视图，不仅对于主数据管理是必要的，对于改善数据质量的数据治理也是非常重要的。

4.2.1 数据剖析的方法

传统的数据剖析应用于数据库中的表或者文件，尤其是关系型数据库中的表。每张表在使用之前可能需要完成数据分析，一方面是为了让优化器可以选择合适的执行计划，另一方面对于一些查询可以直接使用分析得到的统计信息返回结果，如 count(age)。这个操作其实就是一个简单的数据剖析。在单一数据库执行的剖析任务称为单源数据剖析。单源数据剖析就是一个对报表各方面信息进行一个收集统计信息的过程，然后根据收集到的信息对报表的数据情况做出判定，找到问题点从而更好地保证数据质量。

在大数据时代，随着多个行业和互联网企业的数据开放，企业和研究机构在进行数据分析时，不再局限于使用自己所拥有的数据，而是将目光转向自己不能拥有或者无法产生的数据源，进而出现数据集成或者信息系统集成的需求。传统的数据剖析主要是针对关系型数据库中的表，而新的数据剖析将会面对非关系型的数据、非结构化的数据以及异构数据的挑战。在这种情况下，产生了多源数据剖析。多源数据剖析是对来自相同领域或者不同领域数据源进行集成或者融合时的统计信息收集。

单源数据的统计信息除了基本的记录条数、最大值、最小值、最大长度、最小长度、唯一值个数、NULL 值个数、平均数和中位数、针对字段的枚举和分布频率外，还包括相关性分析、主键相关分析和血缘分析等[13]。多源数据的统计信息则包括主题发现、主题聚类、模式匹配、重复值检测和记录链接等[10]。相关数据剖析任务分类见图 4－7 所示。

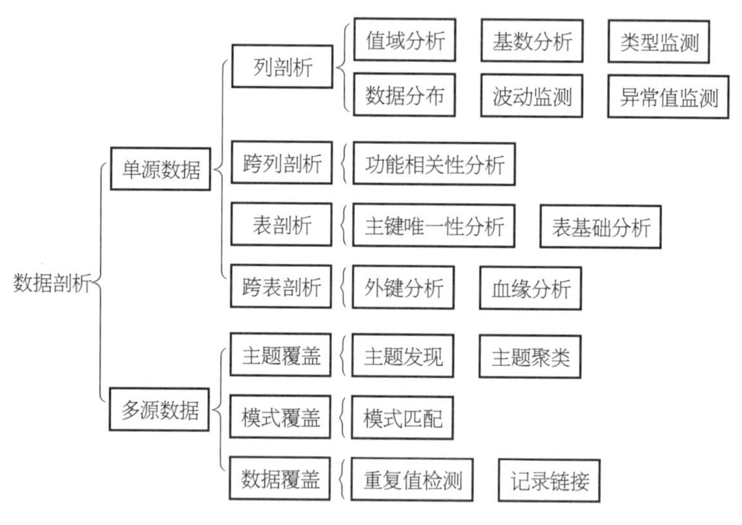

图 4－7 数据剖析任务分类

下面对这些剖析任务分别进行详细介绍：

1）值域分析

值域分析对于表中的大多数字段都适合。可以分析字段的值是否满足指定域值，如果字段的数据类型为数值型，还可以分析字段值的统计量，例如：最大值、最小值、中位数、均值、方差等。通过值域分析，发现数据是否存在取值错误、最大、最小值越界，取值为 NULL 值等异常情况。

2）基数分析

基数分析更适合于维度类指标，用来统计字段中不同值的个数。这种方法适用于度量类指标数据比较集中，基数下记录个数过大或过小等情况。

3）类型监测

类型监测可以分析字段真实值是否符合定义的数据类型。

4）数据分布

数据分布用来分析各个维度值在总体数据中的分布情况，如频数、频率、频数分布，或者数据的整体分布情况，如数据满足二项分布、泊松分布、均匀分布等。数据分布不符合预期，度量类指标数据过分集中，发现有 NULL 值过多等问题都可以利用这种方式探查出来。

5）波动监测

波动监测分析检测值在一定周期内的数值波动是否在指定阀值内（如日环比，周同比），这种方法更多地用于线上数据监控中，可以分析检测值在一定周期内的数值波动是否在指定阀值内，如出现大幅波动则需要关注。

6）异常值监测

异常值监测分析字段中是否包含异常数据，例如空、“NULL”以及其他一些约定异常值的数据的数量。

7）功能相关性分析

功能相关性分析用来判断字段或字段之间是否满足指定的业务规则，为了完成这项分析，需要理解本表内字段间的业务逻辑关系，如发货时间大于订单生成时间。

8）主键唯一性分析

分析表数据中主键是否唯一，这个非常重要，如果主键不唯一会给下游表的计算带来无穷的困扰，这项操作一般可以由数据库管理系统本身来执行。

9）表基础分析

表基础分析需要分析表的统计量，如分区、行数、大小等。如果有对照表，可以参考对照表进行，如无对照表则靠经验值进行分析，判断此表的业务对于表的基础统计量是否符合预期。

10）外键分析

外键分析可以判断两张表之间的参照完整性约束条件是否得到满足，即参照表中外键的取值是否都来源于被参照表中的主键或者是 NULL 值。如果参照表中的外键没有在被参照表中找到对应，或者外键为异常值等情况都属于质量问题。

11）血缘分析

分析表和字段从数据源到当前表的血缘路径，以及血缘字段之间存在的关系是否满足，关注的数据的一致性以及表设计的合理性。

12）主题覆盖

主题覆盖包括主题发现和主题聚类。当集成多个异构数据集时，如果它们来自开放数据源或者是网络上获取的表，并且主题边界不清晰，那么就需要识别这些来源所涵盖的主题或者域,这一过程就称为主题发现。根据主题发现的结果,将主题相似的数据集聚集为一个分组或者一类数据集,则这个处理过程可称为主题聚类。

13) 模式覆盖

模式覆盖主要是指模式匹配。在信息系统集成过程中,最重要的工作是发现多个数据库之间是否存在模式的相似性。模式匹配是以两个待匹配的数据库为输入,以模式中的各种信息为基础,通过匹配算法,最终输出模式之间元素在关系数据库中对应的属性映射关系的操作[14]。

14) 数据覆盖

当完成模式覆盖后,下一步工作就是确定数据覆盖。所谓数据覆盖是指现实世界的一个对象在两个数据库中使用不同的名称表示,或者使用单一的数据库但又在多个时间内表示。数据覆盖可能产生同一个实体具有多个不同的名字、多个属性值重复等质量问题,需要通过重复值检测或者记录链接等方式进行消除[15]。

4.2.2 数据剖析实例

许多开发数据仓库产品、数据挖掘和数据集成的公司都提供独立的数据剖析工具或者模块,如:IBM SPSS Modeler 中的数据剖析模块、Oracle Warehouse Builder 中的 Data Profile Editor,以及 Informatica Data Quality 中的 Profile Manager。下面通过一个实例介绍 IBM SPSS Modeler 的数据剖析工具的使用过程。

IBM SPSS Modeler 原名 Clementine,在 2009 年被 IBM 收购后对产品的性能和功能进行了大幅度的改进和提升。它是一个业界领先的数据挖掘平台,其数据挖掘功能将复杂的统计方法和机器学习技术结合到一起。IBM SPSS Modeler 拥有直观的操作界面、自动化的数据准备和成熟的预测分析模型,结合商业技术可以快速建立预测性模型,进而应用到商业活动中,帮助人们改进决策过程。

在执行数据挖掘操作时,如果输入的数据没有经过科学的预处理,那得到的结果必将是错误的。通过数据剖析,我们可以理解数据的特性和不足,进而对数据进行预处理,使得将来得到的模型更加稳定和精确。其次通过理解数据项之间的关系,我们可以为建模时输入数据项和模型的选择提供重要的信息。Modeler 提供的数据剖析功能主要包括"缺失值分析"、"异常值分析"和"数据项关系理解"[16],本文重点介绍前面两项的分析过程。

"缺失值分析"可以采用 Modeler 软件中的"数据审核"节点来实现。首先,将待审核的数据加载到 Modeler 的工作区,如图 4-8 所示。该图展示了一家超市的会员信息表,这张包含的信息有编号、会员姓名、年龄、学历、电话、性别和婚姻状况。从图 4-8 中可以发现,有一些值是缺失的,例如:会员李明的年龄和性别都没有填写。接着,利用"数据审核"节点来分析会员信息缺失的情况,可以得到如图 4-9 所示的数据结果审核图。

文件(F) 编辑(E) 生成(G)

表格 注解

	编号	姓名	年龄	学历	电话	性别	月收入	婚姻
1	1	王强	23	本科	88202223	男	3000	是
2	2	李明		本科	88232393		4000	是
3	3	张丽	45	本科	88928292	女	3900	否
4	4	金亮	29	硕士	88092820	男	8900	是
5	5	余芳	32	博士		女	8300	否
6	6	王刚	28	硕士	88202223	男	7200	是
7	7	李清	45	本科	88232393	女	3500	是
8	8	张雨	30		88928292	女	2200	否
9	9	金许	29	硕士	88092809	女		是
10	10	李琴	26	硕士	88293993	女	6500	是

图 4-8 待审核质量的数据预览图

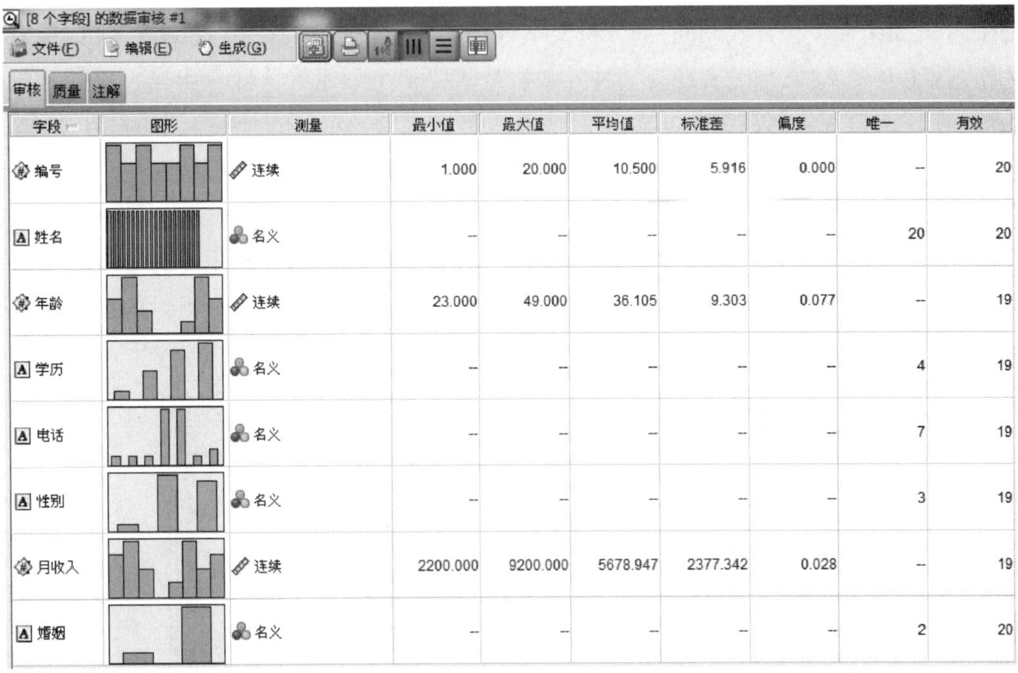

[8 个字段] 的数据审核 #1

文件(F) 编辑(E) 生成(G)

审核 质量 注解

字段	图形	测量	最小值	最大值	平均值	标准差	偏度	唯一	有效
编号		连续	1.000	20.000	10.500	5.916	0.000	--	20
姓名		名义	--	--	--	--	--	20	20
年龄		连续	23.000	49.000	36.105	9.303	0.077	--	19
学历		名义	--	--	--	--	--	4	19
电话		名义	--	--	--	--	--	7	19
性别		名义	--	--	--	--	--	3	19
月收入		连续	2200.000	9200.000	5678.947	2377.342	0.028	--	19
婚姻		名义	--	--	--	--	--	2	20

图 4-9 数据审核结果图

从图 4-9 中可以看到会员数据的分布图形,数据类型和统计值等。请注意观察最后一列有效数据,我们发现年龄,性别,学历,月收入的有效值都不是 20,这说明“数据审核”节点已经成功地识别出这些列的缺失值。下面,选择“数据审核”节点的质量页,得到如图 4-10 所示的质量结果图。

从图 4-10 中可以看出完整字段为 37.5%,完整记录为 80%。根据质量结果可以决定如何处理缺失值,如果完整字段所占比例很高,那么一般应该过滤掉包含缺失值的字段然后进行建模。另一种情况,如果完整记录所占比例较高,那么应该删除那些含有缺失值的记录然后进行建模。

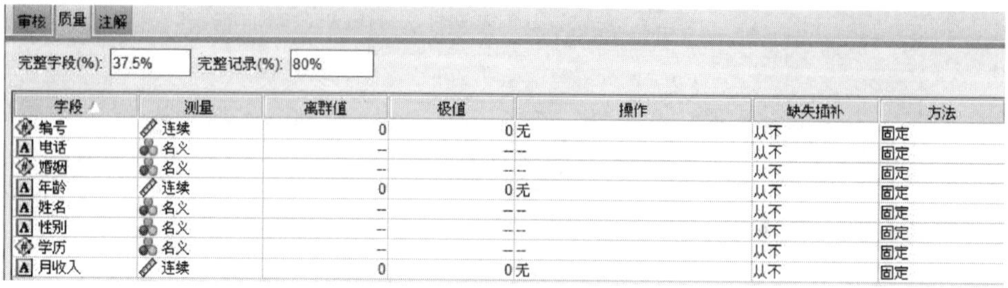

审核 质量 注解

完整字段(%): 37.5% 完整记录(%): 80%

字段	测量	离群值	极值	操作	缺失插补	方法
编号	连续	0	0	无	从不	固定
电话	名义	--	--	--	从不	固定
婚姻	名义	--	--	--	从不	固定
年龄	连续	0	0	无	从不	固定
姓名	名义	--	--	--	从不	固定
性别	名义	--	--	--	从不	固定
学历	名义	--	--	--	从不	固定
月收入	连续	0	0	无	从不	固定

图 4-10 数据质量结果图

异常值是指数据文件中那些和其他值相比有明显不同的值，可以通过观察数据分布来确定它们。在具体考虑异常值时，我们需要注意异常值的类型。对于数值型数据（Modeler 中称为连续型数据），运行数据审核节点，在质量页面就可以查看离群值和极值，通过这种方式就可以发现异常值。对于文本型数据（Modeler 中称为名义数据）中的异常值发现则比较困难，需要结合多种方式判断，如分析文本数据的取值是否属于给定的列表范围，或者该数据来源于其他文件。此外，还有一种异常值是需要多个列组合才能看出来。比如某顾客每个月在超市消费额都在 1 000 以上，但是他的会员信息显示他的月收入为 1 000 元，这条记录就可以被识别为异常值。同样，Modeler 也提供了相应的功能来帮助我们识别这样的联合分布的异常值。

图 4-11 显示了需要分析异常值的一组记录，该组记录表示不同用户的月收入和月消费的情况。直接查看这个文件是很难发现异常值的，因此采用 Modeler 提供的图形节点来绘制散点图，如图 4-12 所示。

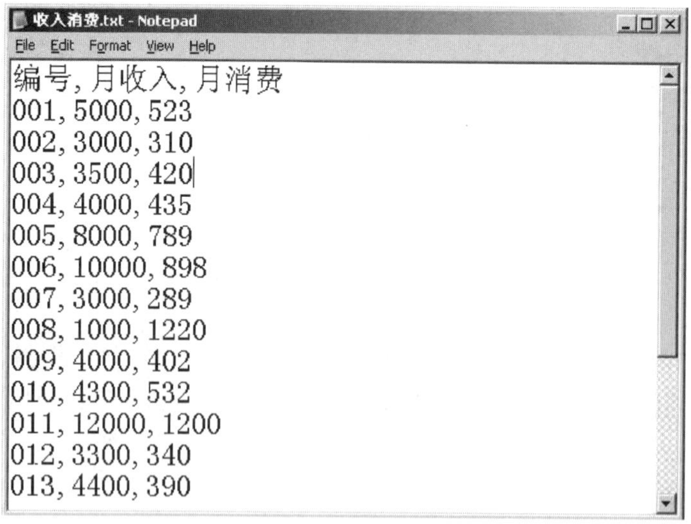

收入消费.txt - Notepad

File Edit Format View Help

```
编号,月收入,月消费
001,5000,523
002,3000,310
003,3500,420
004,4000,435
005,8000,789
006,10000,898
007,3000,289
008,1000,1220
009,4000,402
010,4300,532
011,12000,1200
012,3300,340
013,4400,390
```

图 4-11 待分析的用户收入消费记录

从图 4-12 中可以发现，左上角存在的一个异常值，该点表示编号为 008 的用户，其月收入为 1 000 元，但月消费为 1 220 元，数据有误。

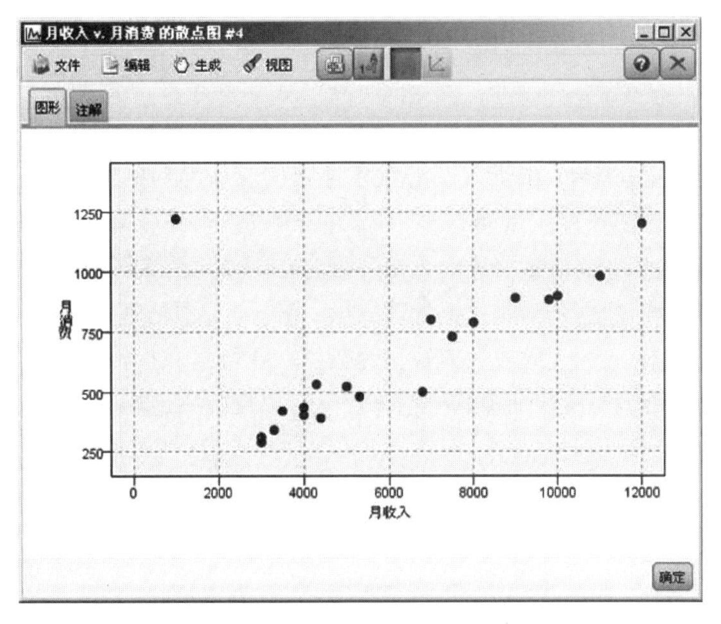

图 4－12　月收入与月消费的散点图

4.3　数据清洁

随着信息技术的快速发展，各个领域在每时每刻都以惊人的速度产生出各种各样的海量的数据，人类也在工作生活的方方面面接触到越来越多的数据和信息。然而，人类对信息理解的匮乏与数据爆炸的趋势显得并不对称，人类在努力将数据转化为有用的信息和知识的同时，也面临着大数据之中夹杂的“脏数据”的挑战，对原始数据源的清洁，将其转化为可被理解利用的目标数据源，成为人类理解数据过程中尤为重要的一步。

4.3.1　数据清洁概述

数据清洁(data cleaning / data scrubbing)，也称为数据净化，是指检测数据集合中存在的不符合规范的数据，并进行数据修复，提高数据质量的过程[17]。数据的清洁一般是自动完成，只有在少数情况下需要人工参与完成。

数据清洁可分为“特定领域(domain-specific)数据清洁”和“领域无关(domain-independent)数据清洁”两类[18]。“特定领域数据清洁”需要用到相关领域知识，并要求参与清洁过程的人员掌握相关领域知识；“领域无关数据清洁”面向普通数据库用户，适用于不同的业务领域，更方便与传统的 DBMS 相整合。

数据清洁在数据仓库、数据质量和数据挖掘等领域有着广泛的应用[19-20]。数据仓库是一种有效的数据组织方式，高质量的数据，即必须保证数据仓库中的数据的准确性、一致性、完整性、时效性、可靠性和可解释性，才能使OLAP分析或挖掘的结果具有较高的精确性和可信度。但数据仓库中，由于需要汇集各种同构或者异构的数据源进行数据集成，而这些多源数据往往存在各种质量问题，如：属性依赖冲突、拼写错误、空白数据、噪声数据等。因此，需要定义统一的数据格式对数据进行合并、重组、消除等操作。

在数据挖掘领域，数据清洁是数据处理的第一步，属于预处理环节，检测异常数据。这里的异常数据是指不一致、无效或数值缺失的数据。在经过数据清洁后，提高数据质量，从而对数据挖掘准确性的影响。而数据挖掘算法又可以反过来应用于数据清洁中，提高清洁准确性。

严格来说，在数据质量领域并没有直接定义清洁过程，不过，可以将数据清洁过程定义为一个评价数据正确性并改善其质量的过程[21]。

4.3.2 "脏"数据的来源

脏数据的类型有许多种类而且每种脏数据出现的原因也不一样，本书将脏数据分为单数据源模式层问题、单数据源实例层问题、多数据源模式层问题和多数据源实例层问题四种类型[22-23]，表4-2列出了"脏数据"类型、实例与出现原因。

如表4-2所示，"脏数据"的类型有很多种，在实例层来说，单数据源的"脏数据"就是不完整数据、不正确数据、不可理解数据、过时数据、数据重复等，单数据源的数据清洁需要在属性上对数据进行检测与处理。多数据源的"脏数据"更为复杂，主要指大量的重复数据、数据冲突，多数据源的数据清洁重点是对重复数据的检测与处理、解决数据冗余和数据冲突问题。

表4-2 "脏数据"类型、实例与出现原因元数据分类

类别	脏数据层次	类 型	实 例	出 现 原 因
单源脏数据	模式层	缺少完整性约束	2015-4-31	不在约束范围内
		唯一性冲突	Sno=95001,Sname="刘江" Sno=95001,Sname="杨华"	两个不同记录的主键重复
		参照完整性冲突	Dept_id=30, Max(Dept_id)=28	超出设定的值范围，没有相应的对象数据
	实例层	拼写错误	School_name="复当大学"(应为复旦大学)	数据输入错误、数据传输过程中发生的错误

(续表)

类别	脏数据层次	类　型	实　　例	出现原因
单源脏数据	实例层	重复/冗余记录	记录 1：School_name="复旦大学" 记录 2：School _ name = " Fudan University"	现实中的同一个实体在数据集合中用多条不完全相同的记录来表示，由于它们在格式、拼写上的差异，导致数据库管理系统不能正确识别；或者模式未做规范化处理
		空值	籍贯=null	字段空值设计不合理，或者用户不愿意填写
		数据失效	店铺名称="开心果园"，地址="衡山路 126 号"	店铺搬迁，原有数据经过一段时间后变成无效数据
		噪声数据	Speed= 180（市区某辆出租车的车速）	由于采集设备异常，造成接收的数据取值不合理
多源脏数据	模式层	命名冲突	数据来源 1：School_name="复旦大学" 数据来源 2：School_name="FDU"	同一实体在不同的来源中存在不同的名称
		结构冲突	数据来源 1：Sno="13110240010" 数据来源 2：Sno=13110240010	属性类型不一致、一个代码有不一致的含义、相同的意义不同的代码，格式不同
	实例层	时间不一致	数据源 1：销售总量：1 500(季度) 数据源 2：销售总量：20 000(年度)	不同时间层次上的数据在同一层次进行比较与计算
		粒度不一致	数据源 1：销售总量：2 500(市级) 数据源 2：销售总量：15 000(省级)	不同层次上的数据在同一层次进行比较与计算
		数据重复	数据源 1：销售总量：2 500(上海市) 数据源 2：销售总量：2 500(上海市)	相同的数据在合并后的数据库中出现两次及以上

4.3.3 数据清洁的原理与框架

数据清洁的原理就是通过分析脏数据的产生原因及存在形式，对数据流的过程进行考察、分析，并总结出一些方法（数理统计、数据挖掘或预定义规则等方法），将脏数据转化成满足数据质量要求的数据。

1）数据清洁方法

为了提高数据质量，按照表 4－2 中所示的“脏数据”类型，数据清洁方法可以划分为基于模式层和基于实例层的方法，下面详细介绍这两种方法的具体实现。

(1) 模式层脏数据的清洁方法。模式层脏数据产生原因主要包括数据结构设计不合理和属性约束不够两方面，因而，针对两方面问题提出了避免冲突的清洁方法以及属性约束的清洁方法。

① 属性约束的清洁方法。在关系数据库中，由于属性约束设置不合理而产生的脏数据类型有：缺少完整性约束、唯一性冲突和参照完整性冲突等。针对这类问题的清洁方法有人工干预法和函数依赖法[24]。人工干预法能解决类型冲突、关键字冲突等问题，而函数依赖法主要针对依赖冲突等问题而提出，通过属性间的函数依赖关系，查找违反函数依赖的值等实现脏数据的清洁。

② 避免冲突的清洁方法。在数据仓库中，由于存在多个数据来源，容易产生命名冲突和结构冲突的问题。为解决此类问题，需要配合元数据一起使用。如果是模式冲突可以对数据进行重构，而语义冲突则可以建立元数据来解决。识别不同数据源间的等价实体，通常需要建立三个层次的等价实体关系表。包括：数据库级索引表、表级等价实体对照表和字段级等价实体对照表。

(2) 实例层脏数据的清洁方法。实例层的脏数据主要有：拼写错误、重复/冗余记录、空值、数据失效和噪声数据。每一种脏数据的清洁方法如下所示：

① 拼写错误的清洁方法。拼写错误可以通过拼写检查器来检错和纠错，这是一种基于字典搜索的拼写检查方法[25]。拼写检查器能够快速发现英文单词的错误，但是，对于中文单词的检错和纠错的效率却不太高；有时，还需要配合人工检查一起完成数据清洁。

② 空缺值的清洁方法。空缺值的清洁方法包括：忽略元组；人工填写空缺值；使用一个全局变量填充空缺值；使用属性的中心度量(均值、中位数等)；使用与给定数据集属同一类的所有样本的属性均值、中位数、最大值、最小值、从数等；使用最可能的值；或更为复杂的概率统计函数值填充空缺值。

③ 重复数据的清洁方法。要清洁重复数据，首先要检测出所有的重复值。检测方法主要分为：基于字段和基于记录的重复检测[26]。基于字段的重复检测算法主要包括编辑距离算法、树编辑距离算法、TISimilarity 相似匹配算法、Cosine 相似度函数算法等。其中，编辑距离算法是最常用的算法，易于实现。基于记录的重复检测算法主要包括排序邻居算法、优先队列算法、Canopy 聚类算法等。

④ 不一致数据的清洁方法。在数据迁移工具指定简单的转换规则，如：将字符串 gender 替换成 sex，完成清洁。数据清洁工具使用领域特有的知识(如，邮政地址)对数据作清洁。它们通常采用语法分析和模糊匹配技术完成对多数据源数据的清理。某些工具可以指明源的“相对清洁程度”。使用数据审计工具可以通过扫描数据发现规律和联系，辅助完成数据清洁。

⑤ 噪声数据的清洁方法。噪声数据清洁的常用方法有[27]：分箱(binning)法，即通过考察属性值的周围值来平滑属性的值。属性值被分布到一些等深或等宽的“箱”中，用箱中属性值的平均值、中值、从数、边缘值等来替换“箱”中的属性值；回归(regression)法，用一个函数拟合数据来光滑数据；计算机和人工检查相结合，计算机检测可疑数据，然后对它们进行人工判断；使用简单规则库检测和修正错误；使用不同属性间的约束检测和修正错误；使

用外部数据源检测和修正错误。

2）数据清洁框架

在数据清洁问题研究的过程中，人们总结并提出了一些数据清洁框架，用于企业和生产管理[28]。首先来看一个一般性的通用框架，如图 4－13 所示，然后再介绍一些有代表性的数据清洁框架。

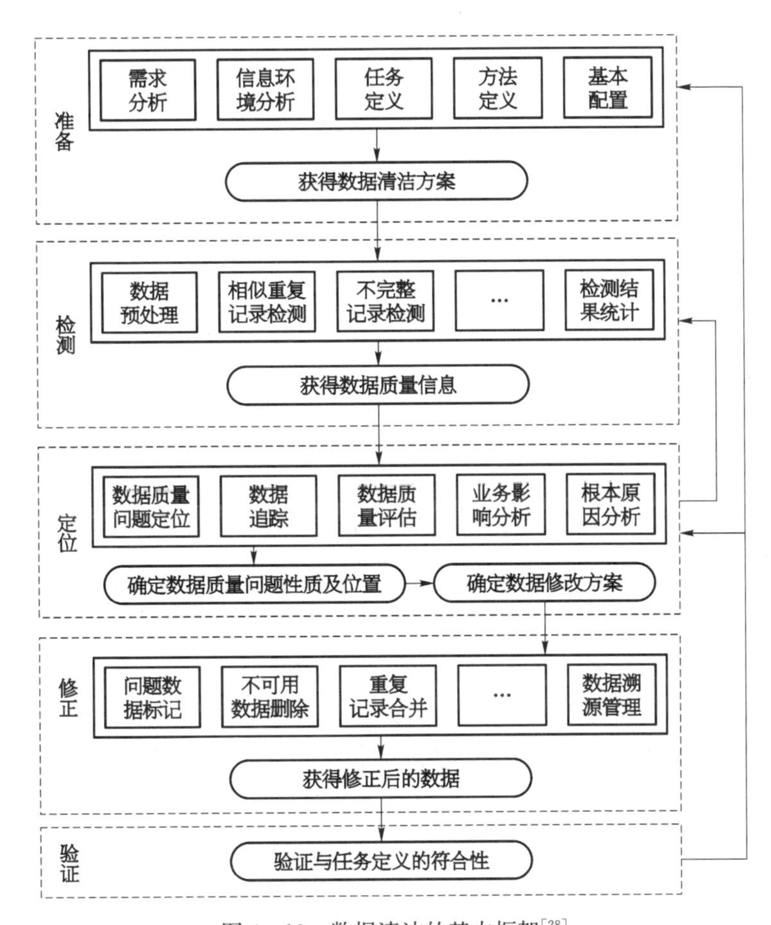

图 4－13　数据清洁的基本框架[28]

对图 4－13 中的一般性系统框架的五个部分进一步说明如下：

(1) 准备阶段。包括需求分析、信息环境分析、任务定义、方法定义、基本配置。需求分析主要是明确数据的清洁需求；信息环境分析可以明确数据所处的信息环境特点；任务定义用来设置具体的数据清洁任务目标；方法定义确定合适的数据清洁方法；基本配置完成数据接口等的配置；最后，形成完整的数据清洁方案。

(2) 检测阶段。对数据本身及数据之间关系进行检测，具体内容包括相似重复记录、不完整记录、逻辑错误、异常数据等检测，并且对检测结果进行统计，全面获得的数据质量信息，并将相关信息整理归档。

(3) 清洁阶段。根据数据清洁方案中确定的清洁方法，采用合适的清洁算法或者工具对脏数据进行清洁。具体包括模式层的清洁和实例层的清洁。

(4) 验证阶段。验证清洁后的数据是否符合任务定义。如果结果与任务目标不符合,则需要执行进一步的清洁任务,有时甚至要返回"准备"中调整相应的任务目标和清洁方案。

一些有代表性的数据清洁框架包括以下几类:

(1) AJAX框架[29]。AJAX是一个具备扩展性和灵活性的数据清洁框架,它可以分离逻辑层和物理层。用户在逻辑层设计数据处理流程,确定清洁过程需要执行的数据转化步骤;物理层实现这些数据转化操作,并对它们进行优化。该框架分别通过数据映射、匹配、聚集操作、数据合并以及数据视图显示五个过程进行数据清洁。利用AJAX框架可以从数据输入开始检测,直到数据输出检测结束,检测范围囊括了数据流的整个过程,主要应用在数据挖掘方面。

(2) Potter's Wheel系统[30]。Potter's Wheel是一种交互式的数据清洁系统,集成了数据转化和错误检测功能。它采用类似电子表格的界面向用户提供服务,用户所做的执行或者撤销转化操作可以马上显示在屏幕上。后台进程以增量方式检测转化后的数据中存在的问题,如果检测到,则及时反馈给用户。用户利用系统提供的基本的数据转化操作,无须书写复杂的程序就能够完成数据清洁任务,而且用户能够随时看到每一步转化操作后的结果,没有很长的延迟。因此,这个系统框架的交互性很好。

(3) ARKTOS框架[31]。ARKTOS是一个可以执行ETL过程的框架,适用于数据仓库的创建。这个框架指定了一个允许用建模来完成ETL过程的元模型。在这个过程中的单步(清洁操作)被称为活动。每一个活动都与输入和输出关系相连。所执行的活动由一个SQL语句来描述。每一个语句都与一个特定的错误类型和一个指定行为(在错误发生的行为)的策略相关联。ARKTOS框架所处理的数据错误包括:主键冲突、唯一性冲突和参照完整性冲突,空值错误、域不匹配和格式不匹配。

(4) Trillium框架[32]。它是由Harte Hanks Data Technologies的Trillium Software System部门创建的企业范围的数据清洁工具。主要处理常见数据包括名称、头衔、电话号码、身份证号码、自由文本等。它可接受多种方式格式化和编码的数据,具有可伸缩性,独立于平台并适合多种环境。基于该框架开发的数据清洁系统主要应用于专业的金融、保险等行业。

4.3.4 数据清洁工具

数据清洁工具可以划分为:特定功能的清洁工具、ETL工具以及其他工具三大类。

1) 特定功能的清洁工具

姓名和地址在很多数据库中是常见的信息,都有很大的数量。因此,在特殊领域的清洁中,它们是两个重要的清洁对象。特定的清洁工具提供拼写检查、转换姓名及地址信息到标准元素的功能,采用基于模糊和语音的拼写技术来检查和清洁姓名和地址,以便确认姓名、街道名称、城市和邮政编码。特殊领域的典型清洁工具主要有 Trillium software system、MatchMaker、Ltra Address Management 和 NADIS 等[33]。

2) ETL 工具

现有大量的工具支持数据仓库的 ETL 处理,如 COPY MANAGER、DATASTAGE、EXTRACT、WRMART 等。它们使用建立在 DBMS 上的知识库以统一的方式来管理所有关于数据源、目标模式、映射、教本程序等的原数据。模式和数据通过本地文件和 DBMS 网关、ODBC 等标准接口从操作型数据源收取数据。这些工具提供规则语言和预定义的转换函数库来指定映射步骤。

ETL 工具或多或少都提供了一些数据清洁功能,但是都缺乏扩展性。通常这些工具没有用数据分析来支持自动探测错误数据和数据不一致。然而,用户可以通过维护原始数据和运用集合函数(Sum、Count、Min、Max 等)决定内容的特征等办法来完成这些工作。这些工具提供的转换工具库包含了许多数据转换和清洁所需的函数,例如数据类转变,字符串函数,数学、科学和统计的函数等[34]。

3) 其他工具

其他与数据质量和数据清洁相关的工具,包括异常数据检测、数据剖析、格式转换、重复值识别和清洁等工具。

最后,在表 4-3 中列举各种常用的数据清洁工具及其功能描述。

表 4-3 常用的数据清洁工具及其功能描述

类别	工具名称	厂商/组织	作用	类型
特定功能清洁	Trillium software system	Trillium Software	姓名和地址清洁	商业
	MatchMaker	Info Tech Ltd	地址型数据错误问题清洁	商业
	Ltra Address Management	The Computing Group	姓名和地址清洁	商业
	NADIS	Group Software and Mastersoft International	姓名和地址清洁,拼写检查和语音功能	商业
ETL 工具	Fuzzy Grouping	Microsoft	识别相似和重复的记录,完成清洁	商业
	Data Manager	Data Manager Software	提供数据挖掘前的数据转换和清洁	商业
	Warehouse administrator	SAS	建立数据仓库的集成管理工具	商业
	Visual Warehousing	IBM	创建和维护数据仓库的集成工具	商业
	Warehouse Builder	Oracle	全方位管理数据和元数据的综合工具	商业

（续表）

类别	工具名称	厂商/组织	作用	类型
其他工具	OpenRefine	志愿者	完成杂乱数据的清洁、格式转换和匹配等功能	免费
	DataWrangler	Stanford University	提供数据清洁和格式转换，适用于电子表格等应用程序	免费
	WinPure	WinPure	提供数据清洁和数据匹配功能	商业
	Data Ladder	Data Ladder	提供数据匹配、剖析、重复值检查和清洁等功能	免费
	MiningMart platform	MiningMart platform	提供对数据库、数据仓库和知识库的访问，完成数据集成和知识管理	免费

4.3.5 大数据环境下的数据清洁

对企业来说，清洁脏数据一直是一个有挑战性的工作，尽管它已经被研究了几十年。然而，数据清洁却是困难的，因为会出现不同形式的数据错误，如拼写错误、重复、违反商业规则、过时的数据和缺失值。

在大数据环境下，清洁海量数据主要面临以下两个方面的挑战：

(1) 数据集的记录数非常巨大(假设数据集D中的记录数记为$|D|$，n为给定规则的元组数量)，而检测错误所花费的时间复杂度为$O(|D|^n)$，这么高的复杂性会导致大型数据集难以计算，限制了数据清洁系统的适用性。

(2) 除了规模问题，在分布式处理平台实施清洁规则时，要具备专业知识来理解质量规则，并且可以使用分布式平台来实现清洁，同时考虑性能和可扩展性的费用问题。

为了解决大数据清洁所面临的各种挑战，一些有效的数据清洁系统被开发出来。下面，介绍2个比较典型的数据清洁系统，它们分别是BigDansing系统[35]和基于语义的智能大数据清洁系统[36]。

1) BigDansing系统

BigDansing是一个具有高效、可扩展性和容易使用的大数据清洁系统。该系统可以运行在通用的数据处理平台上，包括DBMS和MapReduce框架。它提供了一个友好的编程界面，允许用户以声明方式和程序表达数据质量规则，无需底层分布式平台的感知。

BigDansing系统的架构图如图4-14所示。

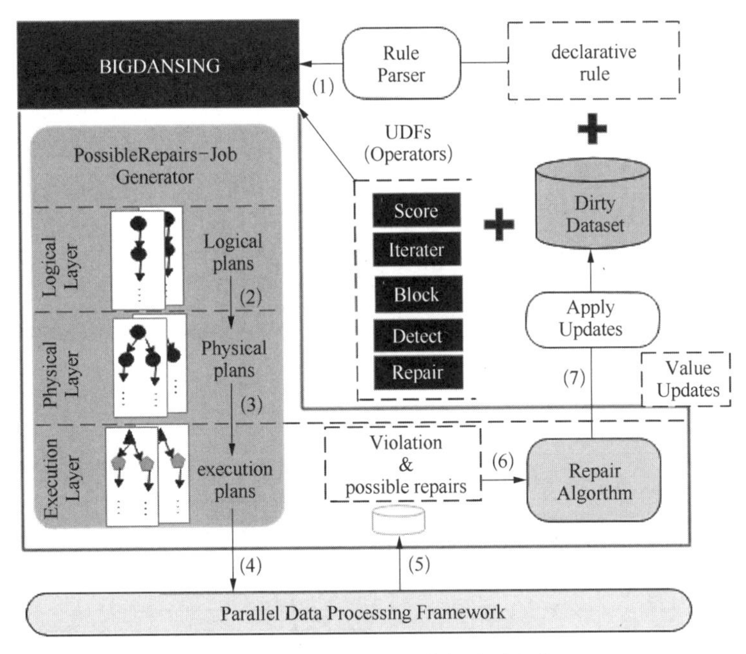

图 4 - 14　BigDansing 数据清洁框架

在图 4 - 14 中，BigDansing 系统有两个核心的组件：规则引擎和清洁算法。规则引擎的功能是接收 UDF 方式或者声明方式的质量规则，并将它们转换为并行处理框架的 job。规则引擎划分为 3 层：逻辑层、物理层和运行层，这一架构的设计使得 BigDansing 系统能够支持大量的数据质量规则，在清洁数据集时通过执行一些物理优化来完成高效地归档，并有效处理大数据。与 DBMS 不同之处在于，由于规则引擎也有一个执行的抽象，从而让 BigDansing 系统可以运行在类似 MapReduce 框架以及 DBMS 系统之上。

规则引擎的逻辑层提供了五种逻辑操作来表示质量规则，它们分别是 Scope、Block、Iterate、Detect 和 GenFix。Scope 操作定义规则的相关数据；Block 操作定义了一组异常情况可能出现的数据单元；Iterate 操作列举可能的异常数据；Detect 操作确定一个候选异常情况是否确实违反了质量规则；GenFix 操作对每一个异常情况生成一组可能的修复方法。

规则引擎的物理层可以接收一个逻辑层的计划，并将其转换为一个优化的物理层操作。在 DBMS 中，一个物理计划特指如何实现一个逻辑层计划。BigDansing 系统通过计划整合和数据访问优化这两个优化步骤来处理一个逻辑计划。

规则引擎的运行层用来确定一个物理计划如何在并行的数据处理框架下执行。它将一个物理层计划转换为一个执行计划，其包括一组与系统相关的操作，例如，Spark 或者 MapReduce 的 job。

一旦 BigDansing 系统收集到一组违反质量规则的异常情况和可能的修复方法，它就对输入的脏数据执行清洁操作。从这点上看，清洁过程独立与一组规则和它们的语义，因为修复算法只考虑异常情况和修复方法。该系统提供两种方法以使修复算法能够运行在分布式环境下。在第一种方法中,BigDansing 系统支持使用并行方式来运行一个集中式的数据修复算法,也即将算法看作是一个黑盒。第二种方法则是为一些广泛使用的等价类算法设计了一个分布式的版本。

2）基于语义的智能大数据清洁系统

基于语义的大数据清洁系统(简称为 SPF)同时支持实时和非实时的大数据清洁。非实时的大数据清洁主要运行在 Map/Reduce 批处理工作流上,而实时的大数据清洁则运行于 Storm 流数据框架[37],主要用来清洁日志文件,Internet 数据和视频流。其系统架构如图 4-15 所示。

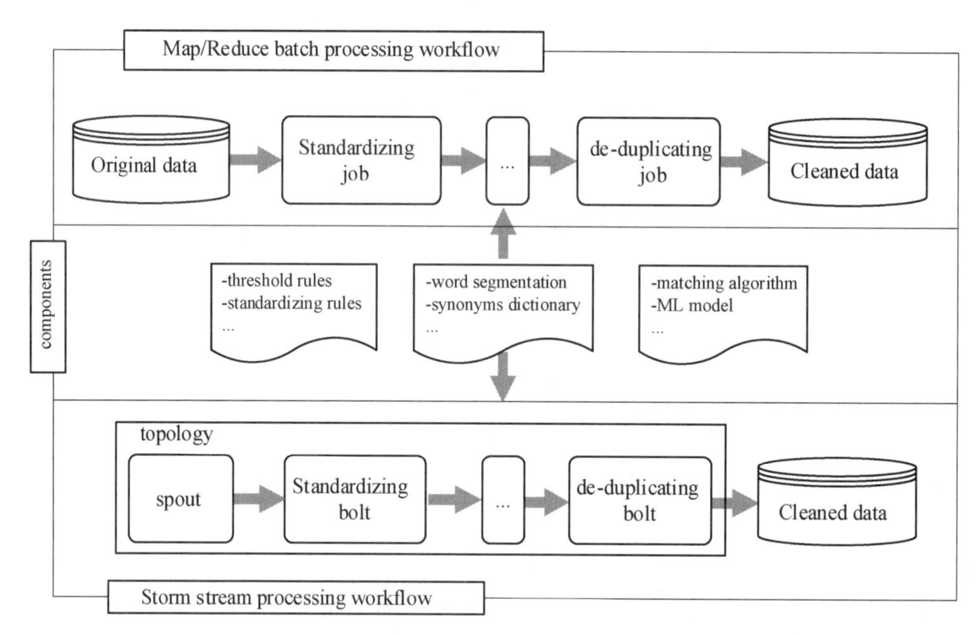

图 4-15 基于语义的大数据清洁框架

在 SPF 系统中,各种来源的非实时大数据存储在 HDFS 系统中,这样,Map/Reduce 数据清洁工作流可以访问 HDFS 获得原始的海量数据。对于实时应用,SPF 系统构建一个 Topology 连接到这些应用上,并使用 Spout 获取持续的原始流数据。

在 SPF 系统中,发现和清洁异常数据的规则采用 Drools 引擎进行管理,相关规则有阈值规则、标准化规则等。Drools 中的模式匹配和规则激活机制是由 Rete 算法实现的[38]。该系统能够检测到的数据异常情况包括错误数据、不一致性数据和重复数据。其中,为了提高数据重复值的检测结果,该系统使用了一个基于语义的关键字匹配算法。这一算法通过关键字提取、关键字语义相似性计算和关键字匹配三个步骤来完成重复值的清洁。

大数据的并行清洁是由一系列的 Map/Reduce 或者 Bolt 功能来执行的。在整个数据清洁过程中,数据变化的日志为所有的行动和引起这些行动的原因提供了一个审计追踪。最后,清洁后的海量数据存储在 HDFS 或者 Storm 框架中作为输出结果。

4.4 数据溯源

在大数据时代，人们可利用的数据源以及数据量呈现指数增长。大量数据可以通过传感器网络、社交网络、科学实验和机器识别系统生成或者获取，数据的完整性、一致性以及正确性无法得到保证。而许多科学应用和大规模数据管理应用通常需要收集和处理大量不同来源的数据，数据来源复杂，质量参差不齐，使得这些应用的数据和结果的可信度受到质疑[39]。因此，能有效识别和查询数据来源的溯源技术成为数据质量研究领域的一项重要技术，可以帮助用户理解数据和结果的可信度。

4.4.1 数据溯源的基本概念

溯源一词源自法语“provenir”，意思是出处、发源。原指有关历史对象的所有权、保管和位置的编年史[40]。最初，这一术语常用于描述艺术品、手稿或珍藏书等的历史或系谱；现在，它已经广泛应用在考古学、古生物学、档案、手稿、书籍和计算机等领域。

在计算机领域，溯源也称为世系（lineage）或者谱系（pedigree），用来描述数据的起源或者出处。不同的机构或者学者给出了多个数据溯源的定义，如下所示：

(1) 1991 年，Lanter 定义 GIS 中数据世系是有关产生这个数据项的原始素材和演化过程的信息[41]。

(2) 1997 年，Woodruff 等定义数据世系是有关数据处理历史的信息集合，包括数据起源（源数据的标识符、所属文件、文件的操作信息）和数据演化过程（运用的算法和相应参数）[42]。

(3) 2000 年，Cui 等定义数据世系是关于数据演化信息的集合[43]。

(4) 2001 年，Buneman 等限定在数据库应用中定义数据溯源是数据库中数据项的源数据和处理过程[44]。

(5) 2005 年，Simmhan 等定义数据溯源是用于确定输出数据的演化历史和源数据信息[45]。

(6) 2007 年，Glavic 等定义数据世系包括数据项的产生和具有当前的表现形式所经历的处理过程和源数据信息[46]。

(7) W3C 的定义为[47]：溯源是有关实体、活动和人们参与生产数据或事物的信息，可用于对其质量、可靠性或可信度进行评估。溯源声明是上下文相关的元数据的形式，按照自己的溯源，溯源声明可以成为自己的重要记录。

4.4.2 数据溯源的分类

数据溯源可以划分成两种类型，即粗粒度的工作流溯源(workflow provenance)和细粒度的数据溯源(data provenance)[48]。

工作流(workflow)技术发端于1970年代中期办公自动化领域的研究，1990年后，相关技术逐渐成熟起来，也使得工作流系统的开发与研究进入了一个新时期。工作流是对工作流程及其各操作步骤间业务规则的抽象、概括和描述。越来越多的科学家使用工作流系统设计和运行科学实验。工作流执行的结果数据集可能需要与报告或论文一起发布，以便为其他科学实验的输入提供重复使用。此时，数据的正确性需要被验证，要求科学家在发布数据的同时发布其溯源元数据，包括数据的演变历史、起源和所有权。这一过程就称为工作流溯源[49]。

典型的科学工作流溯源项目如：GridDB[50]、Chimera[51]和myGRID[52]等。注释和反向是目前两种主要的溯源方法。注释将一个数据的派生历史搜集起来作为元数据，与数据一起存放在数据库中，用于解释数据的来源。反向方法主要应用在逆向查询或者逆向函数，由结构数据溯源到其源数据。

细粒度的数据溯源指某个转换步骤结果中的片段数据(single pieces of data)是如何衍生的，它更加关注结果数据集的推导。举例来说，如果结果数据集是一个关系数据库，那么关系数据库中的元组溯源可能是来源中的一个元组或者数据元素。早期的数据溯源通常细分为Where和Why型溯源[53]。之后，在此基础上引入了How-provenance[54]。2010年出现了W7模型[55]，该模型是指数据溯源信息应该包括Who、When、Where、How、Which、What、Why七个部分。

数据溯源最传统的应用是指在数据库中的查询。在许多情况下，查询只是简单地从某个来源把数据元素复制到某个目标数据库，因此，Where型溯源只需要标识出目标数据库中的数据来自哪里。Why型溯源保留了Where型溯源的功能，此外，指明元素出现在输出结果中的原因。下面，本书通过一个简单的例子来说明两者的区别。

一个关系数据库中有两张表：Emp(ssn, name, dep_id)和Dept(id, dname)。Emp表示雇员的基本信息，Dept表示部门的基本信息。有如下一条SQL查询语句：

Select Emp. name, Dept. dname from Emp, Dept where Emp. dept_id=Dept. id

假设这条查询语句的执行结果为(Tom, Sales)，那么Tom的where型溯源就是指在表Emp中name为“Tom”的元组。Why型溯源不仅能表示查询结果(Tom, Sales)的where来源，还能说明生成该查询结果的原因，即在Emp表中满足查询条件(Emp. dept_id=Dept. id)的元组的name为“Tom”，而在Dept中满足同样条件的元组的dname为“Sales”。

4.4.3 数据溯源模型

目前，数据溯源模型主要有开放的数据溯源模型、Provenir 数据溯源模型、PV 模型、时间-值中心溯源模型、数据溯源安全模型[56]等，这些模型都建立在不同领域、不同行业。下面介绍这些模型的概念和特点。

1）开放的数据溯源模型 OPM

2006 年，在芝加哥召开了第一届 International Provenance and Annotation Workshop (IPAW) 会议，与会者对数据溯源的描述产生了一些共同的观念，并提出了一种原始的数据模型。之后，在盐湖城的一个工作组会议之后，Moreau 等[57]发布了开放溯源模型(Open Provenance Model，OPM)。这一模型基本形成了业界信息交换标准，只要定义一些具体的格式和协议就能应用到实际当中。

OPM 模型中有三个基本概念，即 Artifact、Process 和 Agent。Artifact 代表一个不可改变的状态，在一个物理对象中它可以有一个具体化的表示，也可以是计算机系统中的一个数字化表达。Process 表示由 Artifact 引起的一个或者一系列的动作。Agent 用以促进、控制和影响 Process 的执行。此外，Role 也是 OPM 中一个有用的注释，它表示 Artifact 所具有的角色。一个 Process 可能会产生多个 Artifact，这些 Artifact 就会拥有不同的 Role。

OPM 常常采用有向无环图来表示溯源图，Artifact、Process 和 Agent 表示为节点，它们之间的关联表示为边。绘制 OPM 溯源图时，一般使用椭圆表示 Artifact，矩形表示 Process，八角菱形表示 Agent[58]。图 4-16 列出了 OPM 各节点之间所有可能的关联。可以看出，同一类节点之间也会存在关联，如：某个 Artifact 可能会 wasDerivedFrom 另一个 Artifact，某个 Process 会 wasTriggeredBy 另外一个 Process。

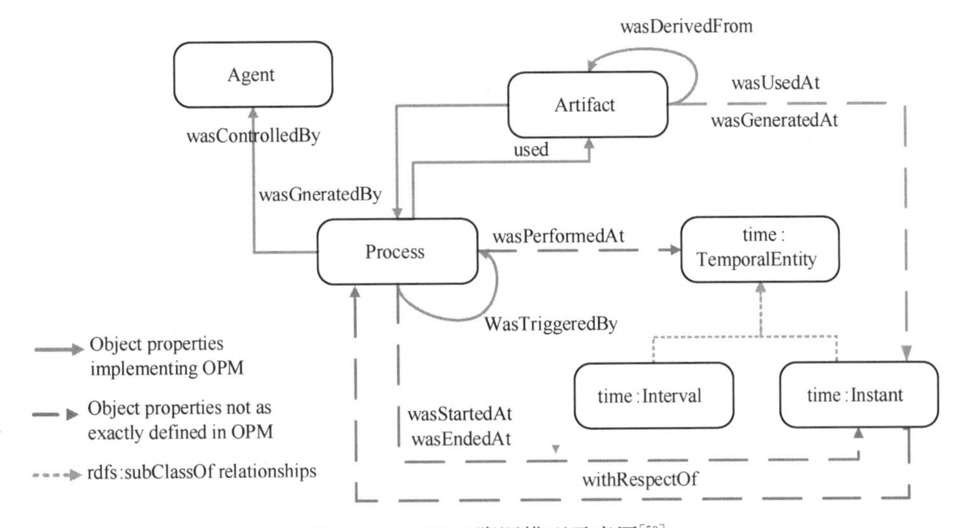

图 4-16 OPM 溯源模型示意图[59]

2）Provenir 数据溯源模型

2008 年，来自美国赖特大学的学者 Sahoo 等人在第二届 IPAW 会议上提出了 Provenir 模型，Provenir 来自法语，意思为“to come from”[60]。Provenir 数据溯源模型给出了 Provenir Ontology 的概念。Provenir Ontology 定义了三个主要的类作为模型的基本组件，它们是 Data、Process 和 Agent。Data 类代表科学实验中的原始材料、中间材料、最终产品以及影响科学流程执行的一些参数[61]。Process 和 Agent 的含义与 OPM 中的相似。不过 Provenir Ontology 强调了两个概念，即 Occurrent 和 Continuant。Occurrent 指那些随着时间变化而变化的偶然性的特性，Continuant 正好相反，是指那些不随时间变化而改变的持续性的特性。Provenir Ontology 认为，Process 是 Occurrent 的，Data 和 Agent 是 Continuant 的。图 4-17 显示了 Provenir Ontology 类的关系示意图。

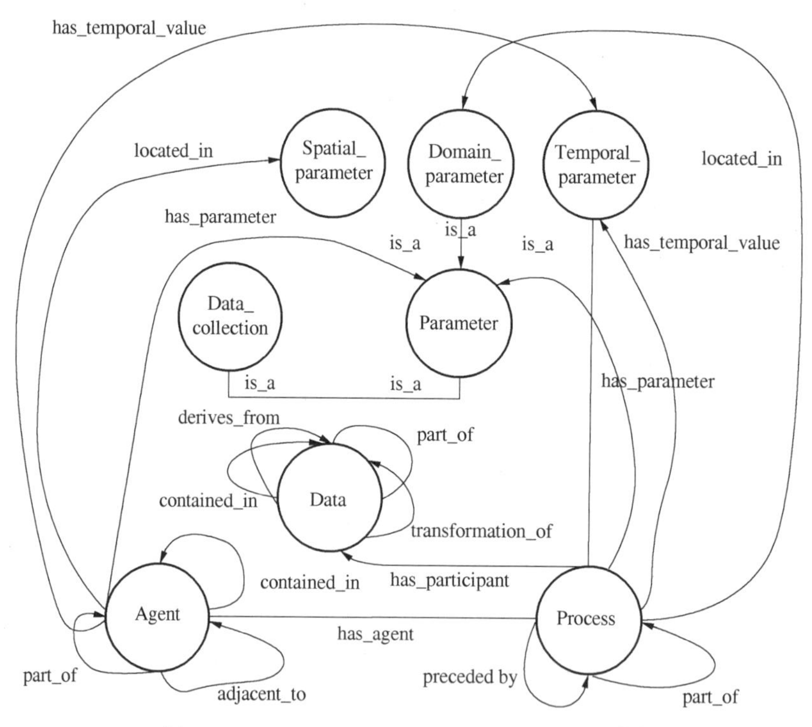

图 4-17　Provenir Ontology 类的关系示意图[61]

3）PV 模型

Hartig 等人提出了将具有质量概念的关联数据发布在网上，将溯源信息集成到关联数据中，并解释如何使用这些信息来确定过时的信息。Hartig 提出了一个词汇表 Provenance Vocabulary，基于这些词汇表发布者可以使用 RDF(资源描述框架)描述数据溯源。在获取溯源词汇表中的元数据后，数据集的溯源信息存储在一个称为 voID(vocabulary of interlinked datasets)描述的 RDF 文档中。voID 描述应该包括所描述数据集的一般的溯源信息[62]。

4）时间-值中心溯源模型

Bowers S 提出的 Time-Value Centric 模型又称时间-值中心溯源模型[63]，是一种简单有效的溯源模型。该模型主要适合于高容量特定需求以及连续的医疗流，可以根据数据中的时间戳和流 ID 号来推断医疗事件的序列和原始数据的痕迹。

5）数据溯源安全模型

数据溯源技术能够溯本追源，通过其起源链的记录信息来实现追源的目的，但是记录信息本身也是数据。因此，同样存在安全隐患，为了防止有人恶意篡改数据溯源中起源链的相关信息，李秀美等人在 2010 年研究了数据溯源的安全模型[64]。她们利用密钥树再生成的方法并引入时间戳参数，有效地防止某人恶意篡改溯源链中的溯源记录，对数据对象在生命周期内修改行为的记录按时间先后组成溯源链，用文档来记载数据的修改行为。当进行各种操作时，文档随着数据的演变而更新其内容，通过对文档添加一些无法修改的参数比如：时间戳、加密密钥、校验和等来限制操作权限，保护溯源链的安全。

4.4.4 数据溯源的方法

目前，数据溯源追踪的主要方法有标注法和反向查询法。此外，还有通用的数据追踪方法，双向指针追踪法，利用图论思想和专用查询语言追踪法，以及以位向量存储定位等方法[56]。

标注法是一种简单且有效的数据溯源方法，使用非常广泛。通过记录处理相关的信息来追溯数据的历史状态，即用标注的方式来记录原始数据的一些重要信息，如背景、作者、时间、出处等，并让标注和数据一起传播，通过查看目标数据的标注来获得数据的溯源。采用标注法来进行数据溯源虽然简单，但存储标注信息需要额外的存储空间。

反向查询法，有的文献也称逆置函数法，主要用于数据库追溯。其基本思想是：在一定的限制条件下，可以通过分析数据库操作语句得出任意粒度的逆查询语句，追溯数据起源，换而言之，只要设计好逆置机制就可以追踪。与标注法相比，它比较复杂，但需要的存储空间比标注法要小。

下面介绍标注法和反向查询法的具体内容[65]。

1）基于标注的数据溯源方法

标注是在原有数据之外引入的辅助数据，它可以记录数据的出处及详细的演化过程。标注随着数据本身一起传播，通过查看结果数据的标注或作简单的推导即可得到数据起源。这种方式是在事先得到并携带数据起源信息，因此，也被称为“Eager”方法。本书以 7W 模型为例，介绍它的标注方法，如图 4-18 所示。

7W 模型中包括：Why、Where、What、When、Who、Which 和 How 七个元数据。Why 和 Where 是两个最基础的元标识，分别表示结果中的元组为什么会出现在这里和这个值是从哪里来。What 描述影响数据发生的事件，包括创建、使用、存储和转换，甚至涉及数据的存档。When 记录事件发生的时间。Who 是这些事件涉及的人或组织。Which 描述这些事件中应用的工具或软件等。最后，How 记录引起这些事件发生的动作。

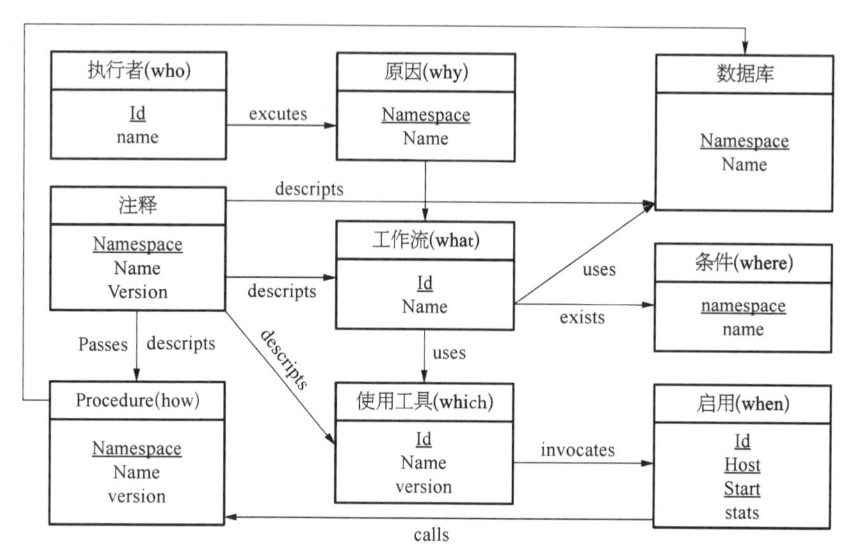

图 4-18 7W 模型的标注示意图

在图 4-12 中,每个事件看成是不同的工作流组成,工作流又是由不同的动作完成,每个工作流都处在一定的环境中(Where),作用在特定的数据集(Dataset)上。注释中对工作流、数据集和动作都分别加以说明,注释、动作、原因、数据集、条件等都有自己存在的空间,作为标注模式的一部分指向具体包含这些元素的位置(Namespace),图中每个元素具有下划线的属性是该元素的唯一标识符。具体实现这种标注模式的方法有时序图、构建起源图和 XML DTD(XML Schema)等。

2) 基于反向查询的数据溯源方法

反向查询的溯源方法是指通过对查询或演化过程进行分析,对查询求逆(构造一个逆查询),或者根据演化过程反向推导,从而计算得到数据起源的方法。这种方法是在需要查看数据起源信息时,才计算数据起源,因此,也被称为“Lazy”方法[66]。

但是这样的方法有一定的局限性,并不是所有的数据处理都可以采用查询反演方法。于是很多学者对于查询反演的方法提出了改进和扩展,例如:使用弱反函数代替精确反函数的思想,即弱反函数就是提供近似的功能,但是这样做的结果就是仅能返回部分或者带有误差的数据,因此,学者们又提出了利用单独的验证函数来判断返回的数据是否准确并加以修正。

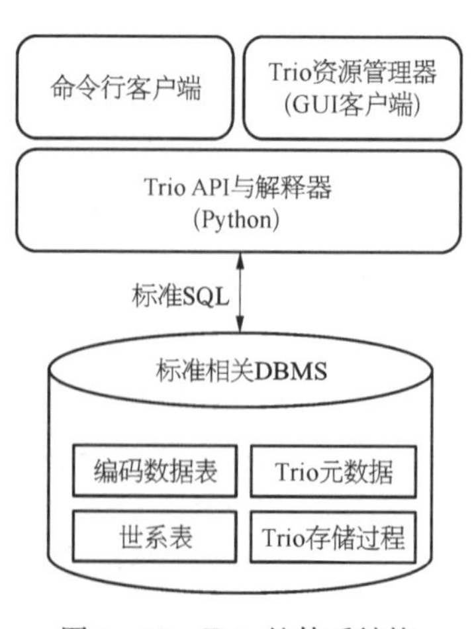

图 4-19 Trio 的体系结构

采用基于反向查询的数据溯源的典型系统有 Trio[67] 和 Panda[68] 等,其中 Trio 的基本系统架构如图 4-19 所示。Trio 和 Panda 系统都是由斯坦福大学研究的,Trio 旨在将传统的关系数据库管理系统加入数据溯源的管理,是一个集数据、不确定性和起源于一体的综合管理系统,其模型是基于扩展的关系模型 ULDBs,支持基于 SQL 的数据查询语言。Panda系统是一个通用的集数据起源获取、存储、操作和查询于一体的开源系统。

在图4-19中,Trio系统主要由三个部分组成:客户端、Trio API和解析器以及DBMS。客户端提供基于命令行的TriQL查询和基于GUI的Trio Explorer两种方式给用户使用。TriQL是专门针对这一系统开发的类似SQL的查询语言。Trio的核心系统采用Python语言实现并提供API接口以支持TriQL查询。此外,使用Trio API可以让用户访问许多DBMS。Trio系统中的DBMS是采用开源的PostgreSQL数据库实现的,也可将其方便地移植到其他的DBMS上。

4.4.5 数据溯源的应用

根据目标的不同,数据溯源管理应用可以划分成以下四类[69-70]:

(1) 数据质量。数据集合的质量问题是大型应用所关注的重要问题。高可靠性的查询结果往往依赖于高质量的输入数据。但是,仅凭独立的数据集合难以轻易判定其质量高低,必须结合溯源信息深入了解数据产生、演化的具体过程才能合理评估数据集合的质量。

(2) 数据核实。人机交互、多样化的数据演化过程对系统的可靠性造成很大影响。大多数系统加工、汇总或集成了外部数据源,甚至还需要不断的人机交互,支持溯源查询的系统能够让用户确切地了解数据演化过程中是否产生错误以及错误产生在哪一环节。

(3) 数据恢复。系统的可用性和可维护性是每个系统都需要考虑的问题。随着数据源的更新,系统也在不断的更新,数据溯源描述数据的演化过程而被保存下来,当系统中数据不可用时,可以根据数据源和溯源信息重构这些数据,保证顺畅的数据通信。

(4) 数据引用。数据引用信息增加了源数据、中间数据和结果数据的可读性。实际应用中最大限度的数据共享可以减少数据冗余、避免重复劳动,记录数据引用信息可以很好地保证数据的可读性。

4.4.6 大数据溯源

大数据溯源是一种服务于大数据的科学计算和工作流的溯源类型。在大数据时代,数据在体量、速度和变化上都与传统的数据有所不同,这给数据溯源的跟踪和使用带来了根本性的改变[71-72]。

1) 大数据溯源面临的挑战

要了解大数据对数据溯源所带来的影响和挑战,首先要理解大数据的生态系统。所谓大数据的生态系统是指大数据管理和分析中所用的平台和工具。处理大数据的平台最常用就是Hadoop和Spark框架,为了能有效追踪溯源信息,就需要构建一个溯源感知的大数据平台。其次，处理大数据的工作流或者其他平台往往需要对高容量和快速变化的数据执行分布式处理，如果还使用集中式的方法执行持续跟踪和集成会带来效率低下的问题。因此，大数据溯源需要在分布式环境中完成记录和检索。最后，对大数据集合的各种安全策略和质量评估给深度溯源追踪的收集带来了挑战，急需一个黑盒方法来实现数据溯源。

大数据溯源所面临的各种挑战可分为以下四个方面：

(1) 挑战一：来自大数据工作流的溯源数据巨大。许多科学项目采用 MapReduce 编程模型来处理海量数据，其中每个执行 MapReduce 的函数只处理一部分数据。用户所定义的 MapReduce 函数(UDF)的全部执行数量可以超过百万。为了得到一个科学工作流执行时的细粒度溯源，所记录的信息可以很容易地比处理的原始数据要大几倍。这些海量的溯源数据要么被有效地保存，要么减少其特定的功能。

(2) 挑战二：在工作流执行时溯源数据收集的开销太大。科学大数据应用中使用云计算资源作为执行环境已经成为一种趋势，不同应用的计算开销会随着时间发生变化。云计算资源的使用是需要成本的，时间越长，所产生的费用也越高。在记录溯源数据时，工作流的计算成本中总有一个执行的开销。这个开销的问题往往是因为它们的分布式性质而使得处理大数据的工作流变得更糟。这时，所面临的一个挑战就是如何最大限度地减少溯源收集的开销，进而降低云资源使用的费用。

(3) 挑战三：存储和集成分布式的溯源非常困难。运行在大数据系统上的 UDF 溯源常常被初始化地保存在分布式的、非永久性的节点上。所收集的信息要么作为正在执行的分析传递，要么在最后才拼接到一起。第一个选择会产生大量的通信开销，但对监视应用进展是有用的。第二个选择更为有效，但需要在释放计算节点之前执行一个额外的步骤来上传信息。在这两个选择中数据集中的拼接都需要额外的集成步骤。

(4) 挑战四：为大数据应用复制一个溯源执行时非常困难的。许多现有的溯源系统只记录在执行过程生成的中间数据和它们之间的依赖关系。执行环境信息对于溯源重现是非常重要的，但是往往被忽略掉。执行环境信息包括大数据引擎的硬件信息和参数配置。这些信息不仅对于执行性能至关重要，而且也可能会影响最终结果。

2）大数据溯源的最新技术

为了应对大数据溯源所面临的各种挑战，一些有效的溯源系统被开发出来。下面，介绍四个比较典型的大数据溯源系统，它们分别是 Kepler 分布式溯源系统、RAMP 溯源系统、Hadoopprov 溯源系统和 Pig Lipstick 系统。

(1) Kepler 分布式溯源框架。Kepler 分布式溯源框架[73]是用来处理大数据的框架，它不仅能在 MapReduce 任务中捕获溯源信息而且还能在非 MapReduce 任务中溯源信息。在 MySQL 集群中，这一框架以一种分布式的方法——Kepler DDP 架构来记录和查询溯源。同时，它也提供一个 API 来查询所收集的溯源信息。收集和查询溯源的可扩展性可以使用 WordCount 程序和生物信息学中的 BLAST 应用来评估。

Kepler分布式溯源框架包括三部分：Kepler GUI、Hadoop Mater节点和Hadoop Slaves节点，如图4-20所示。

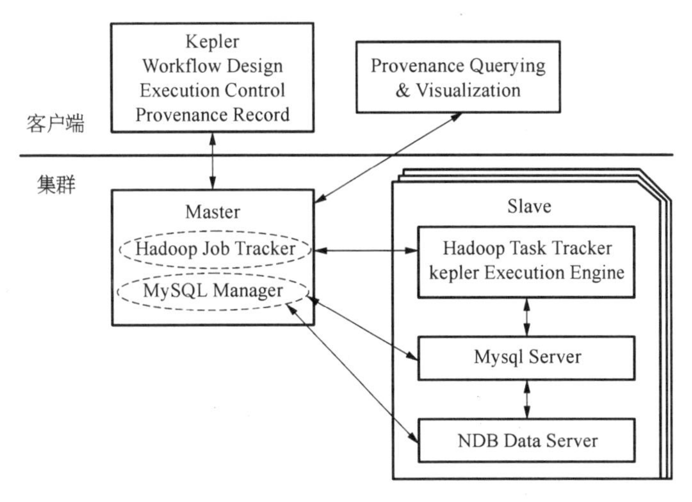

图4-20 Kepler分布式溯源框架

Kepler GUI可以划分为Kepler组件以及溯源查询和可视化组件。前者用于设计MapReduce工作流，开始和停止工作流的执行以及为运行在客户端的部分工作流记录溯源信息。后者使用Kepler查询API来检索所收集的溯源信息。MapReduce actor中的子工作流作为Map或Reduce任务执行在Hadoop任务跟踪器的集群上。这些子工作流的溯源存储在集群中的MySQL服务器上。

Master节点运行管理服务器，并由Hadoop Job跟踪器和MySQL管理器两部分组成。Hadoop Job跟踪器管理和监控运行在Slave节点上的任务跟踪器，MySQL管理器则监控运行在Slave节点上的MySQL服务器和NDB数据服务器。

Slave节点可以运行在一个集群或者云环境上。每个节点都包含：Hadoop任务跟踪器、MySQL服务器和NDB数据服务器。Hadoop任务跟踪器运行Map和Ruduce任务，这些任务轮流在Kepler执行引擎上运行Map和Ruduce子工作流任务。MySQL服务器处理来自Kepler执行引擎上溯源记录的SQL命令，并且读写数据到NDB数据服务器。NDB数据服务器为具有负载均衡的MySQL和带有容错功能的数据复制提供了一个分布式的存储引擎。

(2) RAMP框架。RAMP框架[74]扩展了Hadoop功能以支持溯源捕获和追踪MapReduce的工作流。RAMP系统主要由三个部分组成：一个通用的封装实现以捕获溯源，用于分配元素ID和存储溯源信息的插件策略，以及一个独立的程序以追踪溯源。

RAMP通过封装Hadoop API来获得细粒度溯源。这种自动的、基于封装的方法对Hadoop和用户来说是透明的。由于RAMP在输入和输出元素之间存储溯源作为映射关系，要求用来分配元素标识和存储溯源的策略，而插件策略正好能实现这一目标。当输入和输出数据集被存储为文件时，RAMP 使用(文件名，偏移)作为每个数据元素的默认唯一标识，所以不需要用户干预。同时，在存储溯源阶段，RAMP 系统的插件策略增强了一些时间和空间上的开销使得后向追踪更为有效。

(3) HadoopProv 框架。HadoopProv 框架[75]通过修改 Hadoop 的功能以实现在 MapReduce 任务中捕获和分析溯源，其目标是最小化溯源捕获的开销。它分别在 Map 和 Reduce 阶段追踪溯源信息，并在查询阶段通过加入 Map 和 Reduce 溯源文件的中间键来推迟溯源图的构建。HadoopProv 系统中的溯源捕获如图 4-21 所示。

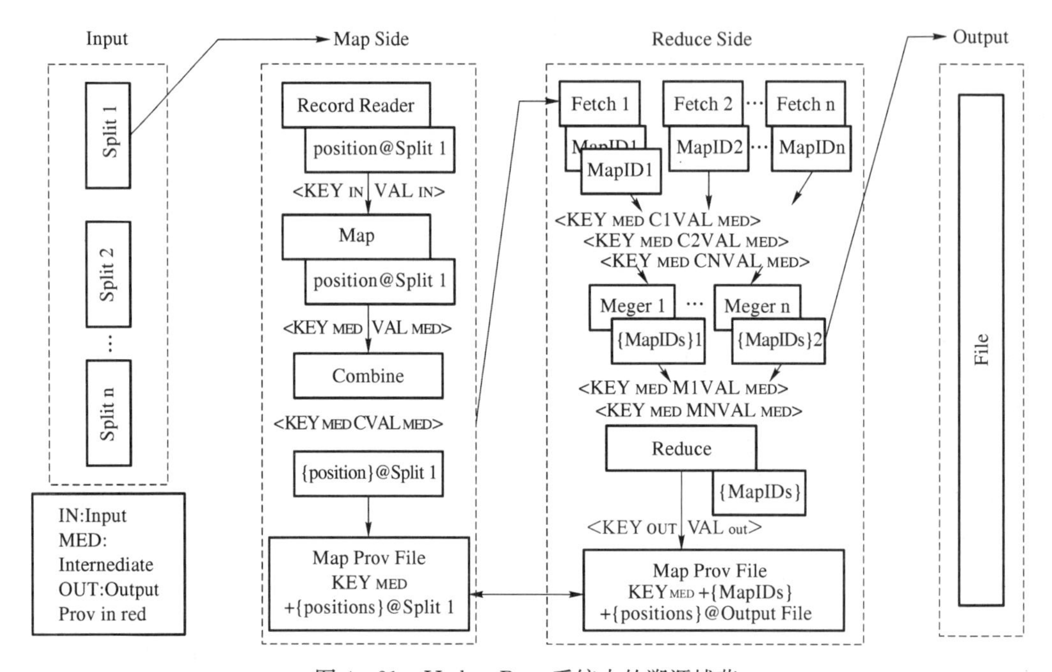

图 4-21　HadoopProv 系统中的溯源捕获

在图 4-21 中，每当执行一个 Job 的时候，Hadoop 会将输入数据划分成 N 个 Split，然后启动相应的 N 个 Map 程序来分别处理它们。为了完成溯源过程，在 Map 端，HadoopProv 会使用一系列指向记录起源的对象来注释每一个发出的记录。溯源信息存储在一个单独的溯源文件中，由(KEY_{MED}+ {Positions}@Split1)组成。针对一个 Map 任务，每个溯源对象存储输入记录的位置，输入记录与所发出的中间记录相关联。对于 Reduce 任务，每个溯源对象表示一组 Map 任务标识，这些标识对应于中间键再加上所影响的输出记录，如图中所示的：(KEY_{MED}+ {MapIDs} + {Positions}@ Output File)。溯源查询可以通过合并溯源文件来匹配中间键以便构建输入和输出记录之间的关联来实现。

最后，Pig Lipstick 提出了一个兼顾数据库风格和工作流风格的溯源框架[76]。这一框架采用 Pig Latin 语言来反映模块的功能，能够捕获内部状态和细粒度依赖。因此，它可以同时处理粗粒度溯源和细粒度溯源。Pig Lipstick 系统实现的关键因素是使用了一个新颖的溯源图,这个溯源图实现了模块调用模型化而且产生出一个细粒度工作流溯源的紧凑表示,产生了比 OPM 标准更为丰富的图模型表示。

◇参◇考◇文◇献◇

[1] INMON W H. Building Data Warehouse[M]. Second Edition. John Wiley, 1996.

[2] Lou Agosta. The Essential Guide to Data Warehousing[M]. Prentice-Hall, 2000.

[3] R. Kimball. The Data Warehouse Toolkit[M]. John Wiley&Sons, 1996.

[4] INMON W H. 数据仓库管理[M]. 王天佑等译. 北京:电子工业出版社,2000.

[5] 康晓东. 基于数据仓库的数据挖掘技术[M]. 北京:机械工业出版社,2004.

[6] 李志刚,马刚. 数据仓库与数据挖掘的原理及应用[M]. 北京:高等教育出版社,2007

[7] 池太崴. 数据仓库结构设计与实施——建造信息系统的金字塔[M]. 2 版. 北京:电子工业出版社,2009.

[8] 陈京民,等. 数据仓库与数据挖掘技术[M]. 北京:电子工业出版社,2003.

[9] JOHN P, DAN C. 公共仓库元模型开发指南[M]. 彭蓉译. 北京:机械工业出版社,2004.

[10] FELIX N. Data Profiling Revisited[J]. ACM SIGMOD RECORD,2014, 42(4): 40 - 49.

[11] RALPH K, MARGY R, WARREN T, et al. The Data Warehouse Lifecycle Toolkit[M]. Second Edition. Wiley Publishing, Inc. , 2008.

[12] RALPH K. Kimball Design Tip #59: Surprising Value of Data Profiling [EB/OL]. (2004 - 09 - 14) . [2015 - 11 - 12]. www. rkimball. com/html/designtipsPDF/ KimballDT59 SurprisingValue. pdf.

[13] 淘测试. 数据测试常用的 Data Profiling 方法[EB/OL]. [2015 - 07 - 08]. www. 51testing. com/html/15/n - 3117915. html.

[14] GUOHUI L, XIAOKUN D, FANGXIAO H. A schema matching method based on partial functional dependencies. Japan-china Joint Workshop on Frontier of Computer Science and Technology, 2008: 131 - 138.

[15] CHRISTEN P. Data Matching [M]. New York: Springer Verlag, 2012.

[16] 薛鹏. 使用 IBM SPSS Modeler 进行数据挖掘之数据理解[EB/OL]. (2012 - 09 - 13)[2015 - 10 - 03]. www. ibm. com/developerworks/cn/data/library/techarticle/dm-1209xuep/index. html.

[17] HEIKO M, JOHANNC F. Problems, Methods, and Challenges in Comprehensive Data Cleansing [D]. Humboldt-Universität, 2005.

[18] 蒋勋,刘喜文. 大数据环境下面向知识服务的数据清洗研究[J]. 图书与情报,2013,5: 16—21.

[19] GALHARDAS H, FLORESCU D, SHASHA D, etc. . AJAX: An extensible data cleaning tool [C]// Proc of the ACM SIGMOD on Management of data. Dallas, TX,USA, 2000.

[20] 刘喜文，郑昌兴，王文龙等. 构建数据仓库过程中的数据清洗研究[J]. 图书与情报，2013，5：22—28.

[21] VASSILIADIS P，VAGENA Z A，SKIADOPOULOS S，et al. ARKTOS：towards the modeling，design，control and execution of ETL processes [J]. Information Systems，2001，26：537 - 561.

[22] 郭志懋，周傲英. 数据质量和数据清洗研究综述[J]. 软件学报，2002，13(11)：2076—2082.

[23] 叶鸥，张璟，李军怀. 中文数据清洗研究综述[J]. 计算机工程与应用，2012，48(14)：121—128.

[24] 刘哲. ETL过程中的数据清洗技术研究与应用[D]. 沈阳：沈阳航空工业学院，2007.

[25] FAN W，GEERTS F. Foundations of Data Quality Management. Morgan & Claypool，2012.

[26] MONGE A，ELKAN C. The field matching problem：algorithms and applications[C]. //：proc of the 2nd International Conference of Knowledge Discovery and Data Mining. Portland，Oregon，1996.

[27] 王曰芬，章成志，张蓓蓓，等. 数据清洗研究综述[J]. 现代图书情报技术，2007，12：51—56.

[28] 曹建军，刁兴春，陈爽，等. 数据清洗及其一般性系统框架[J]. 计算机科学，2012，39(11A)：207—211.

[29] GALHARDAS H，FLORESCU D，SHASHA D，etc.. AJAX：An extensible data cleaning tool [C]// Proc of the ACM SIGMOD on Management of data. Dallas，2000.

[30] RAMAN V，HELLERSTEIN J. Potter's wheel：an interactive data cleaning system[C]//Proc of the 27th International Conference on Very Large Data Bases. Roma：Morgan Kaufmann，2001：381 - 390.

[31] VASSILIADIS P，VAGENAZ A，SKIADOPOULOS S，et al. ARKTOS：towards the modeling，design，control and execution of ETL processes [J]. Information Systems，2001，26，537 - 561.

[32] A Harte-Hanks Company. Trillium Software [EB/OL]. [2015 - 12 - 09]. http：//www.trilliumsoftware.com.

[33] 刘哲. ETL过程中的数据清洗技术研究与应用[D]. 沈阳：沈阳航空工业学院，2007.

[34] Jiawei Han，Micheline Kamber，Jian Pei. Data Mining Concepts and Techniques[M]. 第三版. 北京：机械工业出版社，2012：84，92—99，543—572.

[35] ZUHAIR K，IHAB F I，ALEKH J，et al. BigDansing：A System for Big Data Cleansing[C]// Proceedings of the 2015 ACM SIGMOD International Conference on Management of Data. Melbourne，Victoria，Australia，2015.

[36] WANG J，SONG Z J，LIQ. Semantic-Based Intelligent Data Clean Framework for Big Data[C]//proc of the 2014 IEEE International Conference on Security，Pattern Analysis，and Cybernetics. 2014.

[37] GUO Y. Storm and Hadoop compare && Strom advantage [EB/OL]. [2016 - 01 - 20]. http：//39382728.blog.163.com/blog/static/353600692013284160124/.

[38] FORGY C. Rete：A fast algorithm for the many patterns/many objects match problem[J]. Artificial Intelligence，1982，19(1)：17 - 37.

[39] CUI Y，WIDOM J，WIENER J L. Tracing the lineage of view data in a warehousing environment [J]. The ACM Transactions on Database Systems，2000，25(2)：179 - 227.

[40] Harvard University Art Museums，Provenance Research [EB/OL]. [2015 - 11 - 14]. http：//www.artmuseums.harvard.edu/provenance/.

[41] LANTER D P . Design of a lineage-based met a-database for GIS[J]. Cartography and Geographic Information Systems, 1991, 18: 255 - 261.

[42] WOODRUFF A, STONEBRAKER M. Supporting fine-grained data lineage in a database visualization environment[C]//Procof the 13rd IEEE International Conference on Data Engineering. Birmingham, England, 1997: 91 - 102.

[43] CUI Y, WIDOM J, WIENER J L. Tracing the lineage of view data in a warehousing environment [J]. The ACM Transactions on Database Systems,2000,25(2): 179 - 227.

[44] BUNEMAN P, KHANNA S, TAN WC . Why and where: A characterization of data provenance// Proceedings of the 17th International Conference on Data Engineering. London, UK, 2001: 316 - 330.

[45] SIMMHAN Y L, PLALE B, GANNON D. A survey of data provenance techniques. Computer Science Department: Indiana University, Technical Report IUB-CS-TR618, 2001.

[46] GLAVIC B, DITTRICH K. Data provenance: A categorization of existing approaches// Proceedings of the 6th MMC Workshop of BTW 2006. Aachen, Germany, 2007: 227 - 241.

[47] W3C. PROV-N: The Provenance Notation[EB/OL]. [2015 - 03 - 14]. https: //www. w3. org/TR/2013/REC-prov-n-20130430.

[48] BUNEMAN P, TAN W C. Provenancein Databases[C] //Proceedings of the 2007ACM SIGMOD International Conference on Management of Data, Beijing, China. NewYork, USA: ACM, 2007: 1171 - 1173.

[49] 邓仲华,魏银珍. 面向数据发布的科学工作流数据溯源方法研究[J]. 图书与情报,2014,3: 61—66.

[50] LIU D T, FRANKLIN M J. The design of griddb: a data-centric overlay for the scientific grid[C] // Proceeding of the 30th International Conference on Very Large Data Bases, Toronto, Canada, San, 2004. San Mateo, CA, USA: Morgan Kaufmann, 2004: 600 - 611.

[51] FOSTER I, VOCKLER J, WILDE M, et al. Chimera: a virtual data system for representing, querying, and automation data derivation[C] // Proceeding of the 14th International Conference on Scientific and Statistical Database Management, Edinburgh, Scotland, UK, 2002. USA: IEEE Computer Society, 2005: 37 - 46.

[52] STEVENS R D, ROBINSON A J, GOBLE C A. myGrid: Personalisedbioinformatics on the information grid[J]. Bioinformatics,2003, 19(1): 302 - 304.

[53] BUNEMAN P, KHANNA S, WANG C T. Why and where: A Characterization of Data Provenance [C]//Proceedings of ICDT2001. Berlin: Springer,2001: 316 - 330.

[54] GREEN T J, KARVOUNARAKIS G, TANNEN V. Provenance Semirings[C]//Proceedings of the 26th ACM SIGMOD-SIGACT-SIGART Symposium on Principles of Database Systems. Beijing, China. NewYork, USA: ACM, 2007: 31 - 40.

[55] RAM S, LIU J, GEORGER T. PROMS: A System for Harvesting and Managing Data Provenance [EB/OL]. [2010 - 11 - 01]. http: //kartik. eller. arizona. edu/WITS_DEMO_final. pdf.

[56] 明华,张勇,符小辉. 数据溯源技术综述[J]. 小型微型计算机系统. 2012, 33(9): 1917—1923.

[57] JOE F, ROBERT E M, JIM M, et al. The Open Provenance Model [EB/OL]. [2016 - 02 - 01]. http: //

eprints. ecs. soton. ac. uk/14979/1/opm. pdf.

[58] 沈志宏，张晓林. 语义网环境下数据溯源表达模型研究综述[J]. 现代图书情报技术. 2011，4：1—8.

[59] Open Provenance Model Vocabulary Specification[EB/OL]. (2010-10-10) [2015-02-09]. http://open-biomed. sourceforge. net/opmv/ns. html.

[60] SAHOO S S，BARGAR S，GOLDSTEIN J，et al. Provenance Algebra and Materialized View-based Provenance Management [C]//Proceedings of the 2nd International Provenance and Annotation Workshop. Berlin：Springer，2008：531-540.

[61] Provenir Ontology [EB/OL]. (2011-05-13) [2015-02-16]. http://wiki. knoesis. org/index. php/Provenir_Ontology.

[62] 倪静. 语义 Web 环境下基于模型的数据溯源研究[D]. 中国农业科学院，2014.

[63] BOWERS S，MCPHILLIPS T，RIDDLE S，et al. Kepler /pPOD：scientific workflow and provenance support for assembling the tree of life[C]//Proc of the 2nd International Provenance and Annotation Workshop. Berlin：Springer，2008：70-77.

[64] 李秀美，王凤英. 数据溯源安全模型研究[J]. 山东理工大学学报，2010，24(4)：57—64.

[65] 纪佩宇，陈俊，谢新. 大规模传感网数据溯源技术研究[J]. 苏州科技学院学报(自然科学版)，2013，30(4)：55—59.

[66] AMSTERDAMER Y，DEUTCH D，TANNEN V. Provenance for aggregate queries[J]. Thirtieth ACM SIGMOD-SIGACT-SIGART Symposium on Principles of Database Systems，A thens，Greece，2011，6：13-15.

[67] AGRAWAL P，BENJELLOUN O，SARMA AD，et al. Trio：a system for data，uncertainty，and lineage[C]//32nd International Conference on Very Large Data Bases(VLDB '06). Seoul，Korea，2006：1151-1154.

[68] IKEDA R，WIDOM J. Panda：a system for provenance and data[J]. IEEE Data Engineering Bulletin，2010，33(3)：1-4.

[69] 高明，金澈清，王晓玲等. 数据世系管理技术研究综述[J]. 计算机学报. 2010，33(3)：372—389.

[70] 王黎维，鲍芝峰，KOEHLER Henning 等. 一种优化关系型溯源信息存储的新方法[J]. 计算机学报. 2011，34(10)：1864—1875.

[71] WANG J W，DANIEL CRAWL，SHWETA PURAWAT，et al. Big Data Provenance：Challenges，State of the Art and Opportunities[C]// proc of 2015 IEEE International Conference on Big Data，2015：2509-2516.

[72] GLAVIC B. Big data provenance：challenges and implications for benchmarking[M]//RABL T，POESS M，BARU C，et al. Specifying Big Data Benchmarks. Springer Berlin Heidelberg，2014：72-80.

[73] CRAWL D，WANG J，ALTINTAS I. Provenance for MapReduce-based Data-Intensive Workflows [C]//Proc. 6th Workshop on Workflows in Support of Large-Scale Science (WORKS11) at Supercomputing 2011 (SC2011) Conference. ACM 2011：21-29.

[74] PARK H，IKEDA R，WIDOM J. RAMP：A System for Capturing and Tracing Provenance in MapReduce Workflows. Proc. of the VLDB Endowment，2011，4(12)：1351-1354.

[75] AKOUSH S, SOHAN R, HOPPER A. HadoopProv: Towards Provenance as a First Class Citizen in MapReduce[C]//Proc. USENIX conference on Theory and Practice of Provenance (TaPP 2013).

[76] AMSTERDAMER Y, DAVIDSONS B, DEUTCH D, et al.. Putting lipstick on pig: Enabling database-style workflow provenance[J]. Proceedings of the VLDB Endowment, 2011, 5(4): 346 - 356.

第5章

数据质量评估

数据质量评估(data quality assessment,DQA)是对数据进行科学和统计的评估过程,以确定它们是否满足项目或业务流程所需的质量,是否能够真正支持其预期用途的正确类型和数量。要完成数据质量评估,需要选择合适的数据质量维度、度量方法和评估方法。为了制订评估标准和规范评估过程,一些组织和机构还提出了数据质量评估框架,以帮助用户更好地实施质量评估。

5.1 数据质量维度

当人们购买钻石的时候,它的价格是由5C标准(carat,clarity,color,cut,confidence)来确定,即通过查看钻石的克拉、颜色、纯净度、切割工艺和珠宝商给予你的信心以确认钻石的品质。而数据质量维度(data quality dimensions)就是数据质量的评估标准,它衡量数据在某一方面的性质,例如,精确性、完整性、重复性、存取性、关联性、一致性、及时性、易用性、客观性等。不同的机构、企业和用户对数据质量维度的标准不尽相同,最好根据实际的业务流程和用户需求来选择合适数据质量维度。

5.1.1 数据质量维度定义

数据质量维度是一个特征或部分信息用于分类信息和数据需求。事实上,它提供了一种用于测量和管理数据质量以及信息的方式[29]。表5-1列举出部分国际机构和国家政府部门的数据质量要求,表5-2列举了国内部分领域或行业提出的数据质量要求[30]。

表5-1 部分国际机构和国家政府部门的数据质量维度

国际机构或者国家政府部门	数据质量维度
国际货币基金组织	诚信的保证、方法的健全性、准确性和可靠性、适用性以及可获取性
欧盟统计局	相关性、准确性、可比性、连贯性、及时性和准时、可访问性和清晰
联合国粮食及农业组织	相关性、准确性、及时性、准时性、可访问性和明确性、可比性、一致性和完整性、源数据的完备性
美联邦政府(公众传播)	实用性、客观性(准确、可靠、清晰、完整、无歧义)、安全性
美国商务部	可比性、准确性、适用性
美国国防部	准确性、完整性、一致性、适时性、唯一性及有效性

（续表）

国际机构或者国家政府部门	数据质量维度
加拿大统计局	准确性、及时性、适用性、可访问性、衔接性、可解释性
澳大利亚国际收支统计局	准确性、及时性、适用性、可访问性、方法科学性

表 5-2 国内部分领域或行业提出的数据质量要求

行　业	数据质量维度
烟草行业	准确性、完整性、一致性、及时性、可解释性、可访问性
气象通信行业	科学性、标准化、共享性、时效性、稳定性、可维护性
军事领域	完全性、一致性、准确性、准确性、唯一性、时效性、可解释性
医疗行业	一致性、可靠性、可用性、适用性
交通行业	完整性、有效性、准确性、实时性
地理信息系统(GIS)领域	位置精度、现势性、一致性、完整性、可靠性

从表 5-1 和表 5-2 中可以看出，国内外的各个机构、行业和领域对数据质量维度的要求不尽相同，在这些质量维度中，出现频率较高的维度分别是：准确性、完整性、一致性、可获得性和及时性。这些维度多次在各种质量标准中出现，反映了数据质量特性和用户需求。

5.1.2 常用的数据质量维度

每一数据质量维度需要不同的度量工具、技术和流程。这就导致完成评估所需要的时间、金钱和人力资源会呈现出差异。用户在进行数据质量评估和管理时，需要区分数据质量维度，这有助于：① 将维度与业务需求相匹配，并且划分评估的先后顺序。② 了解从每一维度的评估中能够/不能够得到什么。③ 在时间和资源有限的情况下，更好地定义和管理项目计划中的行动顺序。

下面，本书以 5.1.1 节列举的使用频率较高的五项质量维度，分别描述它们的含义和用途。

1）准确性(accuracy)

准确性的定义并不唯一，下面介绍一些常用的定义。

定义 1：数据是准确的，当数据存储在数据库中对应于真实世界的值[31]。

例如，某一用户希望在淘宝网申请账户，网站要求验证用户的身份证号码。如果用户提供的证件号码与实际号码一致，那该号码存储在数据库中的值就是正确的。

定义 2：准确性是指数据的正确性、可靠性和可鉴别的程度[32]。

定义 3：数据库记录中的各种“字段”中所包含的值的正确性。此外，从形式化的角度定义准确性是指：一个数值 v，与真实值 v′之间的相似程度[33]。

准确性需要一个权威性的参考数据源，将数据与参考源比较。比较方式可以采用调查或者检验的形式，例如，判断性别的取值只可能是男或女两个值。假设一个学生数据库的管理员正在检查学生记录的质量，可使用查询工具来确定电话号码字段中是否有学生家庭的座机号码，以及是否用符合标准的格式[(区号)+号码，号码长度为 7 位或者 8 位数字]来表示有效的电话号码。

在有参考数据源的时候，准确性容易测量。但在其他的情况下，人们并不确定基准数值是多少，因此准确性很难度量。准确性在一定程度上显示了与上下文的相关性，因此数据的准确性应该由数据应用的场景决定。虽然，可以用工具检查电话号码是否有效，但是只有学生才知道该特定的号码是否正确，因此，权威参考源是用户。

当选择准确性作为质量维度时，需要考虑以下问题[34]：

什么是权威性参考源——参考源最好存在，可以量化而且能够核实。对于存货量来说，准确性只有通过产品存货的实际数量来核实。

参考源是否可用和可访问——参考源可能由于权限的问题会限制用户的访问，造成用户无法获取。

掌握为检查准确性可提供的记录数据量——由于确定准确性的代价比较大，该项检查通常是在对记录抽样的前提下进行的。当然在大数据时代，可以使用云计算平台来完成这一任务。如果抽样检测发现了准确性问题，那用户必须确定对所有值进行准确性更新与花费的代价是否值得。

2）完整性(completeness)

与准确性类似，完整性也有许多定义。这里给出常见的三种定义：

定义 1：完整性是指数据有足够的广度，深度和范围的程度[31]。

定义 2：在一次数据收集中所包含的值的程度。

定义 3：信息具有一个实体描述的所有必需的部分。

在关系型数据库领域中，完整性往往与空值(null)有联系。表 5-3 解释了完整性与空值的关系。空值是指值缺失或者不知道具体的值。在表 5-3 中，学号为 95001 和 95002 的学生有姓名、性别、年龄和民族信息，他们的记录是完整的。但是学号为 95003 和 95004 的学生在民族字段上却为空值，说明这两个学生的相关信息不完整。

表 5-3 完整性与空值的关系

学 号	姓 名	性 别	年 龄	民 族
95001	张洪云	男	18	汉族
95002	唐小琦	女	19	苗族
95003	王文芳	女	17	Null
95004	刘裕铭	男	25	Null

3）一致性(consistency)

数据一致性通常指关联数据之间的逻辑关系是否正确和完整。在数据库领域[35]，它通常是指在不同地方存储和使用的同一数据应当是等价的事实。等价用于描述存储在不同地方(数据库、数据仓库、hadoop)的数据概念上相等的程度。它表示数据有相等的值和相同的含义，或本质上相同，同步是使数据相等的过程。以关系数据库理论为例，完整性(integrity)约束就是用来保证数据间逻辑关系是否正确和完整的一种语义规则。下面以表5-4和表5-5为例，说明一致性的问题。

表5-4 学生信息表

学 号	姓 名	性 别	年 龄	所在专业
95001	张洪云	男	18	M01
95002	唐小琦	女	19	M02
95003	王文芳	女	17	M03
95004	刘裕铭	男	25	M015

表5-5 专业表

专业号	专业名称	成立时间	负责人
M01	软件工程	2002/07/01	王萍
M02	网络工程	2002/07/01	张丽丽
M03	信息安全	2002/07/01	朱晓勇
M04	数字媒体技术	2005/01/01	李鸿兵
M05	通信工程	2002/01/01	刘祥

表5-4描述学生的基本情况，包括：学号、姓名、性别、年龄和所在专业。所在专业代码必须从专业表获取。表5-5描述专业的基本信息。从表5-4中可以发现学号为95004的学生的所在专业号没有出现在表5-5中，这说明该条记录的专业号有误，必须修改为正确的专业号，这样才能保证两张表对应字段的一致性。

由于相同数据经常被存储在数据库或者数据仓库的不同位置，所以一致性非常重要。数据的任何使用应基于具有相同含义的哪些数据。对于相同主题的报告经常会有不同的结果，这使得管理者很难做出有效的决策。

4）可访问性(accessibility)

可访问性的定义包括：

定义1：指用户可以获得数据的物理条件，包括：数据在哪里，如何订购，交易时间，明确的定价政策，便利的营销条件(版权等)，可用性的微观或宏观数据，各种格式(纸质，文件,光盘,互联网等)等[36]。

定义 2: 用户需要的数据是公开的、可以方便地获取或者允许授权用户进行下载和使用。可访问性与数据开放紧密联系在一起。数据开放程度越高,获得的数据种类就越多,可访问性的程度也就越高[37]。

5) 及时性(timeliness)

有些数据值会随时间而变化,比如,每天股票的成交金额,而且现实世界真实目标发生变化的时间与数据库中表示它的数据更新以及使其应用的时间总有一个延时。因此,及时性也称为时效性,是一个与时间相关的维度。下面介绍不同学者给出的定义。

定义 1: 时效性是指在现实世界状态的一个改变和信息系统状态之间结果变化的时延。

定义 2: 时效性定义为数据在完成任务或者由于数据从产生到获取再到利用,可能会有一个很显著的时间差[38]。

特别是,数据被手工获取并被数字化存储再到被理解、获取和访问,这个过程的时间差更加明显。

定义 3: 时效性是数据来源的平均期限。

定义 4: 时效性是一个任务中数据充分更新的程度。

5.1.3 其他的数据质量维度

除了上一节列举的五个数据质量维度外,还有一些质量维度也比较常用,下面给出它们的定义。

1) 可信度(credibility)

可信度主要用于评估非数值型的数据,例如媒体信息的可信度,商品评价内容的可信度等。

定义 1: 数据的可信度由三个因素决定:数据来源的权威性、数据的规范性和数据产生的时间。

如果数据来源可靠并且很知名,那么数据的可信度较高。如果数据是在已知或者被接受值的范围内,那么数据的可信度更高。

定义 2: 媒体信息的可信度由信息来源的权威性、内容的客观性、可证实性、时效性和完整性来评价[39]。

2) 相关性(relevance)

定义 1: 相关性用来描述数据内容与用户期望或者需求之间的相关程度[40],适应性是它的质量特性。

定义 2: 对内部和外部的使用者而言,适用程度指的是数据服务于使用者与使用者所追求目标的贴近程度[41]。

3）适应性(fitness)

适应性包含两个层次的要求[37]，一是指用户所需要的数据在多大程度上被生产出来；二是指所生产的数据在指标定义、构成要素以及分类等方面与用户需求的相吻合程度。

4）可审计性(audit)

从审计应用的角度观察，数据的生命周期主要包括：数据生成阶段、数据采集阶段和数据使用阶段三个阶段，这里的可审计性特指在数据使用阶段，审计人员能够在一个合理的时间和人力限度内，对数据的准确性和完整性等做出公正的评价。

5）可读性(readability)

可读性是指根据已知的或者良好定义的术语、属性、单位、代码或者缩写等信息，数据内容可以被正确解释的能力。

6）唯一性(uniqueness)

唯一性是指记录、实体或者交易本身所存在的一个且是唯一的、无重复的一个值或者版本。

7）授权(authorization)

授权是指个人或机构能否拥有使用数据的权力。

5.1.4 质量维度度量

当用户选择好合适的数据质量维度后，就需要确定这些维度的度量方法。不同场景下度量方式存在不同的差异，下面以一些常用的质量维度为例，阐述对应的度量方法，具体的维度度量案例将在第7章进行描述。模型的相关定义如下：

定义1 设$E_1, E_2, \cdots, E_m$为某一系统中的m个记录，组成一个数据集合$D=\{E_1, E_2, \cdots, E_m\}$，$E_i$为集合中的任意一条记录，$m \in \mathbf{N}^+$。

定义2 设$A_1, A_2, \cdots, A_n$为E_i的n个属性，A_{ij}表示E_i在属性j上的取值，则$E_i=\{A_{i1}, A_{i2}, \cdots, A_{in}\}$，$n \in \mathbf{N}^+$。$A_{ij}$可能存在缺失、拼写错误、不一致等质量问题。

定义3 $R=\{R_{11}, R_{12}, \cdots, R_{mn}\}$表示权威性的参考数据源。$R_{ij}$表示记录$E_i$在属性$j$上的正确值或者期望的值。

下面介绍各质量维度的量化方法。

1）准确性(Accuracy)

这里将准确性定义为：准确性＝真实值的数量/所有值的数量。

设f(•)为评估对象A_{ij}的取值结果到(0, 1)的映射，若结果正确，则取值为1，反之为0，有

$$\mathrm{f}(A_{ij}) = \begin{cases} 1, & A_{ij} = R_{ij} \\ 0, & \text{其他} \end{cases}$$

那么，D 在属性 j 上的准确性为：$Accuracy = \sum_{i=1}^{m} \mathrm{f}(A_{ij})/m$；

D 在全部属性上的准确性 $Accuracy_D = \sum_{j=1}^{n}\sum_{i=1}^{m} \mathrm{f}(A_{ij})/m \times n$。

2）完整性(Completeness)

这里将完整性定义为：完整性= 非空值的数量/所有值的数量。

设 g(·)为评估对象 A_{ij} 的赋值情况到(0, 1)的映射，若 A_{ij} 非空，则取值为1，反之为0，有：

$$\mathrm{g}(A_{ij}) = \begin{cases} 1, & A_{ij} \text{ 有值} \\ 0, & A_{ij} \text{ 为空} \end{cases}$$

那么，D 在全部属性上的完整性 $Completeness_D = \sum_{j=1}^{n}\sum_{i=1}^{m} \mathrm{g}(A_{ij})/m \times n$。

3）一致性(Consistency)

这里将一致性定义为：一致性=一致性值的数量/所有值的数量。集合 $C_i = \{C_{i1}, C_{i2}, \cdots, C_{is}\}$ 表示 A_{ij} 可能的取值范围。

设 h(·)为评估对象 A_{ij} 的取值情况到(0, 1)的映射，若 A_{ij} 的值为集合 C_i 中的任一值，则取值为1，反之为0，有：

$$\mathrm{h}(A_{ij}) = \begin{cases} 1, & A_{ij} = C_{is} \\ 0, & A_{ij} \neq C_{is} \end{cases}$$

那么，D 在属性 j 上的一致性 $Consistency = \sum_{i=1}^{m} \mathrm{h}(A_{ij})/m$。

4）及时性(Timeliness)

这里将及时性定义为：及时性= log(数据获取时间 − 数据最后更新时间)。

设 j(·)为评估对象 A_{ij} 的取值时间到(0, n)的映射，有

$$\mathrm{j}(A_{ij}) = \log(TA_{ij} - TOA_{ij})$$

其中，TA_{ij} 表示 A_{ij} 的获取时间，TOA_{ij} 表示该取值的最后更新时间。

则 D 在属性 j 上的及时性 $Timeliness = \sum_{i=1}^{m} \mathrm{j}(A_{ij})$。

5）唯一性(Uniqueness)

可以使用重复值的数量来度量唯一性，即唯一性=1−(重复值的数量/所有值的数量)。

设 k(·)为评估对象 A_{ij} 的取值情况到(0, n)的映射，若任一 A_{ij} 的值与 $A_{i+1,j}$ 的值相等，则取值为1，反之为0，有

$$\mathrm{k}(A_{ij}) = \begin{cases} 1, & A_{ij} = A_{i+1,j} \\ 0, & A_{ij} \neq A_{i+1,j} \end{cases}$$

那么，D 在属性 j 上的唯一性 $Uniqueness = 1 - \sum_{i=1}^{m} \mathrm{k}(A_{ij})/m$。

6）可访问性(Accessibility)

本书以 Web 网站中网页的可访问性为例，将其定义为：可访问性=(全部链接数－断开的链接数)/全部链接数。

设网站的总链接数为 N，断开的链接数为 U，则网站的 Accessibility= $(N-U)/N$。

7）可读性(Readability)

可读性最早用于描述文本内容被人理解的难易程度，文本的可读性直接影响读者的阅读效率[42]。本书将可读性定义为数据被人理解的难易程度，如果数据具有解释性或者注释性信息，而且数据书写规范，则数据的可读性较高。这里，用一个简化模型来表示可读性，设 TI 表示具有注释性信息的数据数量，N 表示全部记录，则可读性的度量模型为：

$$Readability = TI/N$$

8）权威性(Authoritative)

权威性一般用来描述机构或者个人具有使人信服的力量和威望。政府部门或者一些知名的国际组织是具有权威性的机构。个人用户的专业背景、资质、工作经验等可作为其权威性的参考指标。以新浪微博为例，微博用户的权威性可以由粉丝数量、回复数量和转发数量来量化[43]。即

$$Authoritative = FN + RN + TN$$

其中，FN 表示粉丝数量；RN 表示回复数量；TN 表示转发数量。

9）可信度(Credibility)

有一些质量维度不能用一个简单的模型来度量，例如可信度。根据前文的定义，可信度由数据来源的可靠性、数据的规范性和数据产生的时间三个因素确定，而前两个因素也是质量维度，因此可信度的度量模型要复杂一些。

例如要对新浪微博某一用户发布的微博内容进行可信度分析，可建立如下一个简化的可信度模型：

$$Credibility = w_1 A + w_2 C + w_3 T$$
$$A = FN + RN + TN$$
$$C = Len/140$$
$$T = CT - PT$$

其中，A 表示数据来源的权威性，如果发布信息的用户权威性较高，则内容可信度越高；C 表示发布内容的规范性，如微博字数较长而且叙述较为详细，那么内容的可信度越高；T 表示当前时间与微博发布时间的差值，时间越短，则可信度越高；w_1、w_2 和 w_3 分别代表每个变量的权重，$w_1 + w_2 + w_3 = 1$，最简单的权重取值是 $w_1 = w_2 = w_3 = 1/3$，复杂一些的权重

值分配将在5.3节阐述；影响因素 A，即用户权威性借鉴了上文所定义的度量模型。

由于微博内容的规范性 C 涉及语义信息的理解，比较复杂，这里只是简单地用内容长度来建模。本书采用 Len 表示所发微博内容的长度，140是单条内容的最大长度。CT 表示当前时间，PT 表示微博发布的时间，单位为h。

上面介绍了一些常见数据质量维度的度量方法，在实际的应用中，还要根据具体的需求细化模型或者对模型进行改进以便适应后续的数据质量评估。

5.2 数据质量评估框架

数据质量评估框架是组织用来评估数据质量的工具，是一个指导方针。Willshire和Meyen[1]将数据质量框架描述为"一种手段，是一个组织可以用来定义它的数据环境的模型，明确有关数据质量的属性，在当前的环境下分析数据质量的属性，提供保证数据质量提高的手段"。Eppler和Witting[2]提出数据质量框架应该不仅仅只是评估，还要提供一个分析、解决数据质量问题的方案。

经过10年的研究，目前学术界针对数据质量和信息质量评估提出了10多个评估框架，如表5-6所示[3]。在表5-6中，有些框架主要针对通用领域的数据质量或者专业领域的数据质量进行评估，另外一些框架则适用于企业内部的信息系统或者协同信息系统的评估。

表5-6 常见的数据质量评估框架

评估框架缩写	全　　称	主要创建者	创建时间
TDQM	Total Data Quality Management	Wang等人	1998
DWQ	The Datawarehouse Quality Methodology	Jeusfeld等人	1998
TIQM	Total Information Quality Management	English	1999
AIMQ	A methodology for information quality assessment	Lee等人	2002
CIHI	Canadian Institute for Health Information methodology	Long和Seko	2005
DQA	Data Quality Assessment	Pipino等人	2002
IQM	Information Quality Measurement	Eppler和Munzenmaier	2002
ISTAT	ISTAT methodology	Falorsi等人	2003
DQAF	Data Quality Assessment Frame Work	IMF组织	2003
AMEQ	Activity-based Measuring and Evaluating of product information Quality (AMEQ) methodology	Su和Jin	2004

(续表)

评估框架缩写	全　　称	主要创建者	创建时间
COLDQ	Loshin Methodology (Cost-effect of Low Data Quality)	Loshin	2004
DaQuinCIS	Data Quality in Cooperative Information Systems	Scannapieco 等人	2004
QAFD	Methodology for the Quality Assessment of Financial Data	De Amicis 和 Batini	2004
CDQ	Comprehensive methodology for Data Quality management	Batini and Scannapieco	2006

在表 5-6 中，TDQM 是由麻省理工学院的研究人员提出的第一个关于数据质量管理的框架，随后，他们又在这个框架的基础上提出 AIMQ 框架和 DQA 框架，该两个框架已经被一些的企业和政府机构所使用。DQAF 是由 IMF 提出的通用性数据质量评估框架，可以广泛应用于各成员国的统计数据质量的评价和改善。

下面章节将重点介绍 DQAF、AIMQ 和 DQA 三个框架的相关知识和用途。

5.2.1 DQAF 框架

20 世纪 90 年代以来，一些国家相继发生大规模的经济危机，如：1994 年墨西哥经济危机、1997 年亚洲经济危机以及 1998 年的俄罗斯、巴西经济危机。如此频繁地出现经济危机使得 IMF 意识到众多成员国的金融运行存在着信息缺乏和信息管理的问题。于是，IMF 开始制定大量措施以对付其监管不力，加强国际金融系统的体系结构[4]。构成这些措施的策略有三个主要组成部分：加强 IMF 对于成员国的风险和脆弱性的判断；强化准则和法律，促进成员国经济政策框架和制度的完善；提高数据公布和政策透明度以保证责任制，便于更好的决策。

自 1997 年以来，IMF 的统计部门就开始致力于如何评估数据质量，为此需要提出一种框架，这种框架将用于与数据质量评估有关的领域。经过多方努力，数据质量评估框架(data quality assessment frame work，DQAF)逐步发展起来，成为官方认可的一种方法论。DQAF 是评估数据质量的方法，它融合了“联合国官方统计基本准则”和“SDDS/GDDS”在内的最好实践经验以及国际公认的统计概念、定义。DQAF 一方面是国家统计局，地区、国际机构，IMF 员工以及 IMF 之外的数据使用者在强化的，反复的商讨过程中发展出来的，另一方面，也是 20 世纪 90 年代经济危机期间后对于实质的数据质量评估工具的强烈需求所催生的产物。

2003 年 7 月 IMF 公布了国际通用的 DQAF，该框架整体结构呈级联式展开，在第一层首先提出质量的先决条件以及衡量数据质量的五个维度，然后将第一层的每个维度分别在第二层的评估要素和第三层的评估指标中具体化，评估指标后面对统计数据质量评判的标准有更详尽的解释[5]。

DOAF着重研究与数据质量相关的统计体系管理、核心统计程序和统计产品的特征。整个评估框架分为六个部分，从讨论保障数据质量的法律和制度环境（先决条件）开始，然后依次分析数据质量的五个维度，主要内容为：

（1）质量的先决条件（prerequisites of quality）。这个维度并不用于衡量数据质量，但是它的要素和指标却负责保证统计数据质量的先决条件或制度。该部分的评估标准主要针对的是统计工作中的众多机构，如国家统计局、中央银行或财政部门等。这些先决条件包含以下要素：

① 法律和制度环境。统计环境是能够支持统计数据的。

② 资源。各种资源与统计程序的需求相匹配。

③ 相关性。统计数据包含所研究领域的相关信息。

④ 其他数据质量管理措施。

（2）诚信保证（assurances of integrity）。这个维度描述了“统计体系应建立在与统计数据收集、编辑和公布环节中的客观性原则相一致的基础上”的一种观念。它包括关于确保统计政策和实践中的专业性、透明度和民族性的相关制度安排，其中的三个要素是：

① 专业性。统计政策与实践是以专业性原则为指导的。

② 透明度。统计政策与实践是透明的。

③ 民族性。统计政策与实践有民族性标准作为指导。

（3）方法健全性（methodological soundness）。这个维度是指“统计产品的方法论基础应当是健全的，并且这种健全性能够通过遵循国际认可的标准、指导方针或良好实践来获得”。该质量维度必须是与特定数据集相联系以体现不同的数据集采用的不同方法。这个维度含有四个要素，包括：

① 概念和定义。所使用的概念、定义与国际通行的统计框架相一致。

② 范围。数据范围与国际认可的标准、指导方针及良好实践相一致。

③ 分类或分区。数据分类/分区系统与国际认可的标准、指导方针及良好实践相一致。

④ 计量基础。流量/存量的估价和记录与国际认可的标准、指导方针及良好实践相一致。

（4）准确性和可靠性（accuracy and reliability）。这个维度用来描述“统计数据能够充分地描述经济现实”的思想。具体内容包括：统计方法是正确的；原始数据、中间数据和统计结果定期受到评估而且是有效的，并含有对数据修订的研究。这部分的五个要素是：

① 原始数据。可利用的原始数据能为统计数据的编制提供适当的基础。

② 原始数据的评估。原始数据定期受到评估。

③ 统计方法。统计方法符合健全统计程序的要求。

④ 中间数据及统计结果的评估与验证。中间数据及统计结果是定期评估和验证的。

⑤ 修订政策。作为数据可靠性的标尺，修订政策附着于所提供的信息。

(5) 适用性(serviceability)。这个维度强调实践部分，即数据集满足用户需要的程度，它的三个要素包括：

① 期限与及时性。数据提供的时限应符合国际数据公布标准。

② 一致性。数据在数据集内部、前后期之间以及与其他主要数据来源/统计框架之间相互一致。

③ 修订政策与实践。数据修订遵循了定期与公开的程序。

(6) 可获取性(accessibility)。这个维度讨论用户关于信息的可用性，确保数据和元数据以一种清楚和可以理解的方式提供。其对应的三个要素为：

① 数据的可获取性。数据以清楚的和可以理解的方式提供，数据公布的形式充分，数据在无偏的基础上提供。

② 元数据的可获取性。可获得实时更新和相关的元数据。

③ 对数据使用者的帮助。数据使用者可得到便捷、专业性的服务支持。

DQAF 对数据质量有了从统计系统管理、核心统计过程，以及统计产品来考虑数据质量的全局观，使用这种评估方法可以对以下三类用户组产生价值[6]。

(1) IMF 内部员工。DQAF 提供了宏观政策的评价标准，使得成员国的经济情况和金融制度的评估成为可能。这样就能够指出制度的薄弱之处，在某些具体领域提出相应的建议，给予直接的技术帮助。在 IMF 内部，不论是统计部门的专家还是为国家做决策的一般经济研究人员都将这个框架视为重要工具，因为其可以应用于多种环境。

(2) 金融市场的参与者或其他使用者。金融市场分析者或者其他研究人员可能将框架中有用的概要作为参考工具。

(3) 指导国家进行自我评估或者同行审查。负责对内评估的国家统计局可以使用该框架。

5.2.2 AIMQ 框架

信息管理质量评价(asessment information management quality，AIMQ)是由麻省理工学院 TDQM 研究项目小组提出的，针对企业信息质量进行评价和差异分析的一种方法。AIMQ 由三个部分构成：信息质量(information qality，IQ)模型、信息质量维度和信息质量分析技术[7]。此外，AIMQ 还提供一个信息质量差异分析技术来帮助组织了解自身的不足和改进方式。

1) IQ 模型

IQ 模型是一个面向信息消费者和管理者的 2×2 维的结构，如表 5-7 所示。它用来描述信息是一个产品还是服务，对于正式的规范或者客户期望，信息质量改进是否可以评估[8]。重要的信息象限表示所提供的信息特性需要满足 IQ 标准，具体的 IQ 维度包括：无错误、简洁的表达、完整性和一致性表达。有用的信息象限表示所提供的信息特性符合信息消费者的任务需求，其IQ维度包含：合适的数量、相关性、可理解性、可解释性和客观性。可靠的信息象限是指转换数据到信息的过程符合标准，其IQ维度为及时性和安全性。可用的信息象限描述转换数据到信息的过程超越信息消费者的需求，对应的IQ维度为可信度、可访问性、易于操作和声誉。

表5-7 信息质量模型表

	符合规范	满足或超越消费者期望
产品质量	重要的信息 IQ维度包括：无错误、简洁的表达、完整性和一致性表达	有用的信息 IQ维度包括：合适的数量、相关性、可理解性、可解释性和客观性
服务质量	可靠的信息 IQ维度包括：及时性和安全性	可用的信息 IQ维度包括：可信度、可访问性、易于操作和声誉

2）IQ维度

IQ维度是一个调查问卷表，用来检测对于信息消费者和管理者来说重要的信息质量维度。根据MIT前期的研究结果，他们将IQ维度划分为4类，如表5-8所示。

表5-8 信息质量维度表

IQ类别	IQ指标
固有IQ	准确性、可信度、客观性、声誉
上下文IQ	增值能力、相关性、完整性、及时性、合适的数量
可表达性IQ	可理解性、可解释性、简明的表达、一致性、可表示性
可访问性IQ	可访问性、易于操作、安全性

固有IQ表示信息自身具有的特性，主要包括：准确性、可信度、客观性和声誉。上下文IQ着重说明IQ必须考虑与上下文相关的需求，这一类别的维度包括：增值能力、相关性、完整性、及时性和合适的数量。可表达性IQ和可访问性IQ则强调用于存储和提供信息的计算机系统的重要性。这意味着计算机系统必须采用一种方式使得信息可以解释、容易理解、便于操作，信息的表达应该是简洁的，具有一致性；同时，系统必须是可访问和安全的。

3）IQA技术

IQA是信息质量的一种分析技术，通过对获取的IQ问卷调查表进行分析来帮助企业改善信息质量。IQA可以分为两种技术：第一种技术是将某个组织的IQ与来自组织最佳实践的信息基准进行比较。第二个技术是测量组织内部不同部门和不同管理者之间的评估差距，为改进信息质量提供解决方案[9]。

为了完成 IQA 工具的开发和管理，可将 IQA 划分为 3 种方式：

(1) 维度指标形成，先为每个 IQ 维度选择 12～20 个指标，然后由研究人员从这些指标中确定每个 IQ 维度的具体指标作为研究对象。

(2) 试验研究，为减少研究指标数量，进行各个指标的可靠度评价，选出部分指标作为研究对象。

(3) 全面研究，采用一个包含 65 个 IQ 评估指标的最终调查表对组织中 IQ 进行评估分析。

三种方式的统计分析均可以使用 Windows 平台上的 SPSS 软件完成。

4) IQA 差异分析技术

IQA 差异分析有两种类型：基准差异分析和角色差异分析。基准差异是针对信息和信息基准之间的差异分析，角色差异分析技术可以使组织发现它的 IQ 针对不同的角色组织的不足之处，实现在组织内部不同单位和不同管理者之间比较 IQ 差异，为改进信息质量提供解决方案。下面通过图 5－1 和图 5－2 解释两种差异分析技术。

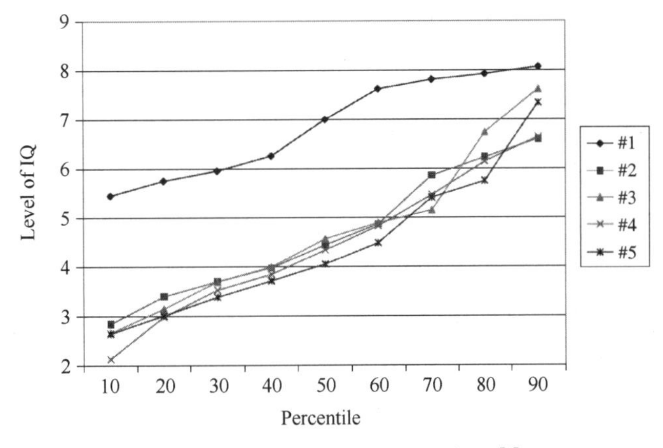

图 5－1　IQ 基准差异分析的例子[7]

图 5－1 显示了针对可用性象限进行基准差异分析的例子，*X* 轴表示受访者的百分比，*Y* 轴表示质量等级，范围从 0 到 10。在图中，编号为 1 的蓝色曲线表示基准，其他 4 条不同颜色的曲线表示待评估的四个组织的 IQ。从图中可以看出，所有四个组织的可用性 IQ 与基准相比具有很大差距，信息质量有待提高。不过，组织 2(3＃)的曲线在通过 70%比例之后，它的 IQ 与基准非常接近，说明可用性 IQ 的质量有极大改善。

图 5－2 显示了针对可用性象限进行角色差异分析的例子，*X* 轴表示待评估的组织编号(编号与图 1 中的编号一致)，*Y* 轴表示质量等级。在图中，菱形点代表信息消费者所报告的 IQ 均值，正方形点表示信息专家报告的 IQ 均值。菱形和方形之间的连线为特定组织在可用性 IQ 角色差异的大小。连线越短表示消费者和专家之间的差异越小，反之，则表示两者之间的

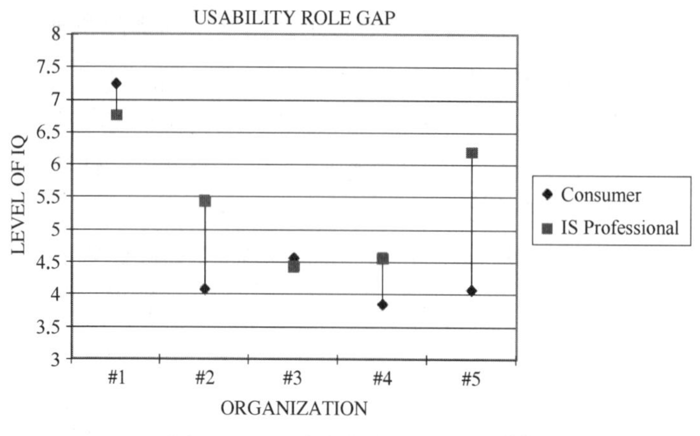

图5-2 IQ角色差异分析的例子[7]

差异越大。除了考虑连线长短以外，IQ角色差异分析还考虑差异的位置和方向（正向和负向）。以编号3为例，尽管消费者和专家的差异连线短于编号1中差异连线，但是编号3的IQ质量位于4～4.5之间，而编号1的IQ质量却在5.5～6.5之间，编号1的IQ质量明显好于编号3。如果专家评估IQ的等级高于消费者的评估等级，则差异为正向，反之则为负向。在图5-2中，组织5具有最大的正向差异，而组织1则有最小的负向差异。

5.2.3 DQA框架

2002年，MIT的三位研究人员提出了数据质量评估框架（data quality assessment, DQA），该框架同时支持主观评价和客观评价，认为主观数据质量评价反映的是信息用户的需求，而客观数据评价是基于数据集本身。不同的组织用户对数据质量有不同的定义[10]。DQA同时也指出客观评价有依赖或独立任务之分，任务依赖评价指数据的状态与应用的知识相关，反之就是不相关。在此基础上提出了16种数据质量维度。通过调查形成对数据质量维度的打分，打分需要一些函数把主观和客观评价相结合，提出了三种函数方法：第一种是简单比率法（simple ratio），指期望输出占总输出的比例。像无错误、完整性和一致性维度适合用这种表达方式。第二种是最大或最小值法（max or min operation），用于处理有多种数据质量变量的整合，像可理解性和合适的数量维度。第三种是加权平均法（weighted average）。对于复杂的多元维度的评估，可采用对维度中各类指标进行加权平均的方法，与最大最小值法相比，加权平均充分考虑到各类指标的影响。此方法便于组织对质量纬度的重要性有清晰的认识。具体的评估过程如图5-3所示。

DQA评估过程主要包括以下三个步骤：

（1）进行主客观的数据质量评估；

（2）比较评估结果，识别差异，用根源分析来找出差异原因；

（3）决定采取必要的改进措施。

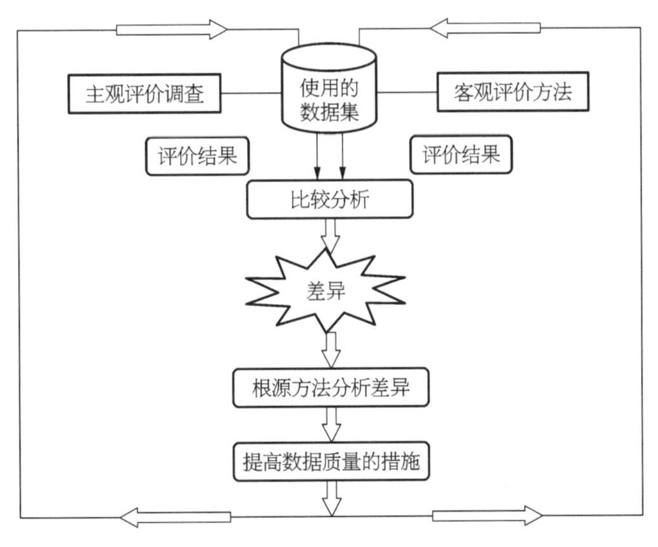

图 5-3 DQA 评估过程图

5.3 数据质量评估方法

数据质量评价方法主要分为定性方法、定量方法和综合方法。定性方法主要依靠评判者的主观判断。定量方法则为人们提供了一个系统、客观的数量分析方法,结果较为直观、具体。综合方法则将定性方法和定量方法结合起来,发挥两者的优势。

5.3.1 定性评估

定性评价方法一般基于一定的评价准则与要求,根据评价的目的和用户对象的需求,从定性的角度来对数据资源进行描述与评价。确定相关评价准则或指标体系,建立评价准则及各赋值标准,通过对评价对象大致评定,给出各评价结果,评价结果有等级制、百分制或其他表示[11]。

定性方法的实施主体需要对学科背景有较深的了解,评价标准和评价内容应由某领域专家或专业人员完成。采用定性评价方法进行评价时,一般先根据评价的目的和服务对象的需求,依据一定的准则与要求,确定相关评价标准或指标体系,建立评价标准及各赋值标准,再通过评价者、专家和用户打分或评定,最后统计出数据质量的评价结果。

通常,定性评估可划分为:用户反馈法、专家评议法和第三方评测法。下面简要介绍各个方法的特点。

1) 用户反馈法

用户反馈法是指由评价方给用户提供相关的评价指标体系和方法,用户根据其特定的质量需求从中选择符合其需要的评价指标和方法来评价数据或者信息资源。在这种方法中，评价机构仅将其所选择的指标体系和评价指南告知用户，帮助或指导用户进行数据质量评价，而不是代替用户评价。

2）专家评议法

专家评议法是由某领域的专家组成评判委员会来评价组织内的数据质量或者信息质量是否符合标准或者需求的一个过程。数据质量的评价指标体系和方法由专家确定，评估过程不需要用户的参与，只告知用户最终的评价结果。

3）第三方评测法

第三方是指独立于数据（信息）提供者、数据（信息）管理者以及数据消费者的机构或者组织。第三方评测法是由第三方根据特定的信息需求，建立符合特定信息需求的数据质量评价指标体系，按照一定的评价程序或步骤，得出数据质量评价结论。

5.3.2 定量评估

定量评价方法是指按照数量分析方法，从客观量化角度对基础科学数据资源进行的优选与评价。定量方法为人们提供了一个系统、客观的数量分析方法，结果更加直观、具体。目前，传统的纸质印刷品，如：报纸、图书、期刊、标准和专利等内容都已经实现数字化并存放在各种数据库中供用户检索、浏览和下载。为了评价各数据库中文献的数据质量，可以制定用户注册人数、文献下载量、文献在线访问量，以及引用率等评价指标来评价各个数据库收录文献质量的优劣。

本书以报业公司和独立组织的分类广告质量为例，来完成数据质量的定量评估。用户希望通过访问两种属于不同类型的网站来获取房屋租赁的相关信息。示例中的样本来自全美百强报业运营的51个网站和独立组织所拥有的22个网站，这里主要评估网站的可访问性。该质量维度由排序功能和结果导航功能两个评估要素构成，两个评估要素又可细分为若干评估指标，如表5-9所示[12]。

表5-9 网站可访问性质量评估体系

质量维度	评估要素	评估指标
可访问性	排序功能	● 无可用排序选项 ● 用1个变量排序 ● 用2个变量排序 ● 用3个或更多变量排序
	结果导航功能	● 显示命中结果总数 ● 显示结果页面总数 ● 基于超文本浏览 ● 列表的突出显示和编排 ● 结果内搜索

表 5－9 中列出的评估指标都可以采用定量评估方法进行测试，浏览这些网页并访问页面上的超链接后，就可以得到一个定量分析后的统计结果，如表 5－10 和表 5－11 所示。

表 5－10 提供结果排序功能的网站

所提的结果导航功能	报业公司所属网站（N=51）	独立组织所属网站（N=22）
无可用排序选项	49％	68％
用 1 个变量排序	37％	0％
用 2 个变量排序	8％	0％
用 3 个或更多变量排序	6％	32％

表 5－10 中的结果显示，大约 49％的报业公司分类广告网站和 68％的独立组织分类广告网站没有提供任何排序功能。报业公司分类广告网站提供 1 个变量排序和 2 个变量排序的比例分别为 37％和 8％，而独立组织分类广告网站都没有提供这两种形式的排序。在 3 个变量及以上排序功能中，有 8％的报业公司分类广告网站中支持此项功能，而有 32％的独立组织分类广告网站中支持此项功能。综合比较，较高比例的报业公司所属网站允许用户排序，但大部分只能使用 1 个变量排序。如果一个独立组织允许排序，那么它就能提供更为完善的排序功能。两类网站在排序功能上仅能提供低水平的可访问性。

表 5－11 结果导航功能的网站对比

所提供的排序功能	报业公司所属网站（N=51）	独立组织所属网站（N=22）
显示命中结果总数	82％	73％
显示结果页面总数	31％	41％
基于超文本浏览	24％	55％
列表的突出显示和编排	51％	45％
结果内搜索	2％	5％

从表 5－11 中可以看出：有 82％的报业公司分类广告网站和 73％的独立组织分类广告网站能提供满足搜索条件的结果。大约一半的独立组织分类广告网站为多页搜索结果提供超文本浏览功能，并显示页面总数；然而，报业公司所属网站提供此项功能的比例较低，仅为 24％。接近一半的报业公司和独立组织所属网站允许对感兴趣的广告进行选择和编排。两类网站（小于 5％）都不允许用户进行结果内搜索。因此，根据定量评估的结果，所测试的分类广告网站中，大约有一半以上在可访问性数据质量上还有明显的提升空间。

5.3.3 综合评估

综合方法将定性和定量两种方法有机地集合起来，从两个角度对数据资源质量进行评价。层次分析法(analytic hierarchy process，AHP)、模糊综合评价法(fuzzy comprehensive evaluation)、缺陷扣分法和云模型评估法是综合评估中经常使用的方法。

1) 层次分析法

AHP是由美国运筹学家托马斯·塞蒂(T. L. Saaty)在20世纪70年代中期正式提出，是一种定性和定量相结合的、系统化、层次化的分析方法[13]。由于它在处理复杂的决策问题上的实用性和有效性，很快在世界范围得到重视。它的应用已遍及经济计划和管理、能源政策和分配、行为科学、军事指挥、运输、农业、教育、人才、医疗和环境等领域。

该方法的核心是对评价对象进行优劣排序、评价和选择，从而为评价主体提供定量形式的评价依据。AHP法首先将复杂的问题分解成若干层次，建立阶梯层次结构，然后构成判断矩阵，进行层次单排序一致性检验，最后进行层次总排序和一致性检验，得出结论。

AHP的基本步骤如下[14]：

(1) 建立层次结构模型。将与数据质量有关的各个因素按照不同的隶属关系自上而下地分解成若干层次，同一层的诸因素从属于上一层的因素或对上层因素有影响，同时又支配下一层的因素或受到下层因素的作用。最上层为目标层，通常只有一个因素，中间可以有一个或几个层次，通常为准则层，即具体的评价指标，最下层是方案层。

(2) 构造判断矩阵。对同一层次的各因素对上一层次中某一准则的相对重要性进行两两比较，建立判断矩阵。

(3) 计算权向量并做一致性检验。对于每一个成对比较阵计算最大特征根及对应特征向量，利用一致性指标、随机一致性指标和一致性比率做一致性检验。若检验通过，特征向量(归一化后)即为权向量：若不通过，需重新构造成对比较阵。

(4) 计算组合权向量并做组合一致性检验。计算最下层对目标的组合权向量，并根据公式做组合一致性检验，若检验通过，则可按照组合权向量表示的结果进行决策，否则需要重新考虑模型或重新构造那些一致性比率较大的成对比较阵。

AHP充分利用人的分析、判断和综合能力，具有简明性、有效性、可靠性和广泛性等特点，适用于结构较为复杂、评价准则较多且不易量化的问题。但是也存在一定局限性，主要表现在其结果只是针对准则层中的要素，人的主观判断对结果的影响较大；此外，层次分析法使用比较复杂，运用具有一定的滞后性，不适用于频繁进行的数据质量评价活动。在实际应用中，对某个领域的数据进行质量评估时需要挑选不同因素(指标)，为了反映因素的重要程度，需要对各因素相对重要性进行估测(即权数)，由各因素权数组成的集合就是权重集，采用AHP确定各因素的权重关系就是一种非常好的方法。下面，举例说明AHP的应用。

例 5.1 大气数据计算机仿真系统中数学模型可信度的分析

大气数据计算机是一种技术含量高、功能多、处理数据量大、精度要求高且造价昂贵的电子设备，在某些航电综合试验过程中选用真实的大气数据计算机存在着很多不便，因此在地面研究中建立了大气数据计算机仿真系统来代替真实设备，可以大大降低试验成本和试验风险。然而仿真系统与真实系统不可能完全一致，因此需要对仿真系统进行可信度评估，确保大气数据计算机仿真系统的正确性和可行性[15]。下面采用 AHP 方法确定大气数据计算机仿真系统中数学模型可信度的各个评估因素的权重，具体处理步骤如下：

第一步：建立仿真系统数学模型可信度的层次结构模型。将影响大气数据计算机仿真系统中数学模型正确性的因素分层，第一层包括 2 个因素，正确性和合理性，即 $\boldsymbol{U}=\{u_1, u_2\}$；第二层包括 6 个因素，即 $\boldsymbol{u}_1=\{u_{11}, u_{12}, u_{13}\}$，$\boldsymbol{u}_2=\{u_{21}, u_{22}, u_{23}\}$。各个因素的关系如图 5 - 4 所示。

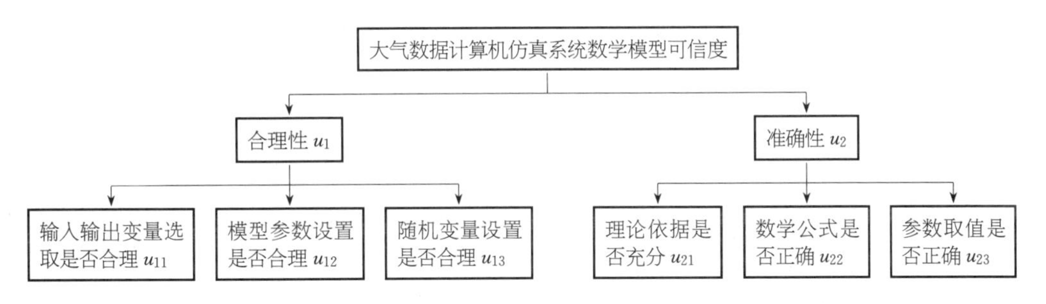

图 5 - 4 大气数据计算机仿真系统中数学模型可信度的层次结构图

定义第一层次权重集为 $\boldsymbol{A}=(a_1, a_2)$，第二层次权重集为 $\boldsymbol{A}_1=(a_{11}, a_{12}, a_{13})$；$\boldsymbol{A}_2=(a_{21}, a_{22}, a_{23})$。

第二步：构造判断矩阵。通过组织专家并咨询，采用(0～9)标度法构造第一层次的判断矩阵 $\boldsymbol{A}_1$，如表 5 - 12 所示。构造第二层次的判断矩阵 $\boldsymbol{A}_2$ 和 $\boldsymbol{A}_3$，如表 5 - 13 和表 5 - 14 所示。

表 5 - 12 u_1 和 u_2 的判断矩阵 A_1

	u_1	u_2
u_1	1	1/3
u_2	3	1

表 5 - 13 u_{11}、u_{12} 和 u_{13} 的判断矩阵 A_2

	u_{11}	u_{12}	u_{13}
u_{11}	1	4	8
u_{12}	1/4	1	5
u_{13}	1/8	1/5	1

表 5-14 u_{21}、u_{22} 和 u_{23} 的判断矩阵 A_3

	u_{21}	u_{22}	u_{23}
u_{21}	1	3	7
u_{22}	1/3	1	5
u_{23}	1/7	1/5	1

第三步：计算权向量并做一致性检验。求解特征向量 W。根据方根法求解，以第一层次的 $\boldsymbol{U} \leftarrow \{\boldsymbol{u}_1, \boldsymbol{u}_2\}$ 为例，其判断矩阵 $\boldsymbol{A}_1$ 具体形式如下：

$$\boldsymbol{A}_1 = \begin{bmatrix} u_{11} & u_{12} \\ u_{21} & u_{22} \end{bmatrix} = \begin{bmatrix} 1 & 1/3 \\ 3 & 1 \end{bmatrix}$$

依次计算 $\boldsymbol{A}_1$ 每一行元素的乘积 $\boldsymbol{M}_i$，计算 $\boldsymbol{M}_i$ 的 2 次方根 $\overline{\boldsymbol{W}_i}$，对向量 $\overline{\boldsymbol{W}} = (\overline{W_1}, \overline{W_2})$ 做归一化或者正规化处理，即

$$W_i = \overline{W_i} \ / (\sum_{i=1}^{2} \overline{W_i})$$

则 $\boldsymbol{W} = (w_1, w_2)$ 即为所求特征向量。根据以上步骤可以算出 $\boldsymbol{U} \leftarrow \{\boldsymbol{u}_1, \boldsymbol{u}_2\}$ 判断矩阵的特征向量为：$\boldsymbol{W} = (W_1, W_2) = (0.2500, 0.7500)$。这些特征向量是否就是合理的权重分配，还需要对判断矩阵进行一致性检验。其方法如下：

(1) 计算判断矩阵的最大特征值 $\lambda_{\max}$。

$$\lambda_{\max} = \sum_{i=1}^{2} \frac{(PW)i}{nWi} = \frac{1}{n} \sum_{i=1}^{2} \frac{(PW)i}{nWi}$$

式中，$(P_W)_i$ 表示 $\boldsymbol{P}_W$ 的第 i 个元素，而且 $n = 2$。

$$\boldsymbol{P}_W = \begin{bmatrix} \overline{(PW_1)} \\ \overline{(PW_2)} \end{bmatrix} = \begin{bmatrix} u_{11} & u_{12} \\ u_{21} & u_{22} \end{bmatrix} \begin{bmatrix} W_1 \\ W_2 \end{bmatrix}$$

代入已知数据计算得 $\lambda_{\max} = 3.0940$。

(2) 一致性检验，检验使用公式：$CR = CI/RI$，$CI = (\lambda_{\max} - n)/(n-1)$。代入 $n = 2$，得到 $\lambda_{\max} = 0$，则 $CR = 0 < 0.1$。该结果表明判断矩阵式 $\boldsymbol{A}_2$ 具有满意的一致性，因此 $W = (W_1, W_2)$ 的各个分量可以作为 $\boldsymbol{U} \leftarrow \{u_1, u_2\}$ 的权重系数，即 $\boldsymbol{A}_1 = (a_1, a_2) = (0.2500, 0.7500)$。

接下来，按照上述方法，依次计算第二层次的判断矩阵 $\boldsymbol{A}_2$ 和 $\boldsymbol{A}_3$ 的权重集：

$$\boldsymbol{A}_2 = (a_{11}, a_{12}, a_{13}) = (0.6986, 0.2370, 0.0643),$$
$$\lambda_{2\max} = 3.0940, RI = 0.52, CR_3 = 0.0904 < 0.1$$

$$\boldsymbol{A}_3 = (a_{21}, a_{22}, a_{23}) = (0.6492, 0.2789, 0.0720),$$
$$\lambda_{3\max} = 3.0651, RI = 0.52, CR_3 = 0.0626 < 0.1$$

经过计算，所有层次的因素权重都已经计算完成，获得最终的权重分布表，如表 5-15 所示。

表 5-15 仿真系统数学模型可信度权重分布表

一级指标	权 重	二 级 指 标	权 重
合理性 $\boldsymbol{U}_1$	0.25	输入/输出变量选取是否合理 u_{11}	0.698 6
		模型参数设置是否合理 u_{12}	0.237 0
		随机变量设置是否合理 u_{13}	0.064 3
正确性 $\boldsymbol{U}_2$	0.75	理论依据是否充分 u_{21}	0.649 2
		数学公式是否正确 u_{22}	0.278 9
		参数取值是否正确 u_{23}	0.072 0

2）模糊综合评价法

在自然科学或社会科学研究中，存在着许多定义不是很严格或者说具有模糊性的概念。例如，环境质量的污染等级可以描述为"轻污染，中污染，重污染"，某一生态条件对某种作物的存活或适应性的影响可以评价为"有利，比较有利，不那么有利，不利"等，这些通常都是模糊的概念。为处理这些"模糊"概念的数据，模糊集合论应运而生。

1965 年，美国加州大学控制论专家 L. A. Zadeh 教授首先提出模糊集的概念，并创立模糊数学理论。模糊数学在 40 多年的时间里得到非常迅速的发展，以模糊数学为基础的模糊综合评价方法也获得了长足的进展和广泛的应用，模糊综合评价方法在复杂系统的多目标综合评判、军事领域、信息安全、环境监测、天气预报中发挥了重要作用[16-18]。

模糊综合评价是在考虑多种因素的影响下，运用模糊数学工具对某事物做出的综合评价，例如：产品质量评定、科技成果鉴定、港口环境评价等，都属于综合评判问题。这种方法的基本思想是：在确定评价因素、因子的评价等级标准和权值的基础上，运用模糊集合变换原理，以隶属度描述各因素及因子的模糊界线，构造模糊评价矩阵，通过多层的复合运算，最终确定评价对象所属等级[19]。

采用模糊综合评价法的关键在于建立评价模型，评价模型由因素集、评价集、隶属度矩阵和权重集组成，之后进行复合运算就可以得到综合评价结果。下面介绍建立评价模型的基本过程和运算过程。

(1) 建立因素集。因素集 $\boldsymbol{U}$ 是在研究领域内影响评估对象的各属性（指标）所组成的集合。如果评价因素只有一级，则用 $\boldsymbol{U}=\{u_1,u_2,\cdots,u_n\}$ 表示。其中，$u_i(i=1,2,\cdots,n)$ 表示评价对象包含的第 i 个评价因素。如果是采用多级因素进行评估，将主因素的因素集仍然表示为：$\boldsymbol{U}=\{u_1,u_2,\cdots,u_n\}$，而对于主因素包含的各个子因素来说，第 k 个子因素的因素集表示为：$\boldsymbol{U}_k=\{u_{k1},u_{k2},\cdots,u_{kl}\}$，其中，$u_{ki}(i=1,2,\cdots,l)$ 表示第 k 个子因素当中的第 i 项评价因素。

（2）建立评价集。评价集 $\boldsymbol{C}$ 是对评估对象做出的各个评判结果所组成的集合，用 $\boldsymbol{C}=\{c_1,c_2,\cdots,c_m\}$ 表示。表 5-16 显示了一个产品质量的评价集，采用了 100 分制。按照人们基于 5 等级自然语言判断的习惯进行划分，将“很好”定位于 90 分，“好”定位于 80 分，“一般”定位于 70 分，“合格”定位于 60 分，“极差”定位于 40 分。

表 5-16 产品质量评价集

评价	很好	好	一般	合格	极差
数值	90	80	70	60	40

（3）建立权重集。权重集是指评价因素集中每个因素在“评判目标”中占用不同的比重，权重集 $\boldsymbol{W}=(w_l,w_2,\cdots,w_n)$ 当中的元素就是各项评价因素的归一化权值。因此，权重集实际上就是因素集当中各项评价因素的归一化权值矩阵。权重集通常采用 AHP 方法得到。

（4）建立隶属度函数和隶属度矩阵。评语集 $\boldsymbol{C}$ 和因素集 $\boldsymbol{U}$ 确定后，就可建立一个从 $\boldsymbol{U}$ 到 $\boldsymbol{C}$ 的模糊映射函数 f：

$$F: U \rightarrow F(C), \forall u_i \in U$$

$$u_i \mapsto f(u_i)=\frac{r_{i1}}{c_1}+\frac{r_{i2}}{c_2}+\cdots+\frac{r_{im}}{c_m}$$

$$0 \leqslant r_{ij} \leqslant 1, 1 \leqslant i \leqslant n, 1 \leqslant j \leqslant m$$

由 f 可以诱导出模糊关系，得到模糊矩阵 $\boldsymbol{R}$，称 $\boldsymbol{R}$ 为单因素评判矩阵，或者称为单因素的隶属度矩阵。于是 $(\boldsymbol{U},\boldsymbol{C},\boldsymbol{R})$ 构成了一个综合评判模型。

如果是采用一级模型进行评价，那么评价对象的隶属度矩阵表示为：

$$\boldsymbol{R}=\begin{bmatrix} r_{11} & r_{12} & \cdots & r_{1m} \\ r_{21} & r_{22} & \cdots & r_{2m} \\ \cdots & \cdots & \cdots & \cdots \\ r_{n1} & r_{n2} & \cdots & r_{nm} \end{bmatrix}$$

其中，$r_{ij}(i=1,2,\cdots,n;j=1,2,\cdots,m)$ 表示评价对象的第 i 项评价因素 u_i 相对于第 j 级评语 c_j 的隶属度。

如果是采用多级模型进行评价，那么主因素所包含的第 k 个子因素的隶属度矩阵表示为：

$$\boldsymbol{R}_k=\begin{bmatrix} r_{11} & r_{12} & \cdots & r_{1m} \\ r_{21} & r_{22} & \cdots & r_{2m} \\ \cdots & \cdots & \cdots & \cdots \\ r_{l1} & r_{l2} & \cdots & r_{lm} \end{bmatrix}$$

其中，$r_{ij}(i=1,2,\cdots,l;j=1,2,\cdots,m)$ 表示第 k 个子因素当中的第 i 项评价因素 u_{ki} 相对于第 j 级评语 c_j 的隶属度。

(5) 综合评价过程。利用权重集和隶属度矩阵进行模糊矩阵复合运算，就可以得出模糊综合评价的结果矩阵。设 $\boldsymbol{W}=(w_1,w_2,\cdots,w_n)$ 是归一化的权向量，$\boldsymbol{R}=(r_1,r_2,\cdots,r_n)$ 是评价对象的隶属度矩阵，令 $\boldsymbol{B}=(b_1,b_2,\cdots,b_n)$ 为评价对象的评价结果矩阵，

则 $\boldsymbol{B}=\boldsymbol{W}\circ\boldsymbol{R}=\bigvee_{i=1}^{n}(w_i\wedge r_i)\ (i=1,2,\cdots,n)$

其中，“∧”为取小运算，“∨”为取大运算，“∘”为模糊矩阵的合成运算，即有如下公式：

$$\bigvee_{i=1}^{n}(w_i\wedge r_i)=\max\min\{w_i,r_i\},\ (i=1,2,\cdots,n)$$

如果评价模型为一级，那么 B 就是一维向量的评价结果。对评价结果矩阵进行归一化后得到最终的结果矩阵，就可以对评价对象的情况做出评估。如果评价模型为多级，那么需要分两步来计算模糊综合评价模糊综合评价结果矩阵。第一步：首先计算主因素所包含的每个子因素的评价结果矩阵；第二步：计算主因素的评价结果矩阵。

下面，我们通过一个实际的例子说明模糊综合评价法的使用[20]。

例 5.2　文献信息产品质量综合评价实例

广东省某图书馆报刊信息开发中心希望对其文献信息产品质量进行用户调查，为此向用户发出质量调查表 350 份，回收有效数据 62 份，现采用模糊评价方法对该产品质量总体水平做出综合评价。下面是该次调查信息产品质量的模糊数学方法评价过程：

第一步：建立因素集。

所选择的因素集 $\boldsymbol{U}=$（选材质量，时效性，栏目设置，信息量，参考价值，总体印象）。

第二步：建立权重集。

结合用户意见及专家意见，可给出其各因素的评价权重集：$\boldsymbol{W}=(0.25,0.15,0.1,0.1,0.25,0.15)$。

第三步：建立评价集。

在本次调查中，评价集取：$\boldsymbol{C}=(c_1,c_2,c_3)=$（好，一般，差），其评语赋值见表 5-17。

表 5-17　文献信息产品质量评价集

评价	好	一般	差
赋值	90	70	50

第四步：建立隶属度函数和隶属度矩阵

由调查所采集的数据如表 5-18 所示。

表 5-18 文献信息产品质量调查汇总表

指　　标	给出评价的人数			总　人　数
	好	一般	差	
选材质量	37	17	0	54
时效性	23	27	0	50
栏目设置	33	18	1	52
信息量	42	5	0	47
参考价值	44	12	0	56
总体印象	53	6	0	59

根据表 5-17 和表 5-18 可以得到各指标各个评语的隶属度函数，如下所示：

选材质量 $\boldsymbol{R}_1=(0.685\quad 0.315\quad 0)$，时效性 $\boldsymbol{R}_2=(0.46\quad 0.54\quad 0)$，栏目设置 $\boldsymbol{R}_3=(0.635\quad 0.346\quad 0.019)$，信息量 $\boldsymbol{R}_4=(0.894\quad 0.106\quad 0)$，参考价值 $\boldsymbol{R}_5=(0.786\quad 0.214\quad 0)$，总体印象 $\boldsymbol{R}_6=(0.898\quad 0.102\quad 0)$。在此基础上，建立隶属度矩阵 $\boldsymbol{R}$：

$$\boldsymbol{R}=\begin{bmatrix}0.685 & 0.315 & 0\\ 0.46 & 0.54 & 0\\ 0.635 & 0.346 & 0.019\\ 0.894 & 0.106 & 0\\ 0.786 & 0.214 & 0\\ 0.898 & 0.102 & 0\end{bmatrix}$$

第五步：进行模糊综合评价。

运用模糊矩阵运算：$\boldsymbol{B}=\boldsymbol{A}\circ\boldsymbol{R}$，即

$$\boldsymbol{B}=(0.25,0.15,0.1,0.1,0.25,0.15)\circ\begin{bmatrix}0.685 & 0.315 & 0\\ 0.46 & 0.54 & 0\\ 0.635 & 0.346 & 0.019\\ 0.894 & 0.106 & 0\\ 0.786 & 0.214 & 0\\ 0.898 & 0.102 & 0\end{bmatrix}=(0.25,0.25,0.019)$$

经过归一化处理后，得到最终的评价结果为：$\boldsymbol{B}=(0.4817,0.4817,0.0366)$。按最大隶属度原则可得：读者满意度介于好和一般之间，说明读者对该文献信息产品是比较满意的，若按(90,70,50)加权平均计算可得综合分为 77.9 分。

3）云模型评估法

在现实世界中，许多事物的概念是不确定的，具有模糊性和随机性。模糊综合评价法主要适用于评估存在模糊性的质量问题，而对于一个模糊性和随机性共存的问题，更适合采用“云

模型"理论。云模型是李德毅院士于 1995 年所提出的，旨在实现定性概念与定量数值之间的不确定性转换模型。云模型将概率论和模糊集合理论结合起来，通过特定构造的算法，形成定性概念与其定量表示之间的转换模型，并揭示随机性和模糊性的内在关联性[21-22]。

(1) 云模型的基本原理。在云模型中，设 X 是一个用精确数值量表示的论域，X 上有对应的定性概念$\widetilde{A}$，对于任意一个论域中的元素 x，都存在一个有稳定倾向的随机数 $y \in [0,1]$，叫做 x 对$\widetilde{A}$的隶属度，则隶属度在论域上的分布称为隶属云，简称为云。云由许许多多云滴组成，云的整体形状反映了定性概念的重要特性，云滴则是对定性概念的定量描述，云滴的产生过程，表示定性概念和定量值之间的不确定性映射[23]。

用期望值 E_x、熵 E_n、超熵 H_e三个参数来表示一维正态云的数字特征。期望 E_x是指在论域空间中最能够代表这个定性概念的点。熵 E_n代表一个定性概念的可度量粒度，通常熵越大概念越宏观。熵还反映了定性概念的不确定性，表示在论域空间可以被定性概念接受的取值范围大小，即模糊度，是定性概念亦此亦彼性的度量。超熵 E_n是熵的不确定性的度量，它反映代表定性概念值的样本出现的随机性，揭示了模糊性和随机性的关联。三个参数简记为 $\widetilde{A} = X(E_x, E_n, H_e)$，它反映了定性知识的定量特性，主要作用区域为$[E_x, 3E_n]$。改变论域 X 的维数也可以构成一维云、二维云、多维云等。

(2) 云发生器。云发生器是用语言值描述的某个基本概念与其数值之间的不确定性转换模型，是从定性到定量的映射。以一维正态云为例，可用以下算法生成所需数量的云滴：

输入：E_x, E_n, H_e和云滴数 N。

输出：N 个云滴的定量值，以及每个云滴代表概念$\widetilde{A}$的确定度，简记为 $(Drop(x_1, C_T(x_1)), Drop(x_2, C_T(x_2)), \cdots, Drop(x_N, C_T(x_N)))$。

Step1：生成以 E_n为期望值，H_e为标准差的正态随机数$E_{ni} = f(E_n, H_e)$。其中，$f(E_n, H_e)$为正态随机数的生成函数；

Step2：生成以 E_x 为期望值，$\text{abs}(E_{ni})$ 为标准差的正态随机数 x_i；

Step3：令 x_i 为定性概念计算$\widetilde{A}$ 的一次具体量化值，称为云滴；计算 $y_i = C_T(x_i) = \exp\left[\frac{-(x_i - E_x)^2}{2(E_{ni})^2}\right]$；

Step4：令 y_i 为 x_i 属于定性概念$\widetilde{A}$ 的确定度；

Step5：$\{x_i, y_i\}$ 完整地反映了这一次定性映射为定量的全部内容；

Step6：重复步骤 1～5，直至产生 N 个云滴。

此算法产生云滴的机制称为前向云发生器，它同样适用于多维云的云滴产生过程。

(3) 综合云。综合云用于将两朵或多朵相同类型的子云进行综合，生成一朵新的高层概念的父云。其本质为提升概念，即将两个或多个以上的同类型语言值综合为一个更广义的概念语言值[23]。

作为父云的综合云，其数字特征参数可以通过所有子云的参数计算求得。假设论域中

存在 n 个同类型的基云 $\{S_1(E_{x1},E_{n1},H_{e1}),S_2(E_{x2},E_{n2},H_{e2}),\cdots,S_n(E_{xn},E_{nn},H_{en})\}$，则由 $S_1,S_2,\cdots,S_n$ 可以生成一个同类型的综合云 S，S 覆盖了 $S_1,S_2,\cdots,S_n$ 所有论域范围。综合云 S 的数字特征参数 (E_x,E_n,H_e) 计算公式如下：

$$
\begin{aligned}
E_x &= \frac{E_{x1}\times E_{n1}+E_{x2}\times E_{n2}+\cdots+E_{xn}\times E_{nn}}{E_{n1}+E_{n2}+\cdots+E_{nn}} \\
E_n &= E_{n1}+E_{n2}+\cdots+E_{nn} \\
H_e &= \frac{H_{e1}\times E_{n1}+H_{e2}\times E_{n2}+\cdots+H_{en}\times E_{nn}}{E_{n1}+E_{n2}+\cdots+E_{nn}}
\end{aligned}
\tag{5-1}
$$

其中，$E_{x1},E_{x2},\cdots,E_{xn}$ 分别为各基云的期望值；$E_{n1},E_{n2},\cdots,E_{nn}$ 为各基云的熵；H_{e1}，$H_{e2},\cdots,H_{en}$ 为各基云的超熵；n 为基云的个数。

下面通过一个实际的例子说明基于云理论的数据质量评估方法[24]。

例 5.3　数字影像地图数据质量评价实例

数字影像产品作为所有地图产品的一个重要数据源，本书采用云理论对它的数据质量进行分析。下面给出具体的评价过程：

第一步：建立评价标准、权重集和评价集。

参照《数字测绘产品检查验收规定和质量评定》(GB/T 18316－2001)及国家测绘局制订的《4D测绘产品质量监督抽检实施细则》，确定数字影像地图的质量评价标准，即指标集 **U**，该标准包括4个一级因素和17个二级因素，每个质量指标在综合评价中所占的权重集为 **W**，指标集和权重集见表5－19所示，评价集 **C** 见表5－20所示。

表5－19　影像地图各级质量指标及权重表

一级质量因素	权　重	二级质量因素	权　重
影像质量	0.30	分辨率的正确性	0.30
		色调均匀、反差适中	0.25
		色彩与清晰度	0.25
		边缘灰度情况	0.10
		接边情况	0.10
数据质量	0.20	文件名、数据组织和格式	0.80
		数据的现势性	0.20
数学精度	0.30	参考坐标系统的正确性	0.25
		图廓点和控制点的精度	0.25
		图幅范围精度	0.20
		平面位置精度	0.20
		接边位置精度	0.10

(续表)

一级质量因素	权　重	二级质量因素	权　重
整饰质量	0.10	图内注记的完整性和正确性	0.60
		图廓整饰质量	0.40
附件质量	0.10	元数据文件的正确性和完整性	0.35
		文档簿的正确性和完整性	0.35
		上交资料齐全性	0.30

表 5-20　影像地图的评价集(十分制)

评　价	优	良	合　格	不合格
赋　值	[9, 10]	[8, 9)	[6, 8)	[0, 6)

第二步：生成二级指标的综合云评估。

(1) 根据指标集中各二级指标的评价值，给出其云模型。

(2) 对指标集中各质量指标 U_i 的二级指标进行综合云运算。考虑到各个子指标的权重 W_i，需要对式(5-1)进行调整：

$$
\begin{aligned}
E_x &= \frac{E_{x1}\times E_{n1}\times W_1 + E_{x2}\times E_{n2}\times W_2 + \cdots + E_{xn}\times E_{nn}\times W_n}{E_{n1}\times W_1 + E_{n2}\times W_2 + \cdots + E_{nn}\times W_n} \\
E_n &= E_{n1}\times W_1\times n + E_{n2}\times W_2\times n + \cdots + E_{nn}\times W_n\times n \\
H_e &= \frac{H_{e1}\times E_{n1}\times W_1 + H_{e2}\times E_{n2}\times W_2 + \cdots + H_{en}\times E_{nn}\times W_n}{E_{n1}\times W_1 + E_{n2}\times W_2 + \cdots + E_{nn}\times W_n}
\end{aligned}
\tag{5-2}
$$

其中 E_x, E_n, H_e 为指标 U_i 的云模型参数；E_{x1}, E_{x2}, …, E_{xn} 分别为各二级指标云模型的期望值；E_{n1}, E_{n2}, …, E_{nn} 为各二级指标云模型的熵；H_{e1}, H_{e2}, …, H_{en} 为各二级指标云模型的超熵；n 为二级指标的个数；W_1, W_2, …, W_n 为各二级指标的权重。

(3) 根据式(5-2)求出综合云的各个参数。

以数据质量的二级指标综合云评估为例，如果它的子指标的评分值分别为 8 和 7.5，我们根据经验值确定出其云模型的参数，分别为 $\boldsymbol{T}_1$(8, 3.3, 0.5) 和 $\boldsymbol{T}_2$(7.5, 3.3, 0.5)。通过式(5-2)以及子指标的权重集(0.8, 0.2)，我们可以求出它的综合云数字特征参数：$\boldsymbol{T}$(7.1, 5.6, 0.5)，如图 5-5 所示。

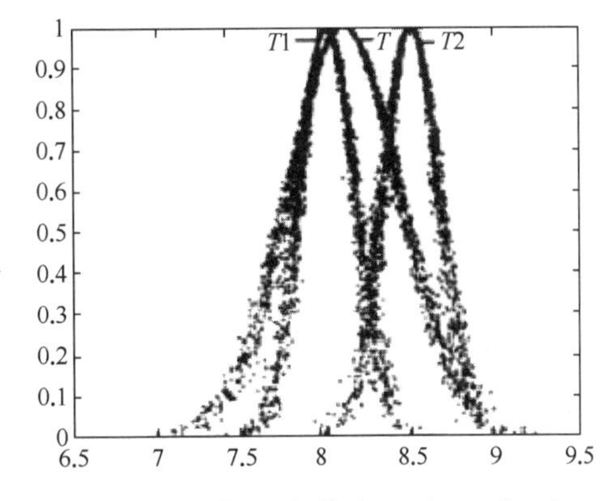

图 5-5　综合云图(其中 $\boldsymbol{T}_1$ 和 $\boldsymbol{T}_2$ 为二级指标云图，$\boldsymbol{T}$ 为综合云图)[24]

第三步：指标集的综合评估。

（1）评语集云模型的确定。

根据表5-20所示，如果各质量指标的评价分数落在评价分数区间，则隶属度为1，如在区间外，则需要确定评价集中各评语的云模型，通过云模型求出评价分数相对于各评价的隶属度。由于各评价的分数定义是一个双边约束的区间(假设区间最大值与最小值分别为c_{max}、c_{min})，因此采用梯形云来确定各评语的云模型。考虑到各个质量指标的评价分数x_i存在一定的误差，令其误差范围为$\pm d$，则评价分数的取值区间为$[d_{min}, d_{max}]$，其中$d_{max} = x_i + d$，$d_{min} = x_i - d$。计算公式如下：

$$\text{上升云：}\begin{cases} E_x = c_{min} \\ E_n = (c_{min} - d_{min})/3 \\ H_e = k_1 \end{cases}$$
$$\text{下降云：}\begin{cases} E_x = c_{max} \\ E_n = (c_{max} - d_{max})/3 \\ H_e = k_2 \end{cases} \tag{5-3}$$

当质量指标的评价分数x_i小于c_{min}时选用上升云来计算评语云模型的参数，当大于c_{max}时选用下降云。其中k_1、k_2是人为给定的一个经验值，可以根据评语集中具体的不确定性进行调整。

（2）计算带权重的综合评估模型。

影像地图质量综合评估是指求出产品质量相对于评价集中各评语的隶属度，取其最大值作为最终评价结果。由于指标集中各个指标的权重不一，因此在评价过程中需要引入权重因子。具体步骤如下：

① 在第二步计算出的质量指标云模型，通过前向云发生器随机生成一个评价分数x_i，计算其对于评语“优”的隶属度。

② 当评价分数x_i在评语“优”的分数区间内时，隶属度$C_{T1}(x_i) = 1$；否则，根据式(5-3)求出评语“优”的云模型T_1，进行下一步计算。

③ 以云模型T_1的方差E_n为期望值，超熵H_e为方差，生成一个正态随机数E_{ni}；以T_1的E_x为期望值，E_{ni}为方差，求出评价分数x_i关于评语“优”云模型T_1的隶属度：$C_{T1}(x_i) = \exp[-(x_i - E_x)^2 / 2 \cdot (E_{ni})^2]$。

④ 考虑各个质量指标的权重w_i，计算影像地图质量对于评语“优”的隶属度S_{C1}：

$$SC_1 = \sum_{i=1}^{k} w_i \times C_{T_1}(x_i) \tag{5-4}$$

其中，k为质量指标的个数。

⑤ 同理，求出影像地图质量对于评语集中其他评语的隶属度SC_2、SC_3、SC_4。

⑥ 重复第一步，进行n次计算，直到生成n组评语。

⑦ 根据 n 次计算的结果，计算评语集各个评语的隶属度平均值 V：

$$V_1=\frac{\sum_{i=1}^{n} SC_{1i}}{n},V_2=\frac{\sum_{i=1}^{n} SC_{2i}}{n}$$
$$V_3=\frac{\sum_{i=1}^{n} SC_{3i}}{n},V_4=\frac{\sum_{i=1}^{n} SC_{4i}}{n} \tag{5-5}$$

根据式(5-5)，取其平均隶属度最大的评语作为影像地图质量的最终评价结果。

假设以一幅影像地图作为评估对象，其二级指标的评分值如下：

$$\begin{pmatrix} 7.2\ 7.5\ 5.5\ 6.6\ 7.4 \\ 9.5\ 6.6 \\ 9.5\ 9.0\ 7.5\ 5\ 4 \\ 7.5\ 6.8 \\ 9.1\ 9.5\ 7.9 \end{pmatrix}$$

根据式(5-2)求出一级质量元素的综合云模型 $\boldsymbol{U}_i$：$\boldsymbol{U}_1=(6.81,0.165,0.001)$，$\boldsymbol{U}_2=(9.12,0.066,0.001)$，$\boldsymbol{U}_3=(6.725,0.165,0.001)$，$\boldsymbol{U}_4=(7.22,0.066,0.001)$，$\boldsymbol{U}_5=(9.18,0.099,0.001)$。根据评价集的分数区间，考虑到评价值获取的误差可能性，取误差范围 $d=0.5$，按照第三步中所说的步骤，进行 1 000 次随机计算，计算结果为：$V_1=0.383$，$V_2=0.734$，$V_3=0.696$，$V_4=0.055$。

由上述结果可知，此影像的最终评价等级为“良”，但是我们也能看出“合格”的隶属度也比较高，因此其质量应该为良偏下更贴近实际。

4) 缺陷扣分法

缺陷扣分法[25]指计算单位产品(数据或信息)的得分值，由单位产品的得分值来评价产品质量的方法。以地图产品为例，将单位产品的满分设为 100 分，先对地图产品中的缺陷进行判定，并对各缺陷按其严重程度进行扣分，再将各缺陷扣分值累加，最后用 100 减去累加的扣分值作为该产品的得分值，再由得分值判定产品质量。

目前对缺陷严重程度的认定主要有严重缺陷、重缺陷和轻缺陷 3 种[26]。

(1) 严重缺陷指单位产品的极重要质量元素不符合规定，以致不经返修或处理不能提供用户使用。

(2) 重缺陷指单位产品的重要质量元素不符合规定，或者单位产品的质量元素严重不符合规定，对用户使用有重大影响。

(3) 轻缺陷指单位产品的一般质量元素不符合规定，或者单位产品的质量元素不符合规定，对用户使用有轻微影响。

对应于各种缺陷扣分标准如表 5-21 所示[27]。

表5-21 缺陷扣分标准表

缺陷等级	严重缺陷	重缺陷	轻缺陷
缺陷扣分法	42	$12/T$	$1/T$

这里，T 表示缺陷值调整系数，根据单位产品的复杂程度而定，一般取值0.8～1.2。

使用缺陷扣分法进行质量评价的基本步骤分为3步[28]：

第一步：根据缺陷扣分标准，得到单位产品的每个一级质量特征得分

$$a = 100 - 42i - (12/T)j - (1/T)k$$

其中，a 为单位产品一级质量特征得分；i 为单位产品一级质量特征中严重缺陷的个数；j 为单位产品一级质量特征中重缺陷的个数；k 为单位产品一级质量特征中轻缺陷的个数；T 为缺陷值调整系数。

第二步：计算单位产品的得分

$$N = \sum_{i=1}^{n} a_i p_i$$

其中，N 为单位产品得分；a_i 为各一级质量特征的得分；p_i 为相应质量特征的权；n 为一级质量特征的个数。

第三步：划分单位产品质量等级：$N \geqslant 90$ 分为优秀；N 在75～89分之间为良好；N 在60～74分之间为合格；$N \leqslant 59$ 分为不合格。

缺陷扣分法的特点包括：操作简单，对缺陷的反应灵敏，缺陷值易于量化，且缺陷值直接对应于产品的不同的质量等级。评价者根据扣分情况，可以很方便地对产品质量进行分级定级。

然而实际操作中，缺陷扣分法也存在着许多局限性和不足：重缺陷与轻缺陷扣分跨越太大，评价结果粗糙不可靠，对缺陷的认定过于绝对，结果容易偏激。现有数据包含的对象类型非常广泛，缺陷扣分法仅能适用于其中一部分专业领域，如空间数据等结构化数据的质量评价，而在全面的综合评价方面不完全适用。

5.4 数据质量评估案例——媒体信息可信度质量评估

5.4.1 背景概述

当人们面临重大灾难和危机时，科学合理的决策必须依靠信息来制定，信息的质量决

定决策的质量，而信息可信度是构成信息质量的一个关键要素[44]。媒体信息是人们最容易获取的信息来源，因此，衡量媒体信息的可信度是评估媒体信息质量的一个重要途径。

可信度的概念源于大众传播研究领域。一般认为是被受传者所感受到的信源或传播媒介的一种品质。即不论其传播的内容为何而能令受传者无可争辩地信赖。换言之，可信度就是在传播过程中信息接受者对信息提供者和传播媒介的信赖度的主观评价，而非媒介本身所具有的客观属性。它随评价对象、用户自身属性和具体的信息环境等条件的变化而改变[45-46]。

媒体信息可信度研究主要分为三大类：来源可信度、信息/内容可信度和渠道可信度[47]。来源可信度关注的是信源的特质如何影响媒介信息的过程，以及对传播者自身的评估；信息可信度研究关注的是通过何种机制，信息的特征和信息的传送影响其可信度；渠道可信度研究公众对于某一媒介渠道整体上的信任程度。

5.4.2 媒体信息可信度评价指标体系

评估媒体信息的可信度需要制定相应的评测指标。本书同时借鉴李晓静和靳一[48-49]提出的媒体可信度的大部分维度和指标作为信息可信度的部分评价标准，并完善了一些指标，构建出新的媒体信息可信度评价指标体系，如表 5 - 22 所示[39]。

表 5 - 22 媒体信息可信度评价指标体系

维　度	可信度测评指标
权威性(D_1)	信息来源机构，有具体名称(E_{11})
	信息来源是专家/权威人士，有姓名和身份(E_{12})
客观性(D_2)	公平，没有歧视或偏见(E_{21})
	真实(E_{22})
	准确无误(E_{23})
可证实性(D_3)	图文/声像并茂(E_{31})
	信息来源是第一手材料(E_{32})
	信息来源可以相互验证(E_{33})
时效性(D_4)	信息发布距离事件发生时的时间间隔(E_{41})
	信息是否定期更新(E_{42})
完整性(D_5)	所反映的人物或事件在内容上细致详尽，不回避事件中的任何重要事实(E_{51})

本案例提出的指标体系分为两个层次。第一个层次由不同的评价维度构成，包括：权威性、客观性、可证实性、时效性和完整性，用 D_i 表示，$i=1, \cdots, 5$。第二个层次是表示每一

个维度下面具体的评价指标，用 E_{ij} 表示，$i=1,\cdots,5,j=1,2,3$。权威性维度主要考虑媒体信息来源，包含 2 个测评指标。客观性是媒体信息最基本的原则，由 3 个二级指标构成。在突发事件的媒体报道中，可证实性非常重要，但它与时效性是一个对立面。证实一条信息的真伪需要一定时间，经过证伪后的信息时效性就会受到一定的影响。但是，如果未对信息进行有效的核实，会让更多的谣言和流言传播出来。可证实性维度包括 3 个二级指标，而时效性包含 2 个二级指标。最后一个完整性维度只有 1 个二级指标。

5.4.3 媒体信息可信度的综合评价模型

媒体信息可信度的综合评价模型的构建过程如下所示：

1）确定权重

本案例采用层次分析法确定权重。通过组织 3 位传媒领域的专家根据表 5-22 构建的评价体系进行打分，最终计算出相应权重。具体步骤如下：

（1）计算维度权重。

首先，构造比较判断矩阵是层次分析法的出发点，主要目的是得到每一层次各个元素之间的相互重要性判断，是把专家的主观判断量化的关键步骤。这里，主要采用(0，1，2)三标度法来对每一元素进行两两比较后，建立一个比较矩阵 $\boldsymbol{A}$ 并计算出各元素的排序指数。比较矩阵 $\boldsymbol{A}=(a_{ij})$，其中，如果元素 E_i 比 E_j 重要，则 a_{ij} 的取值为2；如果 E_i 与 E_j 同等重要，则取值为1；如 E_i 没有 E_j 重要，则取值为 $0(i=1,2,3,4,5;j=1,2,3)$，$r_i=\sum_{j=1}^{n}a_{ij}$。

接着，通过极差法将比较矩阵转化为判断矩阵 $\boldsymbol{C}$。矩阵 $\boldsymbol{C}=(c_{ij})_{n\times n}$，$(c_{ij})=f(ri,rj)=cb^{(ri-rj)}/R$，其中 cb 为一常量，表示预先给定的极差元素对的相对重要程度，通常 $cb=9$；$R=r_{\max}-r_{\min}$ 称为极差，$r_{\max}=\max(r1,r2,\cdots,rn)$，$r_{\min}=\min(r1,r2,\cdots,rn)$。构建好判断矩阵 C 后就可以根据以下公式计算各元素的权重值 w_i。

$$M_i=\prod_{j=1}^{5}c_{ij},\ W_i=\sqrt[5]{M_i},\ w_i=W_i/\sum_{i=1}^{5}W_i,\ \sum_{i=1}^{5}w_i=1。$$

下一步，证明它们完全满足一致性的要求。设一致性检验指标 $C.I.=(\lambda_{\max}-n)/(n-1)$，$\lambda_{\max}$ 为最大特征值，n 为评价指标个数。可用 $\delta(k)=\max\{|w_i^{(k)}-w_i^{(k+1)}|/|w_i^{(k-1)}|\}\leqslant\varepsilon$ 进行一致性检验，若满足检验要求，计算停止，$w^{(k)}$ 为所求权重。如果没有满足一致性，则重新构造判断矩阵进行计算，直到得到满意的一致性。这里，k 为迭代次数，ε 为满足一致性要求所允许的最大值，一般可取 0.001。

最后，分别计算 3 位专家的维度权重，取三者的均值作为这一层的最终权重。

（2）计算指标权重。

采用与计算维度权重类似的方法计算指标权重。这里，以 w_{ij} 表示各指标的权重，$i=$

$1,2,\cdots,5, j=1,2,3, \sum_{i=1}^{5}\sum_{j=1}^{3} w_{ij}=1$。

(3) 计算指标权重相对于总目标的权重。

将每个指标权重乘以其所属维度的维度权重，这样就得到各指标权重相对于总目标的权重，记为 wd_{ij}，$i=1, 2, \cdots, 5, j=1, 2, 3, \sum_{i=1}^{5}\sum_{j=1}^{3} wd_{ij}=1$。

2）评价等级的确定及基本评价指标的取值方式

在本案例的评价模型中，用 L 表示所有定性指标属性的评价等级集合。主要采用五级(A, B, C, D, E)和三级(A, B, C)的评价集合，见表 5－23 和 5－24。表 5－23 中，五级隶属标准列表从 A 级到 E 级，A 级最高，E 级最低。这里的指标为建议数，根据需要可做适当调整。

表 5－23 五级隶属标准列表

指标性能	A(很好)	B(好)	C(一般)	D(差)	E(极差)
隶属度函数值	0.85～1.0	0.75～0.85	0.60～0.75	0.4～0.6	0.0～0.4
等级	1	2	3	4	5

表 5－24 三级隶属标准列表

指标性能	A(好)	B(一般)	C(差)
隶属度函数值	0.8～1.0	0.6～0.8	0.0～0.6
等级	1	2	3

下面给出各评估指标的取值方式，专家按照这些规则对媒体信息的指标属性直接打分。

(1) 信息来源机构，有具体名称。该指标是一个定性指标，用来评价媒体信息来源所属机构。该指标分为五个评价等级，具体内容见表 5－25。

表 5－25 信息来源机构

评价等级	说明
1	指国际权威的媒体机构，如法新社、路透社、美联社
2	指马来西亚官方的媒体机构(包括马来西亚航空公司)
3	各个国家的权威媒体机构，如新华社、BBC、CNN、日本共同社
4	专业的媒体机构，如人民日报、越南媒体
5	社交网络(Facebook，Twitter)，微博，微信

(2) 信息来源是专家/权威人士，有姓名和身份。该指标是一个定性指标，用来评价媒体信息来自个人的情况。该指标分为五个评价等级，具体内容见表 5－26。

表 5-26 信息来源专家

评价等级	说明
1	指国际权威专家
2	国际相关领域专家
3	参与飞机搜救国家的官员
4	参与飞机搜救国家的一般人员
5	不知名的个人,甚至是匿名用户

(3) 公平,没有歧视或偏见。该指标是一个定性指标,用来评价媒体信息内容是否公正,是否带有政治偏见或个人偏见。该指标分为三个评价等级,具体内容见表 5-27。

表 5-27 公平性取值

评价等级	说明
1	报道内容公正,没有歧视和偏见,不倾向任何一方
2	报道内容带有一定的歧视和偏见,倾向某一方
3	报道内容带有明显的歧视和偏见,或者歪曲一些事实

(4) 真实。该指标是一个定性指标,用来评价信息内容是否真实可靠。该指标分为三个评价等级,具体内容见表 5-28。

表 5-28 真实性取值

评价等级	说明
1	对报道内容进行充分调查,内容真实
2	对报道内容进行没有充分调查,内容部分真实
3	对报道内容进行没有充分调查,内容不真实

(5) 准确无误。该指标是一个定性指标,用来评价信息内容是否准确,是否有相应的材料支撑。该指标分为三个评价等级,具体内容见表 5-29。

表 5-29 准确性取值

评价等级	说明
1	报道内容准确,有充分的材料支撑
2	报道内容不够准确,支撑材料较少,如出现疑似、可能、不确定等字样
3	无法判断报道内容准确性,没有支撑材料

(6) 图文/声像并茂。该指标是一个定性指标，用来评价信息内容是否可以通过图文/声像的形式进行证实。该指标分为三个评价等级，具体内容见表 5-30。

表 5-30 图文/声像指标取值

评价等级	说明
1	报道内容图文并茂，而且有影像资料
2	报道内容图文并茂，没有影像资料
3	报道内容只有文字说明

(7) 信息来源是第一手材料。该指标是一个定性指标，用来评价信息来源的可靠性。该指标分为五个评价等级，具体内容见表 5-31。

表 5-31 信息来源取值

评价等级	说明
1	消息来源由记者(包括摄像师)提供
2	实名消息来源，即可以确认身份的消息来源
3	匿名消息来源。此类消息来源的姓名不公之于众，身份无法确认
4	消息来源为 1 次转引
5	消息来源为 2 次以上转引

(8) 信息来源可以相互验证。多源核实是使用信息来源的核心原则，特别是对于匿名消息来源应以更高的标准来进行多源核实。该指标是一个定性指标，分为三个评价等级，具体内容见表 5-32。

表 5-32 信息来源机构

评价等级	说明
1	有 3 个以上的信息来源，彼此之间可以相互验证
2	只有 2 个信息来源，彼此可以相互验证
3	只有 1 个信息来源，无法确保报道的真实性

(9) 信息发布时间。该指标是一个定性指标，用来衡量当某一重大事件发生后，各类相关媒体信息发布的时间间隔，单位以小时计。间隔越短，信息的流转速度就越快，对应的评价等级越高，具体内容见表 5-33。

表 5-33 信息发布的时间取值

评价等级	说明
1	时间间隔 1～12 h
2	时间间隔 12～24 h
3	时间间隔 24～48 h
4	时间间隔 48～72 h
5	时间间隔 72 h 以上

(10) 信息是否定期更新。该指标是一个定性指标,用来评价信息更新的频率。该指标的评价等级为5级,具体内容见表5-34。

表 5-34 更新频率取值

评价等级	说明
1	每天更新5次以上
2	每天更新2～4次
3	每天更新1次
4	2～3天更新1次
5	3天及以上更新1次

(11) 所反映的人物或事件在内容上细致详尽,不回避事件中的任何重要事实。该指标是一个定性指标,用来评价信息内容的完整性。该指标的评价等级为3级,具体内容见表5-35。

表 5-35 完整性取值

评价等级	说明
1	全面地、客观地反映事件的本来面目,揭示各方对同一事物的不同观点
2	较为全面地反映事件的本来面目,只揭示一方观点
3	消息结构不完整,未能说明整个事件的缘由和结论

3) 媒体信息可信度分析

本案例采用模糊综合评价法来构建媒体信息可信度的综合模糊判断模型。该方法主要是利用与评价对象有关的因素评价结果,构成相应的评价矩阵,并利用确定各因素重要性程度的权重因子作模糊变换,最终得到对评价对象的测评结果。

设论域 $\boldsymbol{U}=\{u_1,u_2,\cdots,u_n\}$ 为评价因素的集合，$\boldsymbol{L}=\{l_1,l_2,\cdots,l_m\}$ 是评价等级的集合，每一个评价对象就确定了从 U 到 L 的一个模糊关系 M。M 通常称为评价矩阵，各个组成元素 m_{ij} 分别表示评价对象的属性 u_i 属于评价等级 l_j 的隶属度，其中 $i=1,2,\cdots,n$；$j=1,2,\cdots,m$。设 $\boldsymbol{W}$ 是 $\boldsymbol{U}$ 的一个模糊子集，它反映了各因素的重要程度，称为权重。$\boldsymbol{W}=(w_1,w_2,\cdots,w_n)$，其中 $w_i\geqslant 0$，$\sum_{i=1}^{n}w_i=1$。设 D 表示对评价对象的模糊评价，对评价对象的模糊测评结果为 $\boldsymbol{D}=\boldsymbol{W}\times\boldsymbol{M}$。由于媒体信息可信度的因素较多，并且各因素所处的地位不同，因此在评价中对评价结果的影响程度有所不同，要加以区别对待。

对媒体信息指标按五级和三级评分标准进行客观打分，如果被评的信息指标要素含有 m 个准则，从而得到评分矩阵 $\boldsymbol{F}$(假定参评专家为 n 人)：

$$\boldsymbol{F}=\begin{bmatrix} f_{11} & \cdots & f_{1m} \\ \vdots & \ddots & \vdots \\ f_{n1} & \cdots & f_{nm} \end{bmatrix}$$

其中，f_{ij} 表示第 i 个参评专家对第 j 各个指标所评分数(隶属度值)。从分类矩阵 $\boldsymbol{F}$ 按表 5-20 的五个级别计算出 m 个信息指标的隶属度向量，由此构成矩阵 $\boldsymbol{M}$ 为：

$$\boldsymbol{M}=\begin{bmatrix} m_{11} & m_{12} & m_{13} & m_{14} & m_{15} \\ m_{21} & m_{22} & m_{23} & m_{24} & m_{25} \\ \vdots & \vdots & \vdots & \vdots & \vdots \\ m_{m1} & m_{m2} & m_{m3} & m_{m4} & m_{m5} \end{bmatrix}$$

其中 $m_{js}=p/n$，n 为参评专家人数，p 等于第 s 等级分数在分数向量$(f_{1j},f_{2j},\cdots,f_{nj})$中出现的频数，这里 $s=1,2,\cdots,5$，$j=1,2,\cdots,m$。从而得到模糊综合评定向量 $\boldsymbol{D}$。记 $Ds=\sum\overline{\boldsymbol{W}}_j\cdot M_{js}$，$s=1,2,\cdots,5$，$\boldsymbol{D}=\boldsymbol{W}\times\boldsymbol{M}=(D_1\quad D_2\quad D_3\quad D_4\quad D_5)$。记最大分量为 $D_t=\max(D_s)$，$L=\sum_{s<t}D_S$，$R=\sum_{s>t}D_S$。如果 L，R 都小于$(\sum D_S)/2$，则第 t 级就是该信息所评定的等级。如果 $L\geqslant(\sum D_S)/2$，则第 $t-1$ 级为所求；如果 $R\geqslant(\sum D_S)/2$，则第 $t+1$ 级为所求。

4) 媒体信息效用值映射

仅仅采用模糊综合评价法只能计算出信息可信度所属的等级，不能很好地区分各评价对象的优劣和差距。为此，本案例引用了效用值的概念[50]，通过将评价值转化为效用值后，就可以对评价对象的优劣进行排序，即本案例将效用值作为信息可信度的取值进行判断。定义评价对象 a_1 对于总指标 γ 的期望效用值为 $\mu(\gamma(a_1))$，设定各个评价等级的效用值如下所示：

$$\mu(E)=0,\ \mu(D)=0.25,\ \mu(C)=0.5,\ \mu(B)=0.75,\ \mu(A)=1$$

然后将评价值转换为效用值，转换公式为：

$$\mu(\gamma(a_l)) = \sum_{n=1}^{5} D_n \mu(l_n)$$

其中，D_n 表示评价对象 a_l 对应的模糊综合评定向量 $\boldsymbol{D}$ 中的第 n 个分量的取值；n 的不同取值也表示不同级别，即 $n=1$ 表示评价等级为1，指标性能为 A；$\mu(l_n)$ 表示第 n 个等级对应的效用值。

5.4.4 实验过程及结果分析

本案例以2014年马来西亚航空公司的MH370飞机失联后产生于各种来源的媒体信息为例，分析它们各自的可信度。由于马航飞机事件的持续时间较长，这里仅使用2014年3月8日—3月14日这段时间的一些信息进行分析。本案例选取了3月8日—3月14日国际媒体报道马航事件的新闻，6家国际媒体共报道的条数有419条，独家报道条数有28条，仅占6.7%。这说明马航事件引起了各大媒体机构的广泛关注，但是有深度，有价值的报道比例却很少。从这28条独家报道选取与MH370坠机原因、坠机地点、客机飞行时的状况和乘客情况相关联的报道，而且通过凤凰网的MH370专题页面收集中国媒体，越南媒体以及社交媒体中的报道，共计30条消息作为分析样本[51]。

1）指标权重的确定

限于篇幅，本案例直接给出媒体信息可信度评价指标体系的权重值：一层维度 $D_1 \sim D_5$ 的权重值为[0.161 0.302 0.265 0.186 0.086]；二层指标 $E_{11} \sim E_{51}$ 的权重值为[0.633 0.367 0.146 0.427 0.427 0.154 0.346 0.5 0.767 0.233 1]。将各二层指标相对于一层维度的权重记为 $\boldsymbol{W}$，即 $\boldsymbol{W}=$[0.102 0.059 0.044 0.129 0.129 0.041 0.092 0.133 0.143 0.043 0.086]。

2）样本信息的可信度综合评价及结果分析

这里给出一条消息样本，见表5-36所示；并按照上文提出的可信度评价标准进行分析，由三位专家进行打分，结果见评分矩阵 $\boldsymbol{F}$。

表5-36 马航飞机失联后的一条媒体消息

编号	时间	发布者	内容	是否证实	是否有图片/声像
info1	3月8日 8时45分	法新社	失去联系的MH370飞机上有160名中国人，在越南曾与空管联系，之后失联。	否	否

$$\boldsymbol{F} = \begin{bmatrix} 0.9 & 0.6 & 0.9 & 0.6 & 0.55 & 0.6 & 0.75 & 0.6 & 0.98 & 0.8 & 0.6 \\ 1 & 0.2 & 0.8 & 0.7 & 0.5 & 0.4 & 0.8 & 0.6 & 1 & 0.8 & 0.4 \\ 0.9 & 0.9 & 0.8 & 0.75 & 0.55 & 0.6 & 0.8 & 0.85 & 0.9 & 0.7 & 0.75 \end{bmatrix}$$

根据评分矩阵 $\boldsymbol{F}$ 得到样本 1 的模糊综合评定向量 $\boldsymbol{M}$。

$$M=\begin{bmatrix}1 & 0 & 0 & 0 & 0\\ 1/3 & 0 & 1/3 & 0 & 1/3\\ \vdots & \vdots & \vdots & \vdots & \vdots\\ 0 & 1/3 & 1/3 & 1/3 & 0\end{bmatrix}$$

$\boldsymbol{D}=\boldsymbol{W}\times\boldsymbol{M}=(0.3237\quad 0.2217\quad 0.2647\quad 0.1713\quad 0.0197)$。因此，info1 的可信赖等级为 2 级(B 级)，效用值为 0.67。全部 30 个样本的可信度如表 5－37 所示。

表 5－37　30 条媒体信息的可信度等级

信息编号	1	2	3	4	5	6	7	8	9	10	11	12	13	14	15
可信度(效用值)	0.67	0.74	0.67	0.42	0.40	0.48	0.59	0.47	0.52	0.42	0.70	0.50	0.74	0.62	0.67
信息编号	16	17	18	19	20	21	22	23	24	25	26	27	28	29	30
可信度(效用值)	0.80	0.76	0.61	0.52	0.58	0.69	0.61	0.83	0.59	0.57	0.61	0.57	0.60	0.69	0.69

下面，本案例分析马航事件中 30 条媒体信息的可信度，如图 5－6 所示。

图 5－6　马航事件 30 条媒体信息的可信度

在图 5－6 中，从可信度的时间变化趋势来看，3 月 8 日到 14 日的信息可信度整体水平不高，均值为 0.61。3 月 8 日的信息可信度最低，但随着时间的推移，信息可信度逐渐增高。从发布数量上来看，3 月 8 日的信息数量最多，一共有 16 条，占全部样本的 53.3%。由于当天马航宣布 MH370 飞机在泰国湾上空失联，各种关于乘机人数、失联原因、坠毁地点的消息纷至沓来，消息来源也涵盖西方主流媒体，越南媒体和社交网络。但是，消息的证实需要一定时间，虽然这些消息的时效性很快，但最终几乎被证实为不实消息或者是错误消息。

在16条消息中，可信度最高的1条消息(info16)来自CNN，主要描述了马航失联客机上的一名奥地利乘客本人并未登机，但是他的护照被盗。可信度低的3条消息均来自社交媒体(info4，info5和info10)。在互联网日益发达的时代，社交媒体也成为人们获取实时信息的重要新闻来源。不过，它也产生大量虚假的消息。此外，越南媒体发布的关于MH370坠毁地点和发现疑似残骸的4条消息(info6－info9)的可信度也偏低，均为错误消息。

下面分析在这些信息中，各个国家和主流媒体发布的信息数量，如图5－7和图5－8所示。在30条信息中，美国媒体发布了11条信息(包括第一手或转引)，数量最多，占36.67%。中国媒体发布了8条信息，占总样本的38.46%，英国发布了4条信息，占总样本的13.33%，越南媒体发布了3条信息，占总样本的10%，法国和日本各发布了2条信息，占总样本的6.67%。从信息的发布数量来看，美国媒体对马航事件非常关注，而且能从不同的渠道挖掘相关内容，因此发布消息的数量最多。而中国人在MH370飞机上的比例最高，国内媒体特别关注，但由于事发地不在中国，国内媒体主要是引述越南搜救官员或者越南媒体的消息。在图5－8中，发布数量排名前3的媒体机构分别是CNN、路透社和中央电视台。可见在国际上的重大事件中，西方社会的主流媒体凭借其传统优势，在第一时间牢牢地控制着整个事件的话语权。

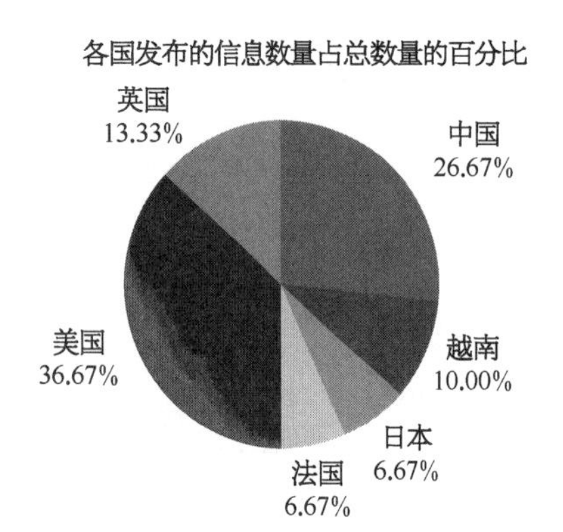

图5－7 各国媒体发布的信息数量

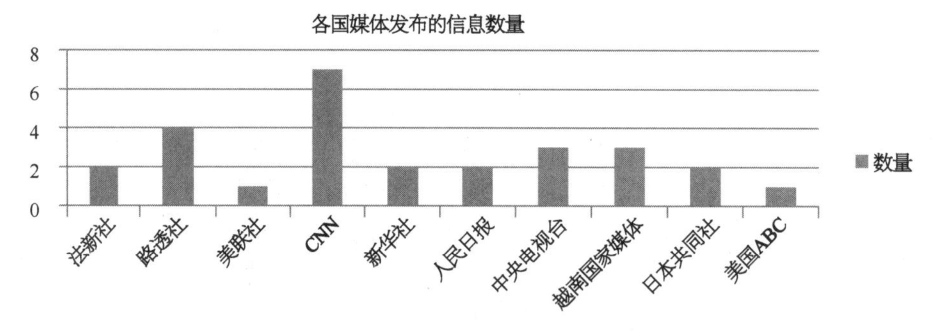

图5－8 各国媒体发布的信息数量

图5－9显示了各国主要媒体机构发布信息的可信度最小值，最大值和均值的比较。从图中可以看出，法新社、CNN、日本共同社所发布的信息可信度均值较高，均超过0.65；而新华社、人民日报和越南媒体所发布的信息可信度均值较高，均低于0.55。高可信度的信息往往带来高价值的信息，例如：法新社采访泰国国际刑警，证明假护照是泰国一个很严重的问题(info23)。CNN采访马航发言人，证实失联飞机燃油耗尽(info2)。路透社采访皇家马来西亚空军将领，表明军方雷达记录显示，MH370在失去联系之前确实偏离了航线(info21)。同样，低可信度的信息价值普遍不高，有时甚至是错误信息。例如：新华社引述越南社交媒体Vnexpress的报道，后被证明只是社交媒体上的谣传(info6)。路透社引述越

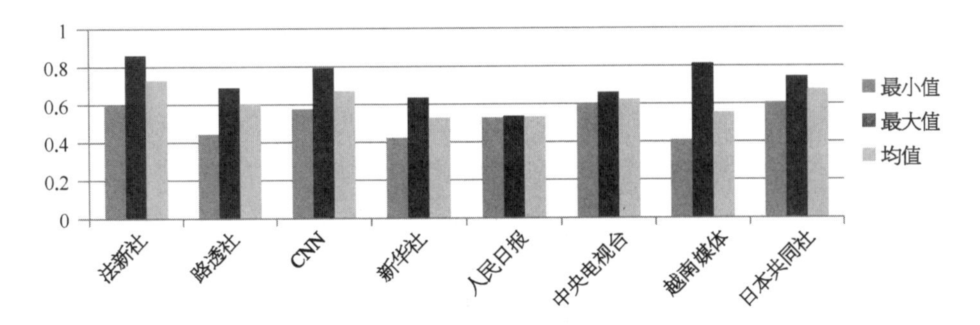

图 5-9　主要媒体机构发布信息的可信度最小值,最大值和均值的比较

南国家媒体报道,在越南与柬埔寨交界水域发现飞机残骸(info9)。

◇参◇考◇文◇献◇

[1] LATIF A H. Information Quality Managemen: Theory and Applications [M]. Idea Group Publishing, 2006.

[2] EPPLER M J, WITTING D. Conceptualizing Information Quality: A Review of Information Quality Frameworks from the Last Ten Years[C]. // Proceedings of the 2000 International Conference on Information Quality. 2000.

[3] CARLO B, CINZIA C, CHIARA F, et al. Methodologies for Data Quality Assessment and Improvement [J]. ACM Computing Surveys, 2009, 41(3): 16-68.

[4] 汤琰,金勇进. 数据质量评估框架及其信息量分析[J]. 商业经济与管理,2011,(9): 81-88.

[5] 常宁. IMF 的数据质量评估框架及启示[J]. 统计研究,2004.

[6] 赵宪. DQAF 体系及其在我国数据质量评估中的应用研究[D]. 湖南: 湖南大学,2014.

[7] LEE Y, STRONG D, KAHN B, et al. AIMQ: A methodology for information quality assessment [J]. Information Manage, 2002, 40: 133-146.

[8] KAHN B K, STRONG D M, WANG R Y . Information Quality Benchmarks: Product and Service Performance[J]. Communications of the ACM, Forthcoming, 2002, 45(4): 184-192.

[9] 王侃昌,高建民,高智勇,等. 企业信息质量研究现状及研究趋势分析[J]. 企业信息质量研究现状及研究趋势分析,2006,35(5): 1-5.

[10] LEO L P, YANG W L, RICHARD Y W. Data Quality Assessment[J]. Communications of the ACM. 2002, 45(4): 211: 218.

[11] 中国科学院计算机网络信息中心. 数据质量评测方法与指标体系[EB/OL]. [2015-10-17]. http://www. nsdata. cn/pronsdchtml/1. compservice. standards/pages/3123. html.

[12] DEDEKE A K. Assessing the Quality of On-line Classified Websites: An Empirical Study of the 100 Largest Newspapers [C]. //Proc of the sixth International conference on Information Quality. Massachusetts, 2001.

[13] THOMAS L S. Decision making with the analytic hierarchy process [J]. Services Sciences. 2008, 1(1): 83 - 97.

[14] 常建娥,蒋太立. 层次分析法确定权重的研究[J]. 武汉理工大学学报·信息与管理工程版,2007, 29(1): 153 - 156.

[15] 宋东,叶浩,周字晗. 大气数据计算机仿真系统设计与可信度分析[J]. 计算机仿真,2009,26(1): 65 - 69.

[16] 陈水利,李敬功,王向公. 模糊集理论及其应用[M],北京: 科学出版社,2005: 156 - 207.

[17] 张明智. 模糊数学与军事决策[M]. 北京: 国防大学出版社,1997.

[18] WEON S H, SIN D H, Chung H M. A Study on Education Evaluation Method Using Fuzzy Theory [J]. Journal of KFIS, 1996, 6(1): 74 - 82.

[19] WANG S Y, XU W M, WANG J G. A Fuzzy Sets Model and Its Application in Evaluation[J]. Journal of Mathematics For Technology,1998,14(4): 88 - 91.

[20] 陈小敏. 文献信息产品质量模糊综合评价[J]. 现代情报,2004,2 : 157 - 159.

[21] 李德毅,刘常昱. 论正态云的普适应[J] . 中国工程科学,2004,6(8): 28 - 33.

[22] 郭戎潇,夏靖波,董淑福等. 一种基于多维云模型的多属性综合评价方法[J]. 计算机科学,2010, 37(11): 75 - 77.

[23] LUO S, ZHANG B M, GUO H T. A Comprehensive Evaluation of Digital Image Map Quality Based on the Cloud Model[J]. Proceedings of the 8th International Symposium on Spatial Accuracy Assessment in Natural Resources and Environmental Sciences,2008: 248 - 254.

[24] 罗胜,刘广社,张保明,等. 基于云模型的数字影像产品质量综合评价[J]. 测绘科学技术学报,2008, 25(2): 123 - 126.

[25] 王新洲,史文中,王树良. 模糊空间信息处理[M]. 武汉: 武汉大学出版社,2004.

[26] 刘春. GIS 属性数据的精度度量及质量控制的抽样原理与方法[D]. 上海: 同济大学,2000.

[27] 李大军,龚健雅,谢刚生. DLG 产品质量的模糊综合评判[J]. 地矿测绘,2002,18 (1) : 1 - 3.

[28] 胡圣武,王宏涛. 基于模糊集和缺陷扣分法的 GIS 产品质量评价比较[J]. 地球科学与环境学报, 2014,28(2): 96—99.

[29] MCGILVRAY D. Executing data quality projects: Ten steps to quality data and trusted information [M]. Morgan Kaufmann, 2008.

[30] BALLOU D., PAZER H.. Modeling data and process quality in multi-input, multi-output information systems. Management Science. 1985, 31(2): 150 - 162.

[31] WANG R., STRONG D. Beyond accuracy: What data quality means to data consumers. Journal of Management Information System,1996, 12(4): 5 - 33.

[32] REDMAN T. Data Quality for the Information Age[M]. Artech House, 1996.

[33] Danette McGilvray(美). 数据质量工程实践. 刁兴春,曹建军,张健美,译. 北京: 电子工业出版社,2010.

[34] ABRAHAM S, HENRY F K, SUDARSHAN S. DATABASE SYSTEM CONCEPTS[M]. Beijing: Higher Education Press,2006.

[35] EUROPEAN COMMISSION. Handbook on Data Quality Assessment Methods and Tools [EB/OL]. http: //unstats. un. org/unsd/dnss/docs-nqaf/Eurostat-HANDBOOK%20ON%20DATA%20QUALITY%20ASSESSMENT%20METHODS%20AND%20TOOLS%20%20I. pdf, 2015-10-5.

[36] CAI L, ZHU Y Y. The Challenges of Data Quality and Data Quality Assessment in the Big Data Era. Data Science Journal, 2015, 14(2): 2-10.

[37] Danette McGilvray. Executing Data Quality Projects: Ten Steps to Quality Data and Trusted Information [M]. Beijing: Publishing House of Electronics Industry, 2010.

[38] CAI L, ZHU Y Y. Research on the Credibility of Media Information — A Case Study on Malaysia Flight MH370 Incident[C]. //Proc of 2014 the International Conference on Information Quality Xian: 2014.

[39] CAPPIELLO C, FRANCALANCI C, PERNICI B. Data quality assessment from user's perspective [C]. // Proc of the 2004 international workshop on Information quality in information systems. New York: ACM, 2004: 78-73.

[40] 王颖. 企业统计数据质量影响因素研究[D]. 浙江: 浙江大学,2006.

[41] SuN G, JIANG Z W, GU Q, et al. Linear Model Incorporating Feature Ranking for Chinese Documents Readability. // Proceedings of the 9th International Symposium on Chinese Spoken Language Processing (ISCSLP), 2014: 29-33.

[42] CHA M, HADDADI H, BENEVENUTO F, et al. Measuring user influence in Twitter: the million follower fallacy[C]. // Proc of the 4th International Conference on Weblogs and Social Media. Washington, D. C. , 2010.

[43] 何斌,吕诗芸,李泽莹. 信息管理: 原理与方法 [M]. 第 2 版. 北京: 清华大学出版社,2011.

[44] WEST M D. Validating a Scale for the Measurement of Credibility: A Covariance Structure Modeling Approach [J]. Journalism Quarterly, 1994 (71: 1): 159-168.

[45] 汤志伟,彭志华,张会平. 网络公共危机信息可信度的实证研究——以汶川地震为例[J]. 情报杂志, 2010,07: 45-49.

[46] 詹骞. 我国网络媒体可信度测评及影响因素研究[M]. 武汉: 华中科技大学出版社,2011.

[47] 李晓静. 中国大众媒介可信度指标研究[D]. 上海: 复旦大学,2005.

[48] 靳一. 中国大众媒介公信力影响因素分析[J]. 国际新闻,2006,9: 57-61.

[49] 李兴国,崔珊珊,顾东晓等. 高校人才培养质量综合评价: 一种基于证据推理的方法[J]. 高等教育研究学报,2011,34(1): 32-35.

[50] Ifeng. com. Information Center. "The aircraft lost contact about Malaysia Airlines". [2014-03-20]. http: //news. ifeng. com/world/special/malaixiyakejishilian/.

第6章

数据质量管理

The 20th century was the century of productivity in the 21st century is the century of quality. ——朱兰名言。

质量管理是管理学的一个重要研究内容，其延伸到数据质量领域就成为数据质量管理。因此，质量管理所涉及的一些理论、方法和技术对于数据资源和数据产品的质量管理有着很好的借鉴作用和参考价值。

6.1 质量管理

质量管理是管理学领域的一门独立学科，诞生于20世纪初期。质量管理的含义有着多种表述。例如：ISO 9000：2000在“质量管理和质量保证”标准中规定[1]：“质量管理是指全部管理职能的一个方面。”该管理职能负责质量方针的制订与实施。ISO 8402：1994的质量管理和质量保证术语标准中，将质量管理的含义进行了扩展，规定[2]：“质量管理是指确定质量方针、目标和职责，并通过质量体系中的质量策划、质量控制、质量保证和质量改进来使其实现的所有管理职能的全部活动。”

6.1.1 质量管理发展历程

质量管理的发展大致可以划分为三个主要阶段：20世纪初到20世纪40年代的质量检验阶段、50年代到60年代的统计质量控制阶段和60年代至今的全面质量管理阶段。

20世纪以前，产品质量主要依靠操作者本人的技艺水平和经验来保证，属于“操作者的质量管理”。20世纪初美国工程师泰勒提出了“科学管理”的理论，主张企业内部分工，设置专职的检验人员，使产品的检验从制造过程中分离出来，质量检验人员根据产品的技术标准，利用各种测试手段对产品和半成品进行检验，以防不合格产品流入下一道工序或者出厂[3]。这一举措属于事后把关，但确实提高了劳动生产率和产品质量。

1924年，美国贝尔电话研究所的研究人员休哈特首先把数理的统计概念和方法应用到管理中，提出了“3σ”图法即质量控制图法。控制图应用的基础是生产过程质量特性值的采样检验。1929年，同是贝尔实验室的研究人员道奇和罗米格共同提出了在破坏性检验场合的“抽样检查表”，建立了抽样方案，解决了对不能采用全数检验和不宜采用全数检查的产品进行统计抽样检查的问题。与此同时，瓦尔德提出了逐次抽检的统计学检验方法。1931年，休哈特将小样本统计学应用于改善制造工序的工序质量。控制图、抽样检查和小样本统计学这三种数理统计方法应用于产品质量的控制，奠定了统计质量管理的基础[4]。但是，统计质量控制提出后并没有得到广泛应用，事后检验的质量管理方法仍然占据主导地位。第二次世界大战后，由于事后检验无法控制武器弹药的质量，美国国防部决定把数理统计法用于质量管理，成立了专门的质量管理委员会，并于1941—1942年先后公布一批美国战时的质量管理标准，即《质量管理指南》《数据分析用的控制图方法》和《生产中的质量管理控制图》。这些标准由美国国防部强制推行，半年后取得见效，成功地解决了武器等军需品的质量问题[5]。

20世纪50年代，随着生产力的迅速发展和科学技术的日新月异，人们对产品质量的需求发生了变化：从注重产品的一般性能发展为注重产品的耐用性、可靠性和安全性等。单靠统计质量控制方法已经很难解决复杂的质量问题。此外，由于"保护消费者利益"运动的兴起，企业之间市场竞争越来越激烈，促使企业必须建立贯穿于产品质量形成全过程的质量保证体系。在这种背景下，英国统计学博士戴明提出质量改进的观点——在休哈特之后系统和科学地提出用统计学的方法进行质量和生产力的持续改进。戴明认为大多数质量问题是生产和经营系统的问题；质量必须由最高管理层负责领导；"顾客是生产线上最重要的部分"。质量不是由企业来决定，而是顾客决定；理解并减少每一个过程中的变动。过程才是需要关注的要点，而不是产品[6]。此后，戴明不断完善他的理论，最终形成了对质量管理产生重大影响的"戴明十四法"和PDCA循环((P即Plan，表示计划；D即Do，表示执行；C即Check，表示检查；A即Action，表示处理)。戴明的质量管理思想受到日本企业界的极大重视和推崇，为二战后提高日本企业的竞争力和产品品质做出了巨大贡献。

1951年美国质量管理专家朱兰出版了《质量控制手册》(第五版更名为《朱兰质量手册》)，该书被誉为质量管理领域中最具有影响的出版物之一[8]。朱兰最重要的理论贡献是提出了"质量三元论"的观点，该理论将管理过程分为三个步骤：计划、控制和改进，这就是有名的"朱兰三部曲"。他认为"质量计划是为了建立有能力满足质量标准化的工作程序，是必不可少的环节；质量控制可以为掌握何时采取必要措施纠正质量问题提供参考和依据；质量改进有助于发现更好的管理工作方式。"

20世纪60年代，美国通用电气的研究人员费根堡姆提出全面质量控制(total quality control，TQC)的思想。他认为[7]：质量是产品本身和售后服务，以及市场销售、工程控制、上游制造、产品维护等方面的一个复合体，在顾客使用该产品和享受它的服务的时候，这个质量要达到或者超过顾客的预期期望。费根堡姆主张解决质量问题不能仅仅依靠统计方法，而必采用多种多样的形式。他认为全面质量控制是指"为了能够在最经济的水平上并考虑到充分满足顾客要求的条件下进行市场研究、设计、制造和销售服务，把企业内各部门的研制质量、维持质量和提高质量的活动构成为一体的一种有效关系。"

戴明、费根堡姆和朱兰三位质量管理大师的思想和著作对于20世纪60年代之后的质量管理产生了深远的影响，为质量管理从统计质量控制阶段过渡到全面质量管理阶段奠定了理论与方法。

6.1.2 全面质量管理

全面质量管理(total quality management,TQM)的思想最早起源于美国,但当时并没有得到美国企业的重视。之后由戴明和朱兰两位质量大师将这一思想传播到日本,受到日本企业的高度推崇。全面质量管理的实施造就了日本经济的腾飞,日本产品凭借其卓越的质量和极高的性价比大量涌入美国市场并加剧了美国产品的质量危机。从此美国公司开始利用各种质量管理理念和方法去改善产品竞争力,包括重视戴明、朱兰等在日本成功的本土质量专家的意见,并在20世纪末在质量管理方面取得了一定程度的成绩。

TQM是一种由顾客的需要和期望驱动的管理哲学,它以质量为中心,建立在全员参与基础上的一种管理方法,其目的在于长期获得顾客满意、组织成员和社会的利益。ISO 9000:2000对TQM的定义是:一个组织以质量为中心,以全员参与为基础,目的在于通过让顾客满意和本组织所有成员及社会受益而达到长期成功的管理途径[9]。

TQM的核心思想可以从四个方面进行描述,即:以顾客为中心,全员参与,持续改进和用数据说话[10-11]。

1) 以顾客为中心

TQM注重顾客价值,其主导思想就是“顾客的满意和认同是长期赢得市场,创造价值的关键”。因此,TQM要求必须把以顾客为中心的思想贯穿到企业业务流程的管理中,即从市场调查、产品设计、试制、生产、检验、仓储、销售、到售后服务的各个环节都应该牢固树立“顾客第一”的思想,不但要生产物美价廉的产品,而且要为顾客做好服务工作,最终让顾客放心满意。

2) 全员参与

产品质量并不单纯依靠某些人或者某个部门所决定,企业中任何一个环节、任何一个人的工作质量都会不同程度直接或者间接地影响产品质量。因此,必须把企业中所有成员的创造性和积极性调动起来,树立质量意识;加强员工培训,不断提高员工的素质;全体参加质量管理活动,这样才能生产出顾客满意的产品。

3) 持续改进

TQM是一种永远不能满足的承诺,质量总能得到改进。质量管理的目标是顾客满意。顾客需要在不断地提高,因此,企业必须要持续改进才能获得顾客的支持。另一方面,竞争的加剧使得企业的经营处于一种“逆水行舟,不进则退”的局面,也要求企业必须不断改进才能生存。

4) 用数据说话

企业的有效决策建立在数据和信息分析的基础上。为了防止决策失误,必须要以事实为基础,通过广泛收集各种信息,用科学的方法处理和分析数据和信息,不能够仅凭经验和运气来制定决策。

企业进行全面质量管理的基本方法是 PDCA 循环[12]，PDCA 是 TQM 反复执行的四个阶段，如图 6-1 所示。PDCA 循环的过程，就是企业在认识问题和解决问题中使质量和质量管理水平不断呈现阶梯式上升的过程。

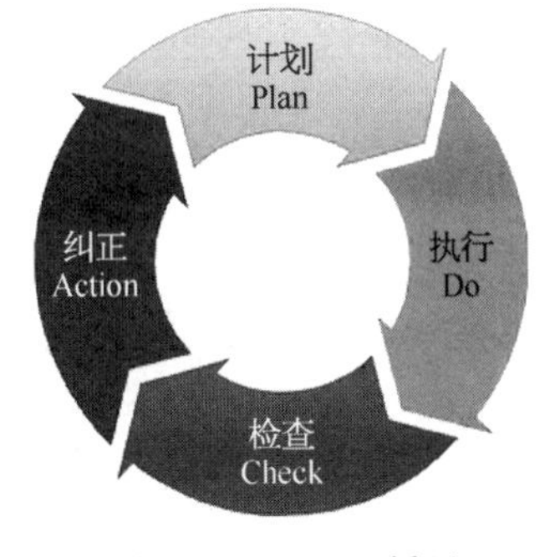

图 6-1　PDCA 循环

计划阶段是指通过市场调查、用户访谈等方式，掌握用户对产品质量的要求，确定质量政策、质量目标和质量计划等。主要内容包括：现状调查、分析、确定要因和制定计划。

执行阶段主要是实施上一阶段所规定的内容。根据质量标准进行产品设计、试制、试验及计划执行前的人员培训。

检查阶段主要是在计划执行过程之中或执行之后，检查执行情况，看是否符合计划的预期结果效果。如果执行过程效果不好，马上考虑修改计划，做第二次改善，再确认效果。

处理阶段是指据检查结果，采取相应的措施。巩固成绩，把成功的经验尽可能纳入标准，进行标准化，遗留问题则转入下一个 PDCA 循环去解决。即巩固措施和拟订下一阶段的工作计划或行动方案。

以上四个阶段不是运行一次就结束，而是周而复始的进行，一个循环完了，解决一些问题，未解决的问题将进入下一个循环。

6.2　数据质量管理概述

传统的质量管理主要是指对产品和服务的管理，而数据质量管理则强调是对原始数据资源进行管理，而非最终的数据产品。因此，本书也是以原始数据为研究对象，说明其质量管理的相关内容。

目前，关于“数据质量管理(data quality management，DQM)”这一术语的含义有着不尽一致的表述：

美国 SAS 公司把数据质量管理定义为：建立和部署有关数据的获取、维护、分发和配置的角色、职责、策略和程序[13]。

美国卫生信息管理协会认为：数据质量管理功能涉及整个企业的数据质量的持续改进，包括数据应用、收集、分析和存储[14]。

中国科学院认为：数据质量管理是对“数据应用环境建设和服务”的数据质量进行规范和控制[15]。

根据以上定义，本书认为：数据质量管理是指对数据从计划、获取、存储、共享、维护、应用、消亡生命周期的每个阶段里可能引发的各类数据质量问题，进行识别、度量、监控、预警等一系列管理活动，并通过改善和提高组织的管理水平使得数据质量获得进一步提高。

6.2.1 数据质量管理方法

高质量的数据是当今组织管理不可缺少的一个因素。组织机构必须努力识别与其决策制定相关的数据，以便制定确保数据准确性和完全性的业务策略和实践，并为企业范围的数据共享提供方便。管理数据质量是组织机构的职责，数据管理在规划和协调工作中常常起着主导作用。为了实施数据质量管理，组织需要建立或重建一种数据质量方法，如图 6－2所示[16]。

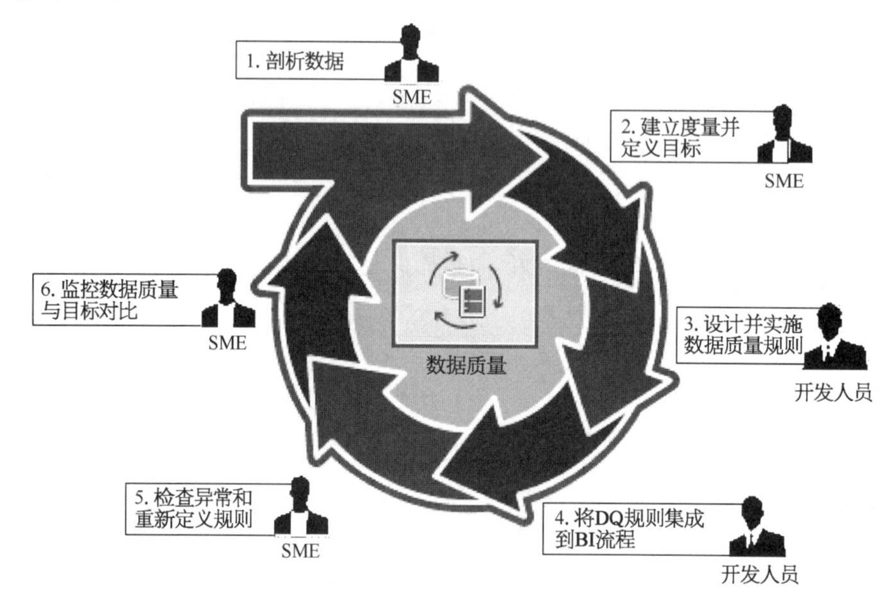

图 6－2 数据质量管理周期（注：SME 为主题专家，BI 为商业智能）

1）步骤一：剖析数据

剖析数据是界定整个数据质量方案的关键步骤，它能够让管理者了解所需数据原有的商业需求维护，了解数据的位置、格式、类型、内容和质量，并发现数据源和目标应用系统之间隐藏的不一致和不兼容的情况。

2）步骤二：建立度量并定义目标

建立度量以及定义目标阶段将帮助 IT 和业务部门评定数据质量工作的成果。业务部门根据数据剖析的结果，确定数据质量标准、维度、评估指标和度量方法，为后续的工作开展提供一个数据质量目标和评估基线。

3）步骤三：设计并实施数据质量业务规则

明确企业的数据质量规则，即可重复使用的业务逻辑，管理如何清洁数据和解析用于支持目标应用字段和数据。业务部门和 IT 部门通过使用基于角色的功能,一同设计、测试、完善和实施数据质量业务规则,以达成最好的结果。

4) 步骤四: 将 DQ 规则集成到 BI 流程

通过数据集成流程来集成数据质量规则和活动(剖析、清洁/匹配、自动纠正和管理),这对于提高数据资产的准确度和价值至关重要。

5) 步骤五: 检查异常并重新定义规则

检查异常并重新定义规则阶段主要由涉及的质量核心团队成员和业务流程人员联合完成。许多情况下,业务流程人员只能对业务流程和操作系统进行有限控制,这导致了低劣的数据质量,因此在记录数据质量问题以及启动正式的数据质量计划时一定要让组织中的关键成员和管理人员参与进来。

6) 步骤六: 监控数据质量与目标对比

监控数据质量与目标对比阶段可以向用户提供报警机制。通过质量仪表板或者实时通知主动监控数据质量,让管理人员及时掌握数据的质量水平。

一个完整的数据质量管理应该是人、流程和技术的完美配合,才能达到数据质量管理的目标。数据质量处理的流程可以分成两大部分,一是面向数据质量的分析过程,二是针对分析结果进行增强的过程。首先要识别和量化数据质量,然后定义数据质量和目标,接下来就要交给相关部门设计质量提升的流程,其后就是实现质量提升的流程,把原有低质量数据变成高质量数据,并交付给业务人员使用。同时,在整个环境中,还需要有相关的一些监控和对比来评估是否达成了目标,决定是否需要进行新一轮的数据质量提升。这是一个周而复始、螺旋上升的过程,并不是一蹴而就,一次就可以解决全部问题[17]。

6.2.2 数据质量知识库管理

数据质量知识库用于存放数据在质量问题、质量指标、质量规制和质量标准等要素上的内在要求。构建一个全面的数据质量知识库,可以为质量评估、数据清洁和质量改进提供依据和参考。

质量知识库由质量问题库、质量维度库、质量标准库和质量规则库四个部分构成。质量问题库存储产生数据质量问题的类型生成的问题域。质量维度库存放数据质量评估所需的各种维度,如完整性、一致性、实时性等。质量标准库存储数据在形式、内容和效用等方面质量等级的评判标准。质量规则库管理所有与质量评估、质量改进及统计分析相关的数据质量规则。这些规则涵盖了数据的形式、内容和效用要求,不同的质量度量需要采用不同的语法来描述质量规则[18]。

本书首先以质量规则库为例,说明数据质量规则对应的数据层次、质量维度、适用对象及范围、质量规则内容及实例,如表 6-1 所示。

表6-1 数据质量规则实例[18]

质量层次	质量维度	规则类型	对象范围	规则内容
形式质量	一致性	数值一致性约束	记录级 关系级	同一对象属性取值在数据加工、传输过程中数据应一致
		逻辑一致性约束	记录级	数据对规定的数据结构、属性及关系的逻辑规则
		包含依赖约束	字段级 关系级	一个关系的某些属性列包含在其他属性或另一个关系的某些属性中
		函数依赖约束	字段级 关系级	一个关系的几个属性之间或一个关系的属性和其他关系的属性间存在的函数依赖关系
	及时性	更新及时性约束	对象级	数据资料是否是最新信息
		传输及时性约束	关系级	数据更新信息应及时传递至关联数据库以保持更新一致
内容质量	准确性	值域正确性约束	字段级	数据取值必须(或在满足某一条件时必须)在某一取值范围内
		数据合理性约束	字段级	利用同一字段的连续取值定义字段取值的合理性
效用质量	可获取性	数据存取权限约束	记录级 关系级	能根据数据对象存取权限通过有限处理步骤抽取所需数据
	完整性	实体完整性约束	记录级	实体标识符信息不能为空,同一实体对象不可重复
		列完整性约束	字段级	数据记录的关键属性列不允许空值
		参照完整性约束	关系级	一个关系中某些属性取值和另一个关系中属性列间的关系
		总体完整性约束	记录级	关系表内数据总量必须满足一定要求
	有用性	可用性约束	记录级	数据客观真实,能匹配用户需求
		适用性约束	记录级	数据能满足用户使用要求,并帮助用户解决实际问题,提升数据价值

表6-1中所列举的数据质量规则是一些通用性的规则,质量管理人员可以根据实际的业务需求进行调整,以符合组织内所定义的数据质量目标。

下面本书以质量问题库为例,说明数据质量问题库的基本结构和部分示例,如表6-2所示。

表 6-2 质量问题库基本结构及示例(部分)

问题 ID	问题类别	产生时间	问 题 原 因	解决方法	关 键 字
1	记录级	2014-02-21	用户表中用户标识唯一性检查不通过	分析数据 ETL 流程	用户，标识，唯一性
2	字段级	2014-02-21	用户表中用户性别列完整性检查不通过	分析数据 ETL 流程	用户，性别，列完整性
3	关系级	2014-02-21	用户表中用户所属类型参照完整性检查不通过	分析数据 ETL 流程	用户，所属类型，参照完整性
4	对象级	2014-02-21	地址表中的用户地址信息时间检查不通过	分析数据 ETL 流程	地址，时间，更新及时性

表 6-2 中的质量问题库包含问题 ID、问题类别、产生时间、问题原因、解决方法和关键字等基本属性。质量问题库管理将生产运维过程产生的问题、人员报告数据质量问题、维护发现的问题、业务人员反馈的问题经过处理过程转到知识库，对问题的原因和解决方法进行分类记录，实现历史经验沉淀和查询。

6.2.3 MIT 全面数据质量管理

全面数据质量管理(total data quality management，TDQM)是由 MIT 提出的一种信息/数据质量管理方法论，在数据质量领域有着广泛的应用。Richard Wang 等人借鉴了物理产品质量管理体系的成功经验，将全面质量管理的思想运用于数据质量领域，在此基础上构建了 TDQM 框架[19-20]。下面介绍 TDQM 的相关内容。

与质量管理中的 PDCA 循环类似，TDQM 也是一个循环过程。为了改善数据质量，需要执行定义、测量、分析和改善四个阶段，如图 6-3 所示[21]。

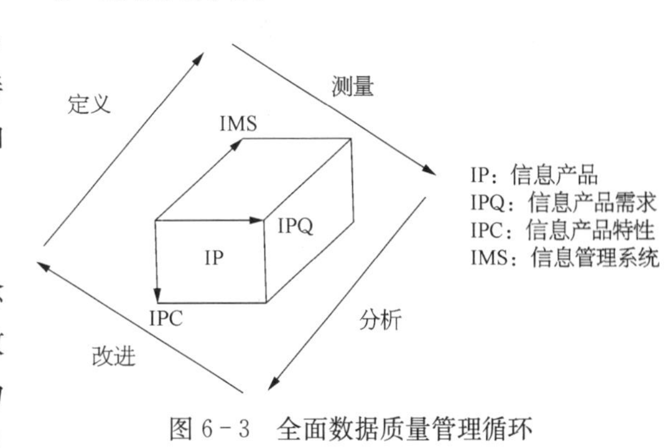

图 6-3 全面数据质量管理循环

1) 定义

定义阶段需要描述数据质量的概念和识别数据质量的维度。TDQM 从数据消费者的角度把数据质量定义为“fitness for use”(使用的适用性)，而且通过一个系统化的多阶段问卷调查把数据质量维度分成四个大类。每一个类别及其细分特征可划分为[22]：

(1) 内在数据质量(intrinsic DQ)，包含准确性、客观性、可信度和声誉特征。

(2) 可访问性数据质量(accessibility DQ)，包含可访问性、易于操作和安全性特征。

（3）上下文数据质量（contextual DQ），包括相关性、增值能力、及时性、完整性与合适的数量特征。

（4）表达数据质量（representational DQ），主要包含可理解性、可解释性、简明的表达、一致性、可表示性特征。

TDQM 的分类法区分了数据自身的特征、数据使用环境、用户对数据的质量感知和支持数据管理系统的技术指标，这种分类方法比较合理[23]。

2）测量

测量阶段需要根据数据产品及其质量定义，确定质量指标体系，跟踪数据的测量，监控数据质量。TDQM 主要采用三种数据质量客观评价的算法来度量数据质量，包括：简单比率，最大最小运算和加权平均[24]。

3）分析

分析质量主要完成数据质量问题出现的原因。差异分析技术可以用来发现数据维度和数据角色在数据质量方面的差异。大部分企业中都有三个数据角色：数据收集者、数据管理者和数据消费者。数据生产者（data producers）是指生产数据的用户、组织或其他来源。数据管理者（data custodians）是指提供并且存储和处理数据资源的用户。数据消费者（data consumers）是指使用数据的人或组织。不同角色对数据质量的理解是不完全一致的，通过差异分析可以了解数据质量是否符合各类数据角色对数据的需求，也能反映数据质量问题所产生的根源。

4）改进

根据分析结果，采取措施消除产生数据质量问题的根源。如采用数据清洁、转换等技术改进数据重复、数据缺失、数据不一致等问题，或者制定政策改进数据的生产过程和管理方法。通常，改变产生数据的过程被认为是一种更有效的方法[25]。

TDQM 支持数据库转移，促进数据信息标准的使用，而且提高数据库对业务规则的符合性。TDQM 的核心是将数据作为一种特殊的产品，借用管理产品质量的方法来管理数据。TDQM 与其他质量管理活动一样，实施源头治理和立足预防，这是从根本上解决数据质量问题的关键，通过建立数据质量管理体系，来系统地设计、管理和控制信息链。TDQM 从产生数据的源头实施质量保证，阻止错误数据发生而不是修正产生的错误数据。

6.3 数据质量管理团队建设

企业要保证数据质量处于一个较高的水平，需要有高层的数据管理者和专门的质量管理团队。高层数据管理者主导并实施数据管理策略和标准，实现数据质量管理的制度化；衡量并管理数据风险；通过对数据的有效分析获得洞察力，帮助企业改善策略；通过对数据的有效管控及使用，增加企业的业务收入，提高企业的生产效率。数据质量管理团队负责数据质量的质检和咨询。作为质检机构，质量管理团队对各数据团队有监控、监督作用；作为咨询团队，又是能帮助各数据团队发现问题，分析问题，解决问题。高层的数据管理、数据质量管理团队和数据团队相互配合，各司其职，有助于提升数据的商业价值，实现更大的商业目标。

6.3.1 任命首席数据官

IT 技术的不断深入发展，"数据资产"、"企业数据治理"等一些全新的管理概念而被提了出来。同时，随着数据重要性的突显，传统的首席信息官(chief information officer, CIO)、首席运营官 (chief operating officer，COO)和其他业务领导职务已经不能满足大数据分析的需求。许多企业发现，这些职务都负责数据和分析，缺乏整体战略和统一责任制，数据通常在"睡大觉"，或作用无法得到充分发挥。企业决策仍是凭直觉和经验做出，而不是根据分析洞察。因此，首席数据官 (chief data officer，CDO)应运而生[26]。

早在 2003 年，美国 Capital One 公司就任命了业内第一个首席数据官(CDO)。如今大数据应用盛行，更加剧了 CDO 职位的诞生。如美国科罗拉多州以及旧金山、费城、芝加哥、巴尔的摩、纽约市都聘请了 CDO。2012 年，阿里巴巴集团宣布，将在集团管理层面设立 CDO，负责全面推进阿里巴巴集团成为"数据分享平台"的战略，阿里巴巴 B2B 公司 CEO 陆兆禧将会出任上述职务，向集团 CEO 马云直接汇报。据悉，这也是国内企业第一次任命真正意义上的首席数据官。2015 年白宫已经任命 DJ Patil 作为全国第一个首席数据科学家。这位前 PayPal 和 eBay 的执行官，来到白宫之后有了新的任务：帮助美国政府最大限度地进行他们对大数据的投资，并围绕政府机构如何更好使用大数据给出建议。Patil 致力于加速更智能的数据驱动型政府，打造一个数字化白宫。这可能为纳税人带来可观的收益，并巩固美国在数据科学领域的领导地位。

CDO 的工作职责是负责根据企业的业务需求、选择数据库以及数据抽取、转换和分析等工具，进行相关的数据挖掘、数据处理和分析，并且根据数据分析的结果战略性地对企业未来的业务发展和运营提供相应的建议和意见。CDO 已经进入企业最高决策层，一般是直接向 CEO 进行汇报。

CDO 出现后，是否会代替首席技术官(chief technology officer, CTO)的工作？答案是否定的。CDO 与企业常规设置的 CFO、CIO 不同，他掌握的是企业内部最核心的数据。CTO 并不和 IT 直接挂钩，也不会承担 CDO 的工作，CTO 负责的是企业的核心技术，比如制造型企业的生产技术。

CIO 一直过于关注企业的基础设施建设部分，而实际上，CIO 应该更关注的是帮助企业组织利用其信息资产，包括任何通信技术、基础设施、相关的支持工具，以及如何有助于分析和组织如何更好维护和利用客户信息等。而 CDO 正是利用企业的信息资产，他们可以对企业的数据和信息进行更有效的处理，使其成为更有价值的企业资源，而不仅仅是把它们当成是产品。通过智能分析，这些信息资产和数据将成为新的价值点，还可以被打包和产品化，而与业务有关的技术与 IT 基础设施可以由 CTO 管理[27]。

要成为一个优秀的 CDO，需要具备相应的知识和技能。首先，CDO 需要熟悉 SOA、BI、大规模数据集成系统、异构数据存储/转换机制（Database、XML、EDI 等）等技术；其次，CDO 应该是一个业务专家，了解本企业的业务状况和所处的行业背景，包括一些细节的业务领域的相关术语等；再者，CDO 也是一个 IT 专家：理解数据的整个结构，企业的数据源状况、数据量大小和外部数据源的获取方式，具备数据的相关处理分析操作能力，如数据建模、数据挖掘等；最后，CDO 还需要是经济统计学专家：可以将数据与业务联合起来分析，让数据真正地开口说话，以此给出相应的市场营销、品牌推广和产品改进意见。

CDO 职位的设立有助于企业获得大数据和分析带来的持续、变革性的商业价值。CDO 为企业构想并指导制定总体数据分析战略，利用数据分析积极影响业务，激发企业变革，重塑企业文化，帮助企业将决策模式由直觉型转变为分析推动型。

6.3.2 建立数据质量管理团队

组织或者企业任命 CDO 职务后，还需要建立一个数据质量管理团队来负责具体的质量管理工作。数据质量管理团队在数据质量主管的直接领导下，负责各类问题的受理，并进行分析、分派，跟踪问题的解决并进行评估考核。受理客户的投诉。对项目的各项执行流程进行监控和考核，包括项目管理文档的核查，对各项工作进行质量跟踪管理，元数据管理，协调数据质量问题的处理。同时，团队中的各成员还需要具备一些技能，包括：熟悉数据库、数据仓库和分布式数据存储的各项工作流程，熟悉质量检查的体系架构、实现机制、工具配置；熟悉数据库、数据仓库系统及其数据模型，对数据较为敏感，有较强的数据质量问题分析判断能力。熟练使用数据质量分析和监控工具。数据质量管理团队的组织架构如图 6-4 所示。

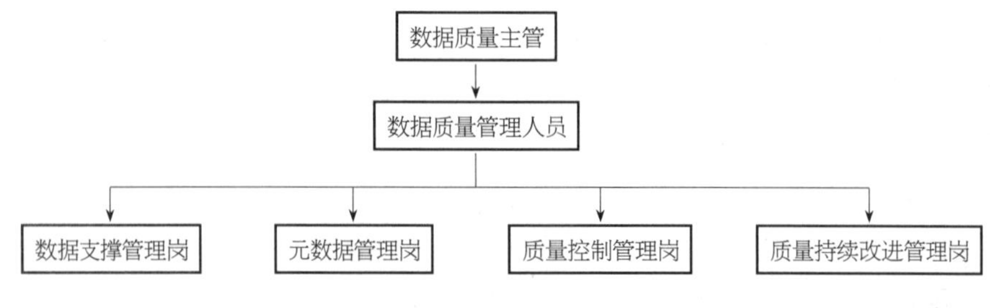

图 6-4 数据质量管理团队的组织架构

在图 6-5 中，数据质量管理团队划分为数据质量主管和数据质量管理人员，按照承担工作职责的不同，数据质量管理人员可分配到不同的质量管理岗位或者称为质量管理岗位角色。不同的角色代表不同的分工即职责，同一角色可由多个人员承担，同一人员也可同时兼任多个不同角色。各质量角色所承担的工作职责如表 6-3 所示。

表 6-3 数据质量管理角色和岗位职责(部分)

角色	职责
数据质量主管	● 负责企业内部的数据管理 ● 跟踪并分析企业产品相关数据，为产品创新、产品设计及产品优化提供数据支持依据 ● 根据产品特点，帮助建立合理的运营监控体系，持续推动产品线的商业效果改进 ● 设计自动化数据质量分析工具
数据支撑管理岗	● 检测内部源系统数据质量 ● 检测外部源系统数据质量 ● 多源数据融合下的质量检测 ● 完成数据接口管理
元数据管理岗	● 创建元数据 ● 链接业务元数据与技术元数据 ● 操作元数据监测数据的流动
质量控制管理岗	● 建立数据质量标准 ● 建立并更新数据质量知识库 ● 实施自动化数据质量分析工具，完成数据剖析 ● 确定数据质量评估模型和评估方法，完成质量评估 ● 数据质量监控和报告
质量持续改进管理岗	● 解决数据质量问题 ● 培训和教育 ● 质量过程不断优化改进

6.4 质量管理成熟度模型

1979 年，质量管理大师克劳斯比首次提出了质量管理成熟度概念，随后在其著作《Quality is Free》中将质量原理变为成熟度框架，描述了质量管理过程的五个进化阶段，即：不确定期、觉醒期、启蒙期、智慧期和确定期[28-29]，企业据此判断其质量管理所处的阶段，找出企业自身质量管理的特点，以及下一步目标，进行持续改进。1987 年，美国的卡内基·梅隆大学软件工程研究所的拉迪斯、汉弗莱等对其工作进一步完善，形成了当今软件产业界广泛使用的软件过程能力成熟度(capability maturity model for software, CMM)模型，目标是致力于软件产业持续的过程改进[13]。之后在 CMM 模型基础上，项目管理成熟度模型(project management maturity model, PMMM)、知识管理成熟度模型(knowledge quality management maturity model, KMMM)、信息质量管理成熟度模型(information quality management maturity model, IQM3)和数据质量管理成熟度模型(data quality management maturity model,DQM3)等相继发展起来。

6.4.1 信息质量管理成熟度模型

2008年,西班牙学者Ismasel Caballero等人[31]基于CMMI模型和方法[32]提出一个针对信息产品及其质量管理水平的IQM成熟度模型(简称IQMF框架),IQMF包括两方面内容:一是信息质量管理成熟度模型(IQM3),另一个是评估及改善IQM的方法(MAIMIQ)。其中,IQM3提出了一个5级成熟度模型,包括了每一级的关键过程域、子活动、所需输入资源、采用技术和工具、参与的人员,以及输出结果等。这是目前IQMM研究成果中较系统的一个模型。

IQM3模型是一种框架和工具,它描述了一个机构的信息资源管理中IQM由混乱、不成熟的过程到有规范、成熟过程的进化路径。从整体来看,IQM成熟度级别从低到高的变化代表了机构的信息生产活动由高风险、不稳定到高质量、稳定的进展。IQM3将IQM管理水平从混乱到规范再到优化的提升过程分成有序的五个等级,形成一个逐步升级的平台,如图6-5所示。

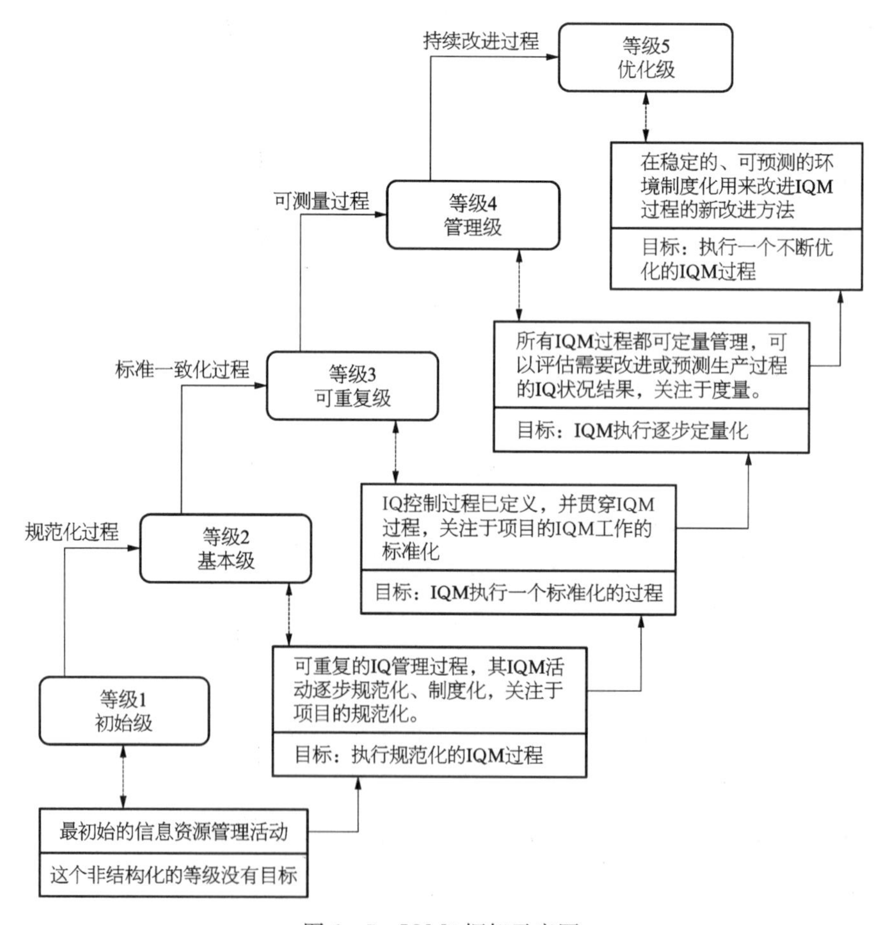

图6-5 IQM3框架示意图

在图 6－5 中，IQM3 的成熟度等级可划分为：初始级、定义级、集成级、管理级和优化级。各个等级的基本特征概要描述如下[31-33]：

第 1 层：初始级(initial)，为最低的 IQ 成熟度，在此阶段，组织并没有建立 IQM 的目标，IQM 工作缺乏规划和程序规范，不能主动地清理数据，往往容易忽视 IQ 问题，出现问题时多希望通过技术方法来解决该问题。为了提高 IQ，达到更高等级的 IQM，这些组织应当努力改善内部对 IQ 问题及其影响的认识和意识。

第 2 层：定义级(defined)，在这一级，组织已经定义 IQM 的目标，IQM 已经制度化。组织中的用户需求、项目管理、IQ 管理、数据源和数据目标管理、数据存储获取、开发或者维护项目管理等基本业务流程都已纳入 IQ 的管理工作范畴，同时建立一个专门团队负责这些管理工作。但是整个组织的 IQ 问题仍需上升到更高级战略决策层制定上。

第 3 层：集成级(integrated)，在这个层级上，IQ 的技术工作和管理工作都已实现标准化、文档化。组织可以制定计划来确保和验证 IQ 项目及其实施的结果，可以划定范围并记录由于低劣的 IQ 影响项目执行所涉及的相关风险。但执行力度较弱，不能有效在组织管理流程的层级上发现并解决信息质量问题。

第 4 层：管理级(quantitative managed)，在这个层级上，IQM 已建立了定量的质量目标；已建立质量控制过程软件，实现对质量活动过程的控制，IQ 控制功能体现在信息生产的各关键环节中，确保可信的信息进入下一个环节；并可预测质量控制过程和质量趋势。在这一级，组织对外部质量约束有主动应对措施，其中一些措施还实现了自动化管理。不过要想达到最高级的 IQM，组织仍需要继续对 IQM 措施制度化。

第 5 层：优化级(optimizing)，达到本级时，组织可集中精力采用新技术、新方法，改进质量控制过程；具有识别信息过程薄弱环节并改进它们的手段，利用过程管理的思想，对信息生产过程中的信息质量进行全面管理，建立信息流程全反馈系统，并进行不断的过程改进，防止信息缺陷。通过建立信息生产过程的信息质量控制，能够有效降低质量管理成本，提高 IQM 水平。

借助 IQM 成熟度模型，组织可以找出其信息资源管理中存在的缺陷并识别出 IQM 管理的薄弱环节，来形成对 IQM 的改进策略。从而稳步改善机构的信息资源管理水平，使其信息处理能力持续提高。

6.4.2 数据质量管理成熟度模型

2006 年，韩国学者 Kyung-Seok Ryu 等人认为先前的研究只把数值质量和服务质量作为评估数据质量等级的主要因素，却没有考虑数据结构质量对数值质量和服务质量所带来的风险。为了管理和评估结构质量，就必须管理元数据。因此，他们基于 CMMI 模型和方法提出一个针对数据结构质量的成熟度模型(简称 DQMS 模型)[7]。DQM3 模型由一个四级成熟度级别构成，每一级别都有所管理的对象、采用技术和工具等，如图 6－6 所示。各个等级的基本特征概要描述如下：

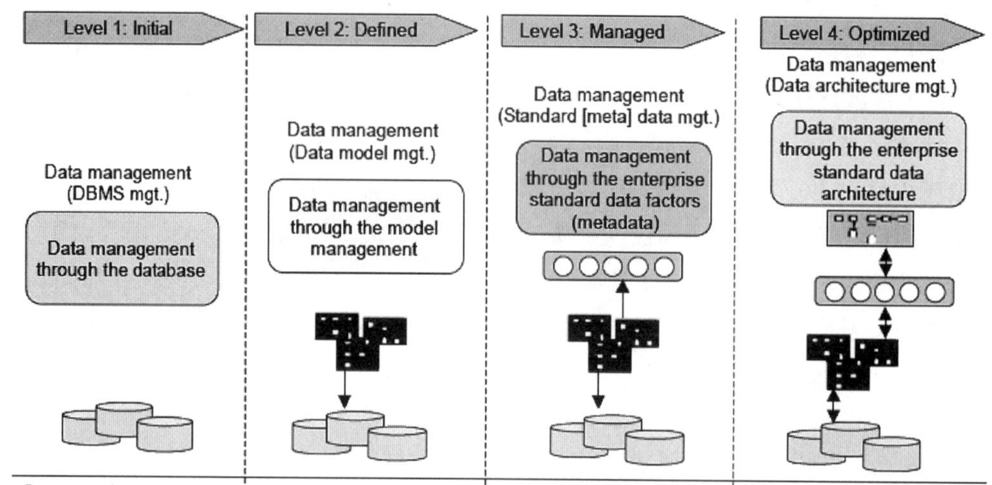

图 6-6　DQM3 框架示意图[34]

第 1 层：初始级(initial)，为最低的 DQ 成熟度，这一阶段主要是通过在数据库系统编目中所定义的规则来管理数据结构质量。在这一级别，表中可能存在非规范化的数据，它们用来解释公司的业务并与物理系统分离。当物理系统执行时，这些数据可能会被修改或曲解。在系统建立的早期阶段，数据很容易被管理员确认。但是，随着时间的推移，概念数据可能会失去它的原有特性，这是因为修改/曲解的物理表替代了原来的概念模型，也有可能是公司丢失它们的业务规则。

要解决这些问题，需要同时通过物理数据模型和逻辑数据模型来生成和管理数据库。逻辑数据模型解释了公司的业务概念，而物理数据模型则系统化逻辑数据。

第 2 层：定义级(defined)，在这一阶段，数据管理是通过逻辑数据模型和物理数据模型共同完成的。这种组合管理方式能够追踪修改/曲解的物理表的原有特性。当存在任何的添加、修改或者业务规则改变时，它可以防止系统变形。但是，这种集成的管理方法仍然存在弱点：由于数据是通过某一部门的信息系统独立设计和建立的，要与其他组织、部门和信息系统建立数据关系和集成则较为困难。此外，由于缺乏一个标准化的常规名称，规则名称和数据名称没有一致性，这可能会导致同一数据存在不同名称的情况，这种混淆将发生在相同的数据、值域、数据类型的定义中。

为了解决这些问题，数据定义、值域、数据类型都必须实现标准化。经过标准化处理后，整个公司才能共享和使用集成的和相互关联的数据。

第 3 层：管理级(managed)，在这个阶段，数据管理已经实现数据标准化。数据标准化运行在企业数据集成的各个阶段。这一阶段最核心的工作是元数据管理，包括规范化各种属性,策略,域和数据模型等。第3级通过元数据标准化可以共享和重用标准化的数据,它还集成了基本的信息系统单元。不过,孤立的标准化、标准数据的管理者模糊性和标准数据变更管理的困难性是这一级别存在的问题。

大部分标准采用自下而上的方式建立,即从物理模式推导出标准数据要素。这种方式缺乏从企业的角度来看逻辑和结构数据的定义,因此,会导致孤立的数据标准化。为了解决这一问题,对一个公司来说,有必要掌握和管理每个部门的信息系统和整个企业数据架构之间的关系。使用全面的数据管理,一个公司才可以实现真正的数据标准化,并能够共享和整合企业数据。

数据标准化中的一个问题是如何为每一个数据项安排管理员。由于很难确定谁将决定数据标准化以及谁将维护数据库,因此,产生了标准数据的管理者模糊性问题。管理者模糊问题有两种解决方案。首先,数据要素应该在标准数据架构的基础上进行结构识别。系统化的数据分析有助于确定数据的原始来源,并确认数据分类。其次,对数据进行功能分析,以确定数据生成和管理的人员。例如,一个数据流图应该被用来识别哪些数据是通过外部代理产生和维护的。这可通过数据生成/管理人员的识别,数据系统的结构分析以及数据生成和数据流的功能分析来阐明数据标准化。

一个企业面临新环境时,就需要一个新业务规则的数据管理策略来适应新目标和战略。然而,现有的数据标准化阶段在标准数据的变更管理中存在困难。为了应对这一问题,可以采用企业级的标准数据架构管理,企业就可以在数据变化时执行适当的变更管理。

第4层:优化级(optimizing),这一级别是通过数据架构管理来实现数据管理。这个阶段定义了企业标准体系结构模型,它是在定义的企业标准体系结构模型的基础上,对数据、数据模型和数据关系进行管理的优化数据管理阶段。

为了设置企业级的数据体系架构,可以采用两种分析方法。一种方法是基于逆向工程,自底向上的分析。另一种方法是基于企业标准数据的自顶向下的分析。此外,可以执行一个功能性的数据分析以确定负责数据生成/管理的人员。接着,通过对新业务目标和策略的分析后,企业级的数据体系架构就可以构建成功。

自顶向下和自底向上的数据管理方法应该同时执行来实现标准化和企业标准化的数据架构。使用自底向上的方法,可以收集数据要素进行标准化;而自顶向下的方法则用于数据结构的分析。公司使用这两种方法就能从结构/功能的视角选择标准的数据系统和数据要素,将原有的数据管理系统扩展为有规划的数据管理系统,以适应新的商业环境。

◇参◇考◇文◇献◇

[1] 国家质量技术监督局. GB/T19000—2000 质量管理体系 基础和术语 [S]. 北京：中国标准出版社，2000.

[2] 徐有刚. 关于 GB/T 6583—ISO 8402 质量管理和质量保证术语的说明[J]. 中国标准导报. 2004，30(3)：17—18.

[3] 李建英. 质量管理评价体系研究[D]. 湖南：湖南大学，2004.

[4] 苏海涛. 基于质量信息技术集成的"全质量"管理系统模型研究[D]. 安徽：合肥工业大学，2006.

[5] 梁工谦. 质量管理学 [M]. 二版. 北京：中国人民大学出版社，2014.

[6] (美)威廉・爱德华滋・戴明著，裴咏铭翻译. 戴明管理思想精要[M]. 北京：西苑出版社，2016.

[7] 杨建宏，殷卫民，黄华编著. 精益生产实战应用[M]. 北京：经济管理出版社，2010.

[8] 约瑟夫・M・朱兰，约瑟夫・A・德费欧著. 朱兰质量手册. 第六版 [M]. 北京：中国人民大学出版社，2014.

[9] 许建林. 全面质量管理理论与 ISO 9000 质量管理体系标准[J]. 山西建筑. 2004，30(3)：80—81.

[10] Motwani J. Critical Factors and Performance Measures of TQM[J]. TQM Magazine. 2001，13(4)：292 - 300.

[11] 李元静. 全面质量管理在高校教学管理中的运用[D]. 四川：西南交通大学，2005.

[12] 杨洁. 基于 PDCA 循环的内部控制有效性综合评价[J]. 会计研究. 2011，4：82—87.

[13] Jonathan G. Geiger. Data Quality Management——The Most Critical Initiative You Can Implement [EB/OL]. http：//www2. sas. com/proceedings/sugi29/098 - 29. pdf，[2016 - 6 - 28]

[14] Johns，Merida L. Information Management of Health Professions. Albany[M]. Newyork：Delmar Publishers，1997.

[15] 中国科学院. 数据质量管理规范[EB/OL]. (2009 - 09 - 01) [2016 - 6 - 28]. http：//wenku. baidu. com/view/ef62a6600b1c59eef8c7b456. html.

[16] Informatica. 通过数据质量管理 (DQM)从商业智能 (BI) 投资中获得更多[EB/OL]. [2009 - 05 - 01] [2016 - 06 - 21]. https：//www. informatica. com/downloads/6947 _ CN _ BI _ DQM _ wp _ web. pdf.

[17] 但彬. 数据质量管理：数据中心优化必修课[EB/OL]. (2012 - 01 - 06) [2016 - 5 - 28]. http：//database. 51cto. com/art/201201/311383. htm.

[18] 万定生，余宇峰，张建新，朱跃龙. 数据质量管理方法和系统[P]. [2012 - 04 - 01]. 中国国家知识产权局.

[19] TWEEDIE R L. Total Quality Management and Information Technology[J]. International Journal of Value Based Management，1989，2(2)：111 - 125.

[20] WANG R Y. A Product Perspective on Total Data Quality Management. Communications of the ACM，1998，41(2)：58 - 65.

[21] R. Y. Wang. A Product Perspective on Total Data Quality Management. Communications of the ACM，1998，41(2)：58 - 65.

[22] WANG R Y，STRONG D M. 1996. Beyond accuracy：what data quality means to data consumers.

Journal of Management Information Systems ,2012, 4: 5 - 34.

[23] 黄向阳,张皓. 多学科视角下的统计数据质量管理[J]. 商业经济与管理,2011,9: 90—96.

[24] PIPINO L L, LEE Y W, WANG RY. Data Quality Assessment[J]. Communications The ACM, 2002,45(4): 211 - 218.

[25] BALLOU D, WANG Y, PAZER H, et al. Modeling information manufacturing systems to determine information product quality. Management Science ,1998,44, 4: 462 - 484.

[26] 吴忠,丁绪武. 大数据时代下的管理模式创新[J]. 企业管理,2013,10: 35—37.

[27] 张平. 构建企业数据战略——访 SAP 公司大数据专家卢东明[J]. 企业管理,2013,6: 104—107.

[28] Crosby P B. Quality is Free: The Art of Making Quality Certain[M]. New York: Penguin Group, 1979.

[29] 宋立荣. 信息质量管理成熟度模型研究[J]. 情报科学,2012,30(7): 974—979.

[30] 单银根,王安,黎连业. 软件能力成熟度模型(CMM)与软件开发技术[M]. 北京: 北京航空航天大学出版社,2003.

[31] CABALLERO I, CARO A, CALERO C, et al. IQM3: Information Quality Management Maturity Model[J]. Journal of Universal Computer Science,2008(22): 3658 - 3685.

[32] PAULK M, WEBER C, CURTIS B, et al. A High Maturity Example: Space Shuttle Onboard Software, in the Capability Maturity Model: Guidelines for Improving Software Process[M]. Addison-Wesley, 1994.

[33] 宋立荣,彭洁. 科技信息资源共享建设与服务机构中信息质量成熟度模型研究[J]. 情报杂志,2009,(9): 176—180.

[34] KYUNG S R, JOO S, JAEH P. A Data Quality Management Maturity Model[J]. ETRI Journal, 2006, 28(2): 191 - 203.

第7章

位置大数据中的质量研究

“Bigdata：The next frontier for innovation，competion and productivelty.”——引自麦肯锡公司2011年5月的研究报告。

随着我国城市化进程的不断深入，各大中城市普遍面临着交通拥堵、环境污染、社会老龄化、土地资源紧缺等问题，其中，交通问题一直是影响城市发展的主要“瓶颈”之一[1]。汽车的普及在为人们的日常出行带来便捷的同时，也给城市的交通规划和管理带来了严峻挑战[2]。根据中国交通部公布的数据显示，交通拥堵带来的经济损失占到城市人口可支配收入的20%，每年高达2500亿元人民币。因此，及时有效地提取城市交通流量和出行热点，对人们的出行进行疏导和管理是十分必要的。

由于城市道路网络及其周围空间环境的复杂性，要解决这些城市交通问题在很多年前看来困难重重。近年来，民用GPS等定位设备在车载以及移动终端上得到广泛使用，使得基于位置的服务（location based service，LBS）和移动社交网络（mobile social network，MSN）获得广泛普及和飞速发展[3]。作为移动社交网络的主体，人的移动性带来的位置轨迹不仅记录人的行为历史，也记录了人与社会的交互活动信息。移动社交网络中位置轨迹数据的分析与利用，为解决城市问题提供了一种新的思路[4]。

7.1 概述

城市里各种移动对象的位置变化，如人的移动、车辆运动等，不仅反映城市环境的变动，也反映了人们在城市中各种社会活动，这些通过各种测量传感网络或者社交网络获取的位置轨迹数据可以统称为位置大数据。位置大数据是大数据研究的重要组成部分，已经成为当前用来感知人类社群活动规律、分析地理国情和构建智慧城市的重要战略资源。

7.1.1 位置大数据的来源

位置大数据主要分为轨迹数据、地理数据和空间媒体数据。轨迹数据是指含有经纬度坐标和时间的数据，我们可以用三元组(X, Y, T)来为轨迹数据建模，X、Y和T分别表示轨迹数据采样的经度、维度和时间。地理数据是指直接或间接关联着相对于地球上某个地点的数据，包括电子地图、兴趣点数据（points of interest，POI）、植被数据和水文数据等。空间媒体数据表示包含位置因素的数字化的文字、图形、图像、声音、视频影像和动画等媒体数据，例如城市监控捕获的摄像头数据。表7-1显示了位置大数据的实例。

表 7-1 位置大数据实例

分类	实例	数据量大小
轨迹数据	GPS 轨迹数据(车辆或行人)	昆明市 7 000 辆出租车一年的轨迹数据为约 1.24 TB
	手机信令数据	无锡市 505 万移动手机用户信令数据,日采集手机信令数据 12 亿条[52]
	用户签到数据	Gowalla 网站 2009 年 2 月—2010 年 10 月,数据量约为 640 万条[43]
	公交 IC 卡数据	2007—2014 年,北京市公交 IC 卡数据量达到 430 亿条[42]
地理数据	数字矢量线画地图(DLG)	全国 1∶1 万 DLG 约 5.3 TB
	POI 数据	百度全国的 POI 数据量,约 2 000 万条,包含餐饮、住宿、娱乐等 16 大类
空间媒体数据	监控视频数据	上海平安城市监控摄像头超过 60 万个,每天产生的位置监控数据达 PB 级
	社交网络数据	Facebook 每天生成 300 TB 以上与位置有关的日志数据

1) 轨迹数据

目前,城市中与轨迹相关的大数据来源主要包括以下四种方式。

(1) 车辆和行人产生的轨迹数据。国内许多大中城市通过浮动车(floating car)项目,在公交车和出租车上安装车载 GPS 设备,大量的车辆轨迹数据会定期(间隔时间 30～60 s)上传给出租车管理中心的服务器进行存储和使用。行人的 GPS 轨迹是通过给志愿者配置一个 GPS 接收器或者在手机上下载专门的 GPS 轨迹记录软件来存储位置数据。由于车辆的轨迹数据具有实时性、覆盖范围广和海量等特征,可以从宏观上反映城市交通流和交通拥堵等实时路况信息[5-6]。以昆明市的出租车轨迹数据为例,一年产生的数据量能达到 1.24 TB。与车辆的轨迹数据相比,行人的轨迹数据采集有限,数据量较小,但是能从微观上进行个体活动模式的研究。2009 年微软亚洲研究院开发了 GeoLife 项目,通过实施该项目,共收集到 170 多个志愿者 4 年左右的 GPS 轨迹记录[7]。利用这些数据,研究人员可以发现志愿者经常活动的路线和最感兴趣的位置,为后续的个性化行程推荐打下了良好的基础。图 7-1 显示了出租车 GPS 轨迹数据的部分内容。

从图 7-1 中可以看出,出租车的 GPS 轨迹数据可分为四部分:

① 车辆标识: License ID 表示出租车的车牌号。

② 时间数据: Timestamp 表示采集数据的日期和时间。

③ 坐标数据: Latitude、Longitude 和 Altitude 分别为纬度、经度和高程(可选项)。

④ 运动状态数据: Status、Velocity 和 Angle 为车辆运行状态、运行速度和行驶角度。

```
License_id, TIMESTAMP, Longitude, Latitude, Status, Velocity, Angle
"云 AT0009","2012-08-11-19.26.49.000000","+102.672230 ","+25.085367   ",0,"+000.0","0   ",
"云 AT0009","2012-08-11-19.27.05.000000","+102.672282 ","+25.084642   ",512,"+015.3","85 ",
"云 AT0009","2012-08-11-19.28.05.000000","+102.672525 ","+25.081552   ",512,"+032.2","89 ",
"云 AT0009","2012-08-11-19.29.05.000000","+102.672915 ","+25.076110   ",512,"+034.7","88 ",
"云 AT0009","2012-08-11-19.30.05.000000","+102.673025 ","+25.074575   ",512,"+000.0","0   ",
"云 AT0009","2012-08-11-19.31.05.000000","+102.672285 ","+25.070360   ",512,"+047.8","87 ",
"云 AT0009","2012-08-11-19.32.05.000000","+102.672490 ","+25.068662   ",512,"+016.2","85 ",
"云 AT0009","2012-08-11-19.33.05.000000","+102.673705 ","+25.064667   ",512,"+024.3","82 ",
"云 AT0009","2012-08-11-19.34.05.000000","+102.675075 ","+25.062167   ",512,"+023.0","70 ",
"云 AT0009","2012-08-11-19.35.05.000000","+102.678565 ","+25.058875   ",512,"+025.1","60 ",
"云 AT0009","2012-08-11-19.36.05.000000","+102.679815 ","+25.058280   ",512,"+000.0","0   ",
"云 AT0009","2012-08-11-19.36.58.000000","+102.679815 ","+25.058280   ",512,"+000.0","0   ",
```

图 7－1　昆明市出租车 GPS 轨迹数据

表 7－2 显示了出租车轨迹数据各字段的名称、数据类型和含义等内容。

表 7－2　出租车 GPS 数据各字段名称及含义

编号	字段名称	数据类型	长度	字　段　含　义
1	License ID	字符型	32	出租车车牌号
2	TIMESTAMP	时间戳	14	GPS 轨迹产生时间，格式 YYYYMMDDHHMMSS，单位：秒
3	Longitude	字符型	5	经度
4	Latitude	字符型	3	纬度
5	Altitude	字符型	3	高程
6	Status	字符型	3	车辆运行状态，0 表示空车，512 为载人
7	Velocity	实数	8	运行速度
8	Angle	字符型	8	运行角度，0～180°

(2) 用户上传的签到(Check-in)记录。用户利用智能移动终端上的定位技术，将自己的位置轨迹发送给签到应用网站，如 Foursquare 和 Gowalla；或者社交平台，如新浪微博、腾讯 QQ 和微信，这些海量的用户轨迹位置数据得到保存和积累[8]。

本书以新浪微博的签到数据进行说明。首先，通过新浪微博的开放平台下载签到数据集，并对该数据集中多个数据文件进行格式处理，得到如下格式的签到记录形式：

{Date，Time，LocationID，UserID，Latitude，Longitude，Comments}

其中，Date 和 Time 表示用户签到的日期和时间；UserID 表示用户在新浪微博的 ID 号；LocationID 表示签到位置的 ID 号；Longitude 和 Latitude 表示用户签到位置的经纬度坐标信息;Comments 表示用户签到时发表的微博内容。图 7-2 显示了用户签到数据的部分内容。

Date	Time	UserID	LocationID	Latitude	Longitude	Comments
2015/11/27	15:21:26	1752578484	B2094451D16AA2FD479A	24.976427	102.797148	#2015中国大学生体育舞蹈锦标赛# http://t.cn/R2VYeG4
2015/11/27	18:36:58	5323416736	B2094454D168A6F54899	25.062852	102.759811	#cos试妆#来一发猫咪的表情 http://t.cn/z8Ab5FH
2015/11/27	18:50:47	1351061090	B2094454D168AAF5499B	25.066892	102.674667	#Lee记美食#触店·夜宴 http://t.cn/RLQiObf
2015/11/27	0:13:07	2451378250	B2094454DA6FABFC449B	24.966528	102.66983	#不要试图去感动一个不爱你的人 http://t.cn/z823RQG
2015/11/27	21:38:22	1363068392	B2094457D064A2FD4793	25.0277	102.702431	#听说，玫瑰花瓣加进饼干一起烤，会很香哦 http://t.cn/8safjZx

图 7-2 用户签到数据

(3) 移动通信数据。移动通信数据是指用户在移动通信网络中产生的数据,目前可供研究使用的是话单数据和信令数据。由于这两类数据能够记录设备的基于基站小区的位置信息,故在交通领域有着较为广泛的应用[9-11]。

现在介绍一下信令数据的采集和基本格式。它的采集可以通过移动运营商的原始信令采集系统完成。之后,通过 GSM 的 2G 网络的 A 接口和 Abis 接口将原始数据导出[12]。原始数据一般为加密的代码(图 7-3),需要通过专门的软件平台进行解码。解码完成后,就可以得到具有服务基站编号和位置、切换时间等信息的原始手机信令数据,数据的内容格式如图 7-3 所示。

MSID	TIMESTAMP	LAC	CELLID	EVENTID	CAUSE	FLAG	MSCID	BSCID	CAUSETYPE
63574416dbd8aa7f192084c971d02e0f	20130402000011	33569	46412	8	9	0	188422	187653	1
03f7b69335fdfaab6e0a7e338227e475	20130402000011	33569	51241	8	9	0	188422	187653	1
38f2fcd3085dd8c3b11c065ac47d2eec	20130402000010	33589	51532	8	9	0	188422	189957	1
688f2e42be858fb31fe8667f8403ddd1	20130402000011	33569	42476	8	9	0	188422	187653	1
30341af1a815930aa687aebbea36448e	20130402000011	33569	42437	8	9	0	188422	187653	1
4063d2d920a76a8b6a4e58059483b4e4	20130402000011	33589	45910	7	9	0	188422	189957	1
c4d1fee997fbb2d313b0c0f84509b782	20130402000012	33589	41226	8	9	0	188422	189957	1
cd166c9e706c6306022e9a09a7fcd486	20130402000011	33589	46901	8	9	0	188422	189957	1
c7cbb1760e4c11c509d472a758397f15	20130402000012	33589	51530	8	9	0	188422	189957	1
d8a1610aef74c9de243db32e9a6d7cfe	20130402000012	33569	40190	8	9	0	188422	187653	1
3691554701e21d7a486df1bdbc5b311b	20130402000010	33589	54751	7	9	0	188422	189957	1
b9feed385602c78dab2d6fde309f66a1	20130402000012	33589	41830	8	9	0	188422	189957	1

图 7-3 联通 GSM 信令数据格式[13]

手机信令数据各字段的具体含义详见表 7-3。

表 7-3 信令数据各字段名称及含义[14]

编号	字段名称	数据类型	长度	字 段 含 义
1	MSID	字符型	32	用户唯一标识 ID
2	TIMESTAMP	时间戳	14	信令产生时间,格式 YYYYMMDDHHMMSS,单位: s

（续表）

编号	字段名称	数据类型	长度	字 段 含 义
3	LAC	字符型	5	位置区LA编号
4	CELLID	字符型	5	小区编号
5	EVENTID	字符型	3	事件类型，如开/关机、主叫/被叫、正常位置更新等
6	CAUSE	字符型	3	事件原因（按7号信令标准提供即可）
7	FLAG	字符型	3	标识是否能获取IMSI
8	MSCID	字符型	8	MSC编号
9	BSC1D	字符型	8	BSC编号
10	AREA - CODE	字符型	8	归属地编号

表7-3中，MSID是运营商对每个手机用户的编号，位置区（LA）以寻呼量进行划分，小区编号（CELLID）表示移动台所在的基站（Cell）编号，归属地编号（AREA - CODE）则是运营商对移动台入网时的归属地进行的编号，如昆明市、大理市等。

```
CELLID,LONGITUDE,LANTITUDE
46412,  108.699110,34.33163
51241,  108.707663,34.33714
51532,  108.711590,34.33881
42476,  108.723220,34.33921
42437,  108.732020,34.34003
45910,  108.699220,34.33003
```

图7-4 手机基站数据格式（部分）

在使用手机信令数据的过程中，还需要配合使用基站信息。基站信息主要包括基站编号和经纬度数据。图7-4显示了部分基站数据。

（4）公共交通卡数据（smart card data，SCD）。由于公共交通卡已被广泛用于公共交通费用的支付，如地铁、公交车等，其消费记录可反映城市海量用户的活动情况，能较全面覆盖城市人群[15]。

国内一些城市在公交车上安装了GPS设备，可以将公交卡数据与GPS数据结合在一起使用。如果未安装GPS设备，那只能采用原有的公交卡数据进行处理。图7-5显示了哈尔滨市公交卡的部分数据。

	TJRLCITY	TJRLCARDNO	TJRLPOSID	TJRLRDATE	TJRLRTIME	TJRLLDATE	TJRLLTIME	TJRLLINENO
1	1500	150020198785	312018979	20120606	202921	20120608	51034	1004
2	1500	150010043429	312018979	20120606	204228	20120608	51035	1004
3	1500	150020180182	312018986	20120606	201702	20120608	51035	1004
4	1500	150010403439	312018979	20120606	210030	20120608	51035	1004
5	1500	150020494346	312018986	20120606	202844	20120608	51035	1004
6	1500	150010661394	312018986	20120606	204420	20120608	51035	1004
7	1500	150030000829	312018986	20120606	204727	20120608	51035	1004
8	1500	150002404947	312018986	20120606	205649	20120608	51035	1004
9	1500	150030000679	312018986	20120606	205655	20120608	51035	1004
10	1500	150030013108	312018986	20120606	210100	20120608	51035	1004
11	1500	150020295767	312018979	20120607	63343	20120608	51035	1004

图7-5 公交IC卡数据格式（部分）[16]

公交 IC 卡数据各字段名称及含义如表 7-4 所示。

表 7-4 公交 IC 卡数据各字段名称及含义[14]

编号	字段名称	数据类型	长度	字 段 含 义
1	TJRLCITY	整型	4	城市编号
2	TJRLCARDNO	字符型	16	IC 卡号
3	TJRLPOSID	字符型	9	车载 POS 机编号
4	TJRLRDATE	日期型	8	刷卡日期
5	TJRLRTIME	时间型	6	刷卡时间
6	TJRLLDATE	日期型	8	清算收到交易日期
7	TJRLLTIME	时间型	6	清算收到交易时间
8	TJRLLINENO	整型	8	线路号

除了公交 IC 卡的数据之外，还可以结合行驶车辆的 GPS 信息进行分析。图 7-6 显示了公交车运行过程中采集的部分 GPS 轨迹数据和部分站点的位置信息。

线路号	车辆号	经度	纬度	时间	站序号	定位经度	定位纬度	站间距离	运行速度
401	4347	106.5246	29.5603	13:16:29	1	106.5237	29.5596		
401	4347	106.5259	29.5673	13:18:33	2	106.5260	29.5672	672	19.51
401	4347	106.5298	29.5683	13:20:07	3	106.5298	29.5682	520	19.91
401	4347	106.5441	29.5623	13:23:41	4	106.5440	29.5622	644	10.83
401	4347	106.5468	29.5548	13:26:59	5	106.5468	29.5548	805	14.64
401	4347	106.5498	29.5573	13:28:23	6	106.5498	29.5573	580	24.86
401	4347	106.5572	29.5583	13:30:23	7	106.5571	29.5582	705	21.15
401	4347	106.5632	29.5582	13:33:07	8	106.5632	29.5581	780	17.12
401	4347	106.5695	29.5619	13:36:21	9	106.5698	29.5621	850	15.77

图 7-6 公交车的 GPS 信息(部分)[53]

在图 7-6 中，表格中的第 1～5 列表示车辆 4347 运行在线路号 401 的时间及采集的 GPS 经纬度，第 6～9 列表示该线路上九个站点的经纬度和站间距离，第 10 列表示车辆在不同站点的运行速度。

2）地理数据

地理数据来源主要是传统测绘和泛在测绘，包括各种遥感影像和大地基准测量数据。电子测绘地图、卫星导航地图是典型的地理数据类型，它们都是由专业的测绘机构提供。近年来，越来越多的定位系统和设备在市场上不断涌现，普通大众利用这些设备可以方便收集和存储地理数据，而且能发布到互联网上，从而促使了一种新的概念——众源地理数据的产生[17]。

众源地理数据是将众源(众包)概念与地理数据相结合而产生的一种开源的地理数据,这些数据是由很多非专业的人以分享为目的而自愿提供[18]。Michael GoodChild将这种有别于传统测绘的数据获取方式称之为“志愿者地理信息”(volunteered geographic information,VGI)[19]。对比传统的数据收集与更新方法,它有数据量大、高通用性、内容丰富、成本低等优点[20-21],成为近年来的一个研究热点。

开放街道地图(open street map,OSM)是最为成功的众源地理数据应用项目。从2004年诞生至今,已经拥有越来越多的用户,仅截至2013年统计,用户量就已经达到100万[23]。而且,其中约30%的用户至少都在OSM地图中提供了一个准确的地点,甚至美国苹果公司都将OSM地图嵌入iOS的iPhoto中,成为苹果公司的地图数据源之一[24]。

由于地图数据格式比较复杂,本节没有列举具体的数据内容。图7-7显示了从OSM网站上下载的昆明市OSM地图。

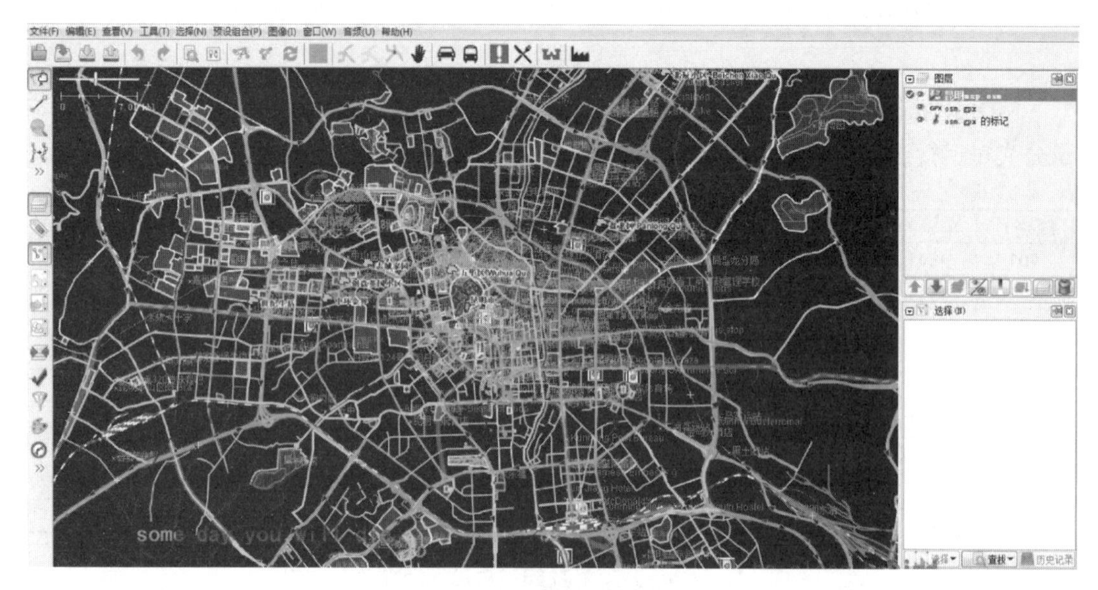

图7-7 昆明市OSM地图[24]

POI数据也是一种典型的地理数据,它可以表示实际地理实体的点状数据,例如:建筑物、商场、学院、医院等,甚至是占有一定面积的地理存在,在推荐系统和地点查找应用中都需要使用POI数据。POI数据的来源比较广泛,主要有三种途径:一是来自专业的GIS软件服务提供商,如Esri中国有限公司;二是来自网络电子地图,谷歌地图、百度地图、高德地图、微软Bing地图等都提供POI数据;三是来自社交网站,如新浪微博、Foursquare等。

新浪微博POI数据各字段名称及含义如表7-5所示。

表 7-5 POI 数据各字段名称及含义[14]

编号	字段名称	数据类型	长度	字 段 含 义
1	POIID	字符型	20	POI 点编号
2	POINAME	字符型	60	POI 点名称
3	LONGITUDE	字符型	9	POI 点的经度
4	LATITUDE	日期型	8	POI 点的纬度
5	TYPEID	字符型	6	POI 点的类型
6	ADDRESS	字符型	60	POI 点的所在地址
7	CITY	字符型	60	POI 点的所在城市
8	PROVINCE	字符型	60	POI 点的所在省份
9	POSTCODE	字符型	6	POI 点的邮编
10	PHONE	字符型	14	POI 点的电话

3）空间媒体数据

视频监控数据是一种典型的空间媒体数据。目前，视频监控技术被广泛应用于全球的各个角落，视频监控设备的数量及其产生的监控数据不断增长。与前面列举的几种位置大数据不同，监控数据是一种图像格式，一般通过人工处理来获取相关信息。随着视频监控所获得数据容量成几何级数增长，人工处理这些监控数据已经不合时宜，需要利用计算机视频监控数据进行自动处理，获得有价值信息，减少人力工作量。

为了让计算机能够自动处理监控数据[25]，首先，需要用图像采集卡将提取的图像数据传输至计算机内存中；接着，采用数字图像处理技术对人群图像进行特征提取处理，并对提取出的特征进行分类判别；最后，根据特定需求并采用对应的技术完成特征识别。下面本书以一个实例说明从视频监控图像转换为可识别数据的过程，如图 7-8～图 7-10 所示。

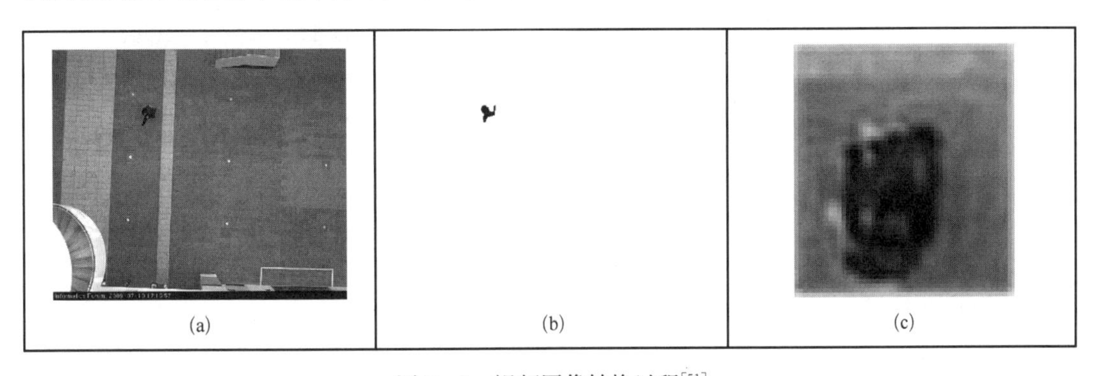

(a) (b) (c)

图 7-8 视频图像转换过程[51]

图 7-8a 显示了从原始视频监控中提取的一幅图片，需要把图片中运动的物体（监测目标）提取出来进行分析；图 7-8b 显示了提取运动物体后的二值图像；图 7-8c 显示了监测目标的像素情况。图 7-9 用 RGB 颜色直方图表示监测目标的像素值。图 7-10 显示了原

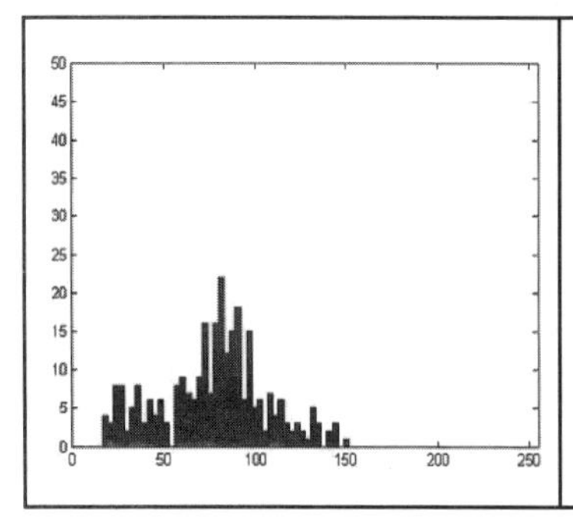

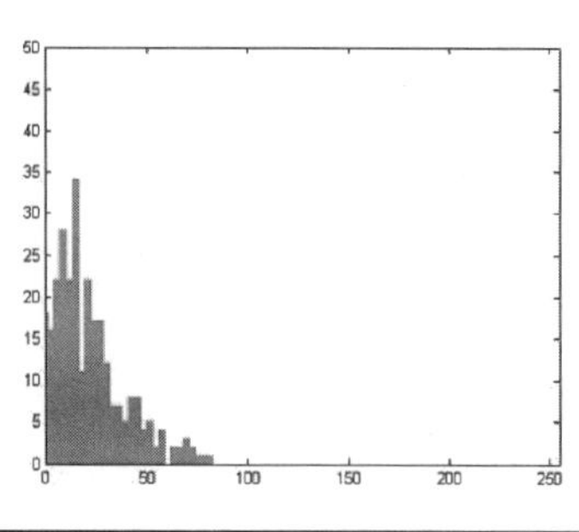

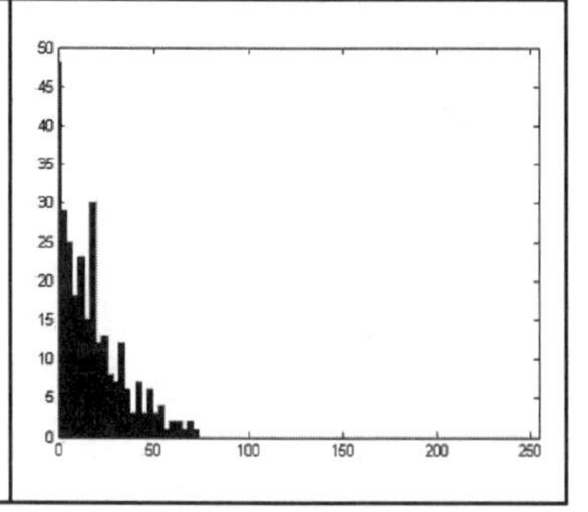

图 7－9 用颜色直方图表示监测目标的像素[51]

始图片转换为最终数据的监测文件格式。

```
BEGIN: 1249049968
F 0 22
0: 155 137 287 131 281 16 14 22 0 0 0 0 0 0 0 0 0 0 0 0 0 0 0 14 0 0 0 32 7 0 0 0 1 0 0 0 0 0 0 0 0 0 0 4 3 0 0 4 14 6 0 0 0 0 0 0 0 0 0 0 0 0 0 0 1 11 0 0 0 20 16
F 1 26
0: 102 134 270 130 265 11 11 14 0 0 0 0 0 0 0 0 0 0 0 0 0 0 0 7 0 0 0 22 0 0 0 0 0 0 0 0 0 0 0 0 0 0 0 4 0 0 0 2 13 1 0 0 0 0 0 0 0 0 0 0 0 0 0 0 2 5 0 0 1 17 14
F 2 30
0: 94 135 265 131 260 10 11 14 0 0 0 0 0 0 0 0 0 0 0 0 0 0 0 7 0 0 0 22 0 0 0 0 0 0 0 0 0 0 0 0 0 0 0 1 2 0 0 2 13 6 0 0 0 0 0 0 0 0 0 0 0 0 0 0 0 1 0 0 0 11 15
F 5 34
0: 555 154 215 142 198 25 36 33 0 0 0 3 0 0 0 0 0 0 0 0 0 0 0 17 0 0 0 33 16 0 0 1 2 0 0 0 0 0 0 8 0 0 0 20 7 0 0 3 43 36 0 0 1 1 0 2 0 0 0 6 5 0 0 2 68 45 0 0 1 89
1: 141 143 236 137 232 16 12 14 0 0 0 0 0 0 0 0 0 0 0 0 0 0 0 10 0 0 0 31 4 0 0 0 2 0 0 0 0 0 0 0 0 0 0 2 1 0 0 3 15 3 0 0 0 0 0 0 0 0 0 0 0 0 0 0 4 5 0 0 0 24 23
F 6 37
0: 574 155 210 142 193 29 34 36 0 0 0 3 0 0 0 0 0 0 0 0 0 0 0 24 0 0 0 30 10 0 0 0 3 1 0 0 0 0 0 6 0 0 0 14 16 0 0 5 52 42 0 0 0 5 1 2 0 0 0 16 13 0 0 0 53 39 0 0 0
1: 164 146 231 138 227 19 12 26 0 0 0 0 0 0 0 0 0 0 0 0 0 0 0 11 0 0 0 25 7 0 0 0 0 0 0 0 0 0 0 0 0 0 0 5 5 0 0 2 19 9 0 0 0 0 0 0 0 0 0 0 0 0 0 0 5 4 0 0 3 27 16
2: 76 151 249 148 245 9 11 30 0 0 0 0 0 0 0 0 0 0 0 0 0 0 0 0 0 0 0 0 0 1 12 0 0 0 0 0 0 0 0 0 0 0 0 0 0 0 1 0 0 0 4 10 0 0 0 2 0 0 0 0 0 0 0 0 0 0 0 1 0 0 0 2 13
```

图 7－10 监测文件示例[51]

监测文件包括头部信息和帧信息两部分。头部信息可表示为一行或者多行，形如：BEGIN TTT，其中 TT 表示距离标准时间多少秒，标准时间可定义为“00:00:00 UTC, January 1, 1970”。帧信息又分为帧标识和帧内容。帧标识形如：F M T，M 表示帧编号，T 表示从文件开始到这一帧的时间，单位为 0.1 s。每一个帧又可细分为一个或多个检测点。每个检测点被编码为如下格式：

[blob id]：[number of pixels] [x_center] [y_center] [x_top_left] [y_top_left] [width] [height] HISTOGRAM

blob id：blob id 只是一个简单的标识，同一目标在不同的帧的 id 不一定相同。

number of pixels：像素数目是指在包围盒中被检测作为前景的像素数量，包围盒表示将物体形状完全包容起来的一个封闭空间。

x_center，y_center：这两个属性表示前景像素质量中心的 x 值和 y 值。

x_top_left，y_top_left：它们表示包围盒左上角的 x 值和 y 值。

width，height：width 和 height 表示包围盒的宽度和高度。

HISTOGRAM 表示检测点颜色直方图的分布情况。

7.1.2 位置大数据的应用领域

位置大数据具有来源丰富、数据类型多样、实时性强、采集方式较为方便，因此可广泛应用于如下领域：

1）智能交通

基于海量的出租车历史轨迹数据，微软亚洲研究院开发的三个项目：T-Drive、T-Finder和 T-Share 系统[26-28]。T-Drive 系统提取蕴含在其中的司机驾驶时的智能行驶路线，并根据个人驾车习惯、技能和道路熟悉程度等因素，向个人用户推荐个性化最快线路设计。打车难是很多大城市都面临的一个普遍问题。通过分析出租车乘客的上下车记录，T-Finder 系统提供了一个面向司机和乘客的双向推荐服务。利用该系统，司机可以发现最容易接载到乘客的地方，而乘客则能够找到所在位置附近有更高概率出现空车的路段。T-Share 系统也是针对打车难的现象，但它是通过出租车实时动态拼车的方案来解决这一难题。根据仿真结果，T-Share 系统一年可以为北京市节约汽油 8 亿 m^3，乘客能打到车的概率提高 3 倍，费用降低 7%，出租车司机的收入增加 10%。

2）城市规划

Ratti 等学者利用英国一家大型电信数据库的通话定位数据，使用细粒度的区域划分方法分析了数十亿人类个体交易网络，对英国地理行政区划进行评估，从而力图规划出相较行政区划而言更具地理凝聚力的功能区划[29]。Phithakkitnukoon 从波士顿中心枢纽地区手机用户那里获取的近一百万条手机数据，将这些空间关联数据进行可视化分析，继而得出结论：同一个工作地区背景的人们在日常活动模式中有很强的相关性，但同一空间活动类型并非单一，进一步引导空间设计关注次要活动的需求[30]。

3）社交和娱乐

社交网络的盛行，尤其是基于位置的社交网络，带来了丰富的媒体数据，如用户关系图、位置信息（签到和轨迹）、照片和视频等。这些数据不仅表现了个人的喜好和习惯[31]，也反映了整个城市里人们的生活方式和移动规律。基于这些数据，很多推荐系统被提出，包括朋友推荐、社区推荐、地点推荐、旅行线路推荐和行为活动推荐[32]。

4）环境监测

城市化进程会带来很多噪声源，如建筑施工、汽车鸣笛、酒吧音响和广场舞音乐等。这些噪声不仅会影响人的睡眠质量、降低工作效率，还会对人体的精神和健康产生危害。CityNoise[33]系统利用美国政府的 311 服务（噪声投诉）数据，结合路网数据、POI 数据和社交媒体中的签到数据来协同分析各个区域在不同时间段和噪声类别上的污染指数，为政府治理噪声提供有效的依据。文献[34]利用地面监测站有限的空气质量数据，基于 GPS 轨迹数据分析居民流动的规律性，并结合交通流道路结构、兴趣点分布、气象条件等大数据，推断出整个城市细粒度的空气质量。

5）土地价值评估

城市经济是一个相对成熟的研究领域，如分析决定土地价格的因素、土地使用限制对经济的影响，公司选址和人们选择的住宅位置对未来经济将产生的影响。文献[35]通过分析大量用户的签到数据来为商业选址提供位置建议，如要开设一个新的餐饮店，什么地方是最理想的位置。文献[36]结合道路结构、兴趣点分布、人口流动等诸多因素来对房屋的价值排序。即在市场经济繁荣时,哪个小区的房价将会涨得更多;相反,市场下行时,哪些小区的抗跌能力比较强。

6) 能源消耗

文献[37]利用城市出租车的GPS轨迹信息分析整个路网上行驶汽车的实时油耗和尾气排放情况。研究结果不但可以向用户建议最低油耗路线,还可以做到细粒度的空气污染预警。对于长期数据进行分析,还可以发现城市中高能耗路段,并帮助分析汽车尾气排放的PM 2.5占空气中总量的比重,从而为政府决策提供参考建议,如限制交通流量是否真的能够减缓污染情况。

7) 城市安全和应急响应

城市中总是会有一些突发事件,比如交通事故、自然灾害(暴雨和地震)、大型的体育赛事、商业促销,以及一些群体性事件。如果能及时感知,甚至提前预警这些事情,就能极大地帮助城市管理,提高政府面对突发事件的处理能力,保障城市安全,减少悲剧的发生。

文献[38]通过分析160万日本人一年的GPS移动轨迹数据库来对日本大地震和福岛核事故发生后的灾民移动、避难行为进行建模、预测和模拟,推荐合理的撤退线路。如果今后再有类似事情发生时,便可从之前的灾难中吸取经验,提前做好准备。文献[39]依照全球定位系统数据,分析纽约63万个微博用户的440万条微博,绘制身体不适用户位置"热点"地图,显示流感在纽约的传播情况。根据热点地图和视频,最早可在个体出现流感症状前8天做出预测,准确率为90%。

8) 地理测绘

众源地理数据具有数据真实、定位精度高且信号覆盖广、实时动态获取信息、数据编码信息损失小等特点,适合于大规模的数据采集,相对传统的野外交通问卷调查成本大大降低,在城市与区域规划中的应用具有广阔前景[40]。

7.2 位置大数据面临的质量问题

位置大数据由于来源众多、数据类型也千差万别,会存在各种各样的质量问题,下面详细阐述它们所面临的各种质量问题。

7.2.1 GPS轨迹数据的质量问题

浮动车可以行驶在城市路网的任意地方,具有精度高、实时性强、覆盖范围广、更新速度快、投入成本低等优点。但是,浮动车所采集的数据是以GPS设备为载体,而GPS信号容易受到干扰。当车辆行驶在地下通道、隧道时,会导致信号接收中断;当车辆运行在树木非常茂盛的区域内，又会造成信号不良；由于仪器故障或其他误操作，使得 GPS 设备将不能正常工作，这些情况都会影响 GPS 的数据质量。总体来看，GPS 数据的质量问题可分为如下几类[41-42]：

1）数据缺失

数据缺失是由于 GPS 设备受到干扰或者通信异常，造成部分数据无法接收或者正常获取，从而产生缺失问题。在某些情况下，车辆行驶方向取值为空，如果这类数据不影响最终的业务分析，此错误可以忽略不计。但是，如果一些核心属性，如经纬度、行驶时间或者运行状态字段值为空时，就会对后续分析产生影响，这时候，需要剔除此类数据或者进行数据修复。

2）数据异常

GPS 轨迹数据异常包括：速度异常、经纬度异常、时间错误和车辆运行状态异常。速度异常是指在正常行驶过程中，GPS 轨迹记录包含的瞬时速度为 0 或者超过可能最大值。通常，速度为 0 的数据可能是车辆遇到交通严重阻塞、等待绿灯通行、停靠路边或者停车加油时产生的，在这些情况下，取值为 0 值是正常的。除此之外，数据取值为 0 则表示 GPS 信号不佳或者其他不确定性问题产生的异常数据。在城市中行驶的出租车，速度一般不会超过 120 km/h(高速公路除外)，如果超过这个限制，则表明速度取值异常。经纬度异常表示坐标产生越界问题。在某些情况下，2 条轨迹数据会出现时间取值相同，但经纬度坐标不同，即同一车辆在同一时刻出现在不同的地点，这显然是时间冗余错误数据。出租车的运行状态一般为“空车”或“载人”两种状态，分别由 0 和非 0 表示。有的出租车数据运行状态几乎全天显示为 0 或者非 0，而其他字段数据是正常的。那说明出租车处于非运营状态或者 GPS 设备故障，可以剔除这些数据。

3）经纬度和时间数据无变化

有时候在 1 天的运营过程中，出租车会出现经纬度和时间数据无变化，这有可能是 GPS 设备故障造成的，也需要剔除这些数据。

4）数据漂移

数据漂移是指采集时间很接近的轨迹数据出现方向变化过于频繁，一会向东，一会向西；或者在很短的间隔内，两个位置之间的距离达到 50 m 以上(速度为 180 km/h)。单一的记录很难发现数据漂移，需要考虑连续的几条记录才能判断这个问题。

7.2.2 签到数据的质量问题

新浪微博的签到流程为：用户选择签到功能，从位置列表中选择所在地点或者自己创建一个新位置，然后输入微博内容并发送。这样，用户创建的一条签到数据就形成了。签到数据中存在质量问题较多的是 POI 数据，主要问题如下所示：

1）数据缺失

POI 的地址和电话是最容易出现数据缺失的两个属性列。许多 POI 点对应的这两个属性值常常显示为“None”,“NULL!”或者“”,存在缺失现象。

2）数据异常

数据异常是指存储在文件或者数据库中的属性值与实际情况不符,这一类异常表现为：

(1) 经纬度明显超出目标地区的经纬度范围。

(2) POI名称存在错别字。如将POI名称“白鱼口公交站”写成“白渔口公交站”。

(3) 地址或者电话号码错误。如有两个昆明市的POI,它们的电话号码分别为“0871-86668888666999”和“0875-68523333”。前面的电话号码问题是电话位数为14位,远超标准位数8位;后面的问题是区号,昆明市正确的区号应为0871。

3）数据不完整

数据不完整是指POI名称或者地址信息没有按照标准规范输入。例如,POI名称标识为“昆明”、“昆明市”和“收费站”,这3个名称的长度都很短,而且是代表很大的地理范围或者一种类别,让使用者无法识别。标准的地址信息应该表示为：省—市—区—路—门牌号,而地址“昆明西园路”就属于信息不完整。

4）数据不一致

POI数据会存在一类异形数据,即对于同一个地理实体,有时会有多种不同的称呼方式,其中包括地理实体的标准名称、俗称、别称等[44]。例如“复旦大学逸夫楼”这一条信息,其标准名称为“复旦大学逸夫楼”,而同时又存在“老逸夫楼”、“逸夫楼”的别称。

7.2.3 手机定位数据的质量问题

手机用户在出行时,经常会从一个区域移动到另一个区域。每次发生手机跨区切换时,会将相关数据传至基站系统(BSC),同时上报移动业务交换中心(MSC)。通过监测A接口的信令,对SS7信令进行解析,可获得手机发生切换的数据[45-46]。手机定位数据的质量问题包括以下几个方面：

1）基站位置误差

手机数据采用基于基站小区的定位技术,通过位置区编号和基站小区编号表示位置。但由于基站小区覆盖一定的空间范围,相对移动用户的真实位置,基站小区定位技术本身存在一定的偏差,市区偏差50～300 m,郊区偏差100～2 000 m[14]。

2）经纬度数据缺失

原始的手机信令数据并不包含经纬度信息,由于LAC和CELLID结合起来可以唯一标识基站小区,因此,利用这两个属性就能识别出某条信令数据的经纬度坐标。但在转换过程中,可以存在一部分手机信令数据缺少相应的经纬度坐标情况[48]。

3）乒乓切换

乒乓切换的概念是手机在服务小区和相邻小区来回进行HANDOVER的现象。由于切换过程采用偷帧发送切换命令,连续的偷帧导致话音质量极不清晰,影响用户使用感觉。对应到具体的数据,是指CELLID在很短的时间内频繁地进行切换,导致数据噪声和数据冗余[49]。

4）数据漂移

在某些情况下,手机信号会突然从邻近的基站切换到相对较远的基站,并在一定时间之后切换回邻近基站小区,这种现象就是信号漂移,产生的数据为漂移数据[63]。产生漂移现象的原因非常多,主要原因有两个：一是无线信道传播特性引起的信号漂移天馈系统;二是基站设备、环境问题或手机问题引起的信号漂移。

5）长时间静止的数据

长时间静止数据产生的原因是由于移动手机用户在一段较长的时间内处于某一个固定的场所,因而产生大量的冗余定位数据[50]。从数据本身来说,它们没有质量问题。如果某一应用场景需要对运动状态下的手机数据进行分析,那这类数据就成为噪声数据,需要剔除。

7.2.4 智能公交IC卡数据的质量问题

在许多交通应用中,公交IC卡数据常常被用于分析居民出行行为。居民乘坐公交车完成一次出行目的的乘车路径称为一次公交出行,是指由居民第一次刷卡站点作为出行起点至最后下车站点作为出行终点的全过程。其间可能经历换乘,刷卡站点即为换乘站点,但是到换乘站点的出行只能称为乘坐了一次公交车。在此应用场景下,公交IC卡数据的质量问题主要有：

1）出行数据缺失

由于国内大部分城市的公交线路采用的是一票制收费模式,因此公交IC数据一般不包括上车站点信息,而且用户下车时通常不用刷卡,造成用户的一次公交出行数据中只有上车刷卡的时间,缺失上车的站点信息、下车时间和站点信息。

2）POS机时间“漂移”

国内一些城市的公交IC卡时间以车载POS机的系统时间为基准,但POS机时间会存在“漂移”现象,即时间不准确,因此需要对公交IC的卡时间进行校正[47]。POS机时间漂移会使得换乘时间计算错误,影响换乘优惠。

3）AVL数据错误

车辆自动定位(auto vehicle location, AVL)数据泛指公交车辆运行过程中车载自动定位系统采集的车辆位置数据。该位置数据既可以是具体的经纬度位置,也可以是公交站点等地标。在许多城市,公交IC卡收费系统和AVL系统可以结合在一起应用,为分析包含换乘行为在内的公交乘客出行特征提供了全新的途径。

由于公交IC卡数据普遍缺少上车的站点信息、下车时间和站点信息,借助AVL数据可以计算出缺失的数据。AVL系统主要依靠里程计来获得正确的定位信息,如果里程计失效，那么导航系统只能采用GPS传感器采集的信号来定位，但GPS传感器容易受到干扰[46]。因此，如果AVL数据本身不准确，那推断出的IC卡数据也是无效的。图7-11显示了由于AVL数据提供错误而导致IC卡记录的数据错误的场景。

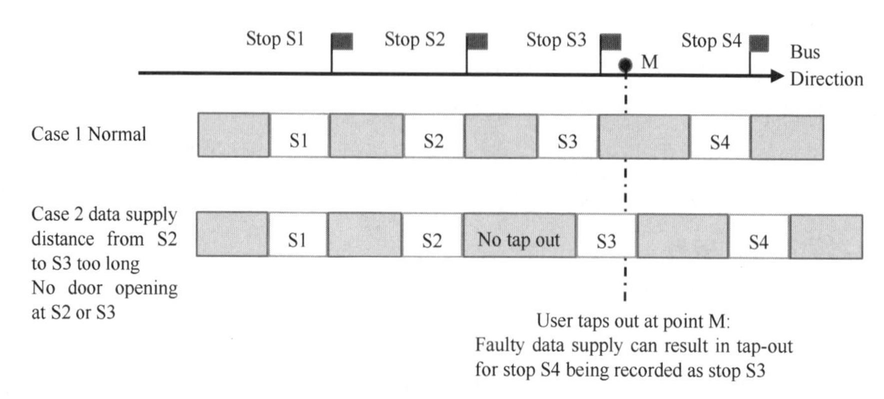

图7-11 AVL数据错误导致IC卡数据错误

在图7-11中，如果AVL提供的数据正确，那乘客能够下车的位置是在到达公交站之前的一定范围内和公交站台，即白色区域。当公交车离开车站时，乘客不允许在灰色区域下车，因此，实例1显示IC卡正常的运行状态。在实例2中，由于AVL数据提供有误，使得S2和S3站之间的距离太大，原本标识为不能下车的点M被误认为是可以下车的位置，造成所推断出的下车时间和下车站点位置错误。

7.2.5 OSM地图数据的质量问题

地理数据主要包括空间数据、属性数据及时域数据三个部分[54]。空间数据描述地理对象所在的位置，包括绝对位置（如大地经纬度坐标）和相对位置关系（如空间上的相邻、包含等）。属性数据是描述特定地理要素特征的定性或定量指标，如公路的等级、宽度、名称等。时域特征数据是记录地理数据采集或地理现象发生的时刻或时段。空间、属性及时域构成地理空间分析的三大基本要素。

OSM地图数据的获取与传统数据获取方式存在较大差别，其数据采集和地图绘制是由缺乏足够地理信息知识和有效培训的非专业人员进行的，其中存在一定的人为误差；而且采集的数据可能来自不同的数据源，具有不同等级的精度；此外，不同采集者使用的GPS设备不同，不同的GPS采集到的数据的精度也存在一定的差异。因此，OSM地图数据集存在如下的质量问题：

1）地图数据缺失

OSM地图数据主要是由非专业的志愿者自发提供的，因此不能保证专业测绘地图中出现的全部信息（例如：公园、娱乐场所、生活小区、绿地、公路等）都能对应出现在OSM地图中。相比较而言，国外志愿者的人数远多于国内志愿者，提供的地图数据远比国内的数据丰富。以昆明市的 OSM 地图数据集为例[24]，二环区域内有 662 个多边形要素(特指公园、医院和建筑物等)，而相应区域内的 OSM 地图只有 527 个多边形要素。

2）位置不准确

地理信息中用点、线、面三个要素来表示位置信息。在 OSM 数据集中，点要素可以表示加油站、火车站、飞机场等；线要素主要表示地图中的公路、铁路、河流等；面要素主要表示地图中的建筑物、其他人为占用土地以及自然事物绿地、河流、湖泊等。受制于采集人员和采集设备的制约，这三个要素都会存在一定程度的误差。对于点要素来说，GPS 经纬度出现偏差是最常见的错误；线要素的位置错误表现为线要素没有完全落在真实对象的缓冲区范围内；至于面要素(多边形要素)，其几何中心出现偏移则是较为明显的错误。

3）要素信息不完整或缺失

在 OSM 数据集中，地理信息包括空间位置信息与属性信息，属性信息存储除了空间位置信息之外的所有信息。以道路属性为例，其基本属性包含：名称、长度、宽度、道路等级(国道、省道、高速……)、车道数、是否单行路及单行方向，以及道路限速等。志愿者在对道路数据编辑时，不一定能提供所需的全部基本属性，从而造成部分要素信息的缺失。

4）一致性错误

OSM 数据集中的一致性包括逻辑一致性、拓扑一致性和属性一致性，是用来描述数据结构、属性、逻辑关系以及拓扑的符合程度[54]。其中，数据结构最容易在拓扑上出现错误。对于点拓扑来说，常见的错误包括：点未出现在多边形的边界上，点没有位于线上以及点要素没有全部落在多边形内部。对于线拓扑来说，常见的错误包括：不同线要素之间出现重合或交叉，出现悬挂节点和伪节点，一个线要素被自己覆盖或者自交叉等。对于面拓扑来说，常见的错误则为：多个不同的多边形要素相互重叠，连续连接的多边形区域中间出现空白区，两个多边形层上的多边形存在一对相互覆盖的要素等。

7.3 位置大数据的质量评估模型

位置大数据来源于不同的领域，数据格式也存在较大差异，所以需要根据各种位置数据的特征分别建立各自的质量评估维度和评估模型。本书主要以 GPS 轨迹数据、签到数据、手机数据和 OSM 地图数据为例进行介绍。

7.3.1 GPS 轨迹数据的质量评估模型

GPS 轨迹数据的应用场合非常广泛，不同的应用对质量需求也不完全一致。从基础数据层面来看，质量评估对象包括经纬度坐标、时间、速度、方向这四个属性；从轨迹数据应用层面来看，评估对象则为每辆车的轨迹信息；从路段层面来看，每条路段上获取的数据则成为评估对象。依据 GPS 处理交通信息的技术原理，可选取数据的准确性、完整性和一致性为数据质量评估要素，进行评估[61]。下面介绍这些质量维度所对应的评估模型。

1）准确性评估

准确性评估主要是对 GPS 的基础数据以及路段行程时间、平均行程车速和交通状态与实际路测值，即真值之间的差异进行测评。由于实际路测值较难获取，因此，可以采用历史数据的统计结果作为实际值。对于基础数据，其评估公式如下：

$$Accuracy_P = \frac{N_P^{acc}}{N} \times 100\% \tag{7-1}$$

式中，N 表示待评估的 GPS 轨迹数据总量；P 表示 GPS 数据的基本属性，即 $\boldsymbol{P}=\{$经度，纬度，时间，速度，方向$\}$；N_P^{acc} 表示在第 P 个属性中，评估样本中满足准确性需求的样本数量。以速度为例，如果一条 GPS 样本的速度 $v \geqslant 0$ 且 $v \leqslant 120$，则这个样本的速度取值正确，反之，则为取值出错。

对于路段的平均行程车速，其准确性评估公式如下：

$$MARE_{acc}^{t} = \frac{1}{N}\sum_{k=1}^{n}\left|\frac{\overline{V_k^t} - V_k^t}{V_k^t}\right| \times 100\% \tag{7-2}$$

式中，$MARE_{acc}^{t}$ 表示时间区间 t 内平均车速的平均绝对百分比误差；N 为研究区域内的路段总数，$\overline{V_k^t}$ 表示第 k 个路段在时间区间 t 上的当前平均车速；V_k^t 表示同一路段在时间区间 t 上的历史平均车速。此外，路段行程时间的准确性也可采用类似公式进行计算。

2）完整性评估

完整性评估用来反映一条路段的重要程度，路段越重要，其上出现的 GPS 轨迹点的质量就越高。如果某条路段出现的数据点数较多或者车辆数较多，则表明该路段是热门路段。因此，路段的完整性可以通过路段的数据点密度和车辆数密度共同评估，则其完整性评估公式如下：

$$Completeness_t^k = \frac{1}{2}(DP_t^k + DC_t^k) \tag{7-3}$$

$$DP_t^k = \frac{N_t^k}{N_t} \tag{7-4}$$

$$DC_t^k = \frac{NC_t^k}{C_t} \tag{7-5}$$

式(7-3)中，$Completeness_t^k$ 表示路段 k 在时间区间 t 内的完整性；DP_t^k 表示第 k 个路段在时间区间 t 上的数据点密度；DC_t^k 表示第 k 个路段在时间区间 t 上的车辆数密度。式

(7-4)中，$\frac{N_t^k}{N_t}$代表在时间区间t上车辆所产生的GPS数据量与总数据量的比例；$\frac{NC_t^k}{C_t}$代表在时间区间t上出现的车辆数与总车辆数的比例。

3）一致性评估

一致性评估用来判断某个属性出现异常数据的程度。以速度为例，其评估公式如下：

$$Consistency_t^k = \frac{1}{n}\sum_{i=1}^{n}\frac{1}{\exp(|\overline{V_c} - \overline{V_{all\setminus[c]}}|/120)} \tag{7-6}$$

式中，$Consistency_t^k$表示路段k在时间区间t内的一致性；n代表出现在k路段上的车辆数；$\overline{V_c}$代表车辆c在时间区间t内在路段k的速度平均值；$\overline{V_{all\setminus[c]}}$代表除去第$c$辆车所产生的GPS数据速度值集合后的全部速度值集合的平均值。可见，当$|\overline{V_t} - \overline{V_{all\setminus[c]}}|/120$越小时，表明数据的异常程度可能性越小，$\frac{1}{\exp(|\overline{V_t} - \overline{V_{all\setminus[c]}}|/120)}$的值越高，数据一致性越好。

7.3.2 签到数据的质量评估模型

签到数据具有冗余大、精度低、信息格式不标准和数据缺失等质量问题，本书主要介绍在签到过程中所形成的POI点的质量评估，采用的质量评估维度为完整性和准确性两个方面。

1）完整性评估

完整性可用来判断签到数据中存在的两种信息缺失错误[62]：第一类错误，POI的名称不完整或者数据缺失；第二类错误，由于签到者的疏忽，在已有某标准签到点的情况下，创建了一个指代同一地物且信息缺失的签到点。以昆明市签到数据为例，POI的名称会出现有“昆明”、“昆明市”、“中国电信”等不规范的记录；同时，一些POI点缺少电话号码和地址。这些情况都属于第一类错误。“昆明市南部汽车客运站”是一个标准的签到点，但是又出现另外一个异形同义的名称“昆明南站”，这种情况就属于第二类错误。因此，其完整性评估公式如下：

$$Completeness = \frac{N_A}{N} \tag{7-7}$$

$$N_A = N - N_L - N_S \tag{7-8}$$

式(7-7)中，N_A表示有效的签到点数量；N表示签到总数。式(7-8)中，N_L表示第一类信息缺失的签到数量；N_S表示异形同义的签到数量。

2）准确性评估

准确性可用来评估签到数据的各项属性是否正确。在签到数据中，属性取值准确与否需要借助标准数据集进行判断。国内一些专业测绘机构，如高德地图、四维图新都提供全国范围 POI 点对象数据集，可将它们作为标准数据集加以使用。因此，除了经纬度以外，属性准确性的评估公式如下：

$$Accuracy^K = \frac{TN_{ACC}^K}{N} \tag{7-9}$$

式中，$Accuracy^K$ 表示签到数据第 K 个属性取值的准确性；$K = \{ADDRESS, CITY, PROVINCE, POSTCODE, PHONE\}$；$TNK_{ACC}$ 表示第 K 个属性的字段值与标准数据集相同的 POI 点的数量；N 表示签到总数。

由位置签到数据所形成的 POI 点与标准 POI 数据库中对应的点可能会存在一定的位置偏移，如果偏移值落在一个给定的阈值范围内，仍然认为这两个 POI 点都指向同一个地址。故，假设距离阈值为 θm，落在标准 POI 点集（数量为 N）θm 范围内的待评估点集数量设置为 LN_{ACC}^B，则 POI 点的位置（经纬度）准确性的评估公式如下：

$$Location\ Accuracy = \frac{LN_{ACC}^B}{N} \times 100\% \tag{7-10}$$

7.3.3 手机定位数据的质量评估模型

针对手机定位数据的特征，本书使用完整性、准确性和唯一性作为三个质量维度并介绍对应的评估模型。

1）完整性评估

由于信令系统记录错误，会产生少数的数据缺失情况，完整性可用来判断手机定位数据中是否存在字段值为空的数据。因此，其完整性评估公式如下：

$$Completeness = \frac{MC_A}{MN} \tag{7-11}$$

式中，MC_A 表示字段值非空的手机定位数据数量；MN 表示手机定位数据总量。

2）准确性评估

对于手机定位数据来说，由于没有可对比的标准数据集，所以准确性主要用来评估修改和去掉噪声数据后剩余的准确数据，所谓噪声数据是指乒乓数据、漂移数据和长时间静止的数据。在质量评估过程中，乒乓数据将执行修改操作，漂移数据和长时间静止的数据将执行删除操作。要判断乒乓数据，需要连续的三条定位数据。用向量（Lon_i, Lat_i, t_i）表示第 i 条数据产生的经度、纬度和时间，其中 $1 \leqslant i \leqslant n$，$\Delta t_i$ 为第 i 条数据和第 $i+1$ 条数据的时间间隔，即

$$\Delta t_i = t_{i+1} - t_i \tag{7-12}$$

设时间阈值为α，若$\Delta t_{i+1}<\alpha$且$\Delta t_i<\alpha$，则分别比较第i条，第$i+1$条和第$i+2$条数据的CELLID字段值，如果i与$i+2$的CELLID相同，且与$i+1$的CELLID不同，则判定为乒乓数据，必须修改$i+1$条记录的数据。

与乒乓数据类似，要判断漂移数据，也需要连续的三条定位数据，并计算它们之间的距离和速度值。设距离阈值为β，速度阈值为γ，Δd_i为第i条记录和第$i+1$条记录之间的距离，Δd_{i+2}为第i条记录和第$i+2$条记录之间的距离，v_i表示第i条记录和第$i+1$条记录之间的速度。若$v_i>\gamma$，则可以判定$i+1$点为漂移数据，直接删除；否则，若$m=\Delta d_i/\Delta d_{i+2}>\beta$，则判定$i+1$点也为漂移数据，可以直接删除。

最后，对于静止数据，可以直接剔除它们。故准确性评估公式如下：

$$Accuracy=\frac{MN_A}{MN} \tag{7-13}$$

$$MN_A=MN-MN_D-MN_S \tag{7-14}$$

式(7-13)中，MN_A表示去掉噪声数据后的手机定位数据数量，MN表示经过修改乒乓数据后的手机定位数据总量。式(7-14)中，MN_D表示漂移数据的数量，MN_S表示长时间静止数据的数量。

3）唯一性评估

手机定位数据中会存在一些完全重复的数据，即所有字段完全相同，需要去掉这些重复值，则唯一性评估公式如下：

$$Uniqueness=\frac{UN}{MN} \tag{7-15}$$

式中，UN表示字段值不重复的手机定位数据数量；MN表示手机定位数据总量。

7.3.4 OSM地图数据的质量评估模型

OSM地图数据并没有一个通用的评估模型，现有研究主要按照四个质量维度来建立评估模型和评估方法，它们分别是数据完整性、位置精度、属性精度和一致性。下面介绍这些质量维度所对应的评估模型[24]。

1）完整性评估

完整性评估主要是检查OSM要素、要素属性和要素关系是否存在或缺失，可以从多边形面积和线完整性两方面进行评估。

(1) 多边形面积完整性。多边形要素的完整性体现在其面积大小上，可以通过对比OSM数据集中的多边形对象与真实对象之间面积差异来分析多边形区域完整程度。多边形要素的完整程度用面积差异率(Polygon area difference)来体现。公式如下：

$$Polygon\ Area\ Difference = \frac{|S_{OSM} - S_{REF}|}{S_{REF}} \times 100\% \tag{7-16}$$

其中，S_{OSM}代表 OSM 数据集中多边形要素的面积；S_{REF}代表参考数据集中多边形要素的面积。

(2) 线完整性。线完整程度分析方法可以用来分析待评估数据集中线要素的数据完整性。这种方法通过计算线要素的总长度，并将其与真实对象长度进行对比来衡量是否所有真实对象都完整反映在评估数据集中。公式如下：

$$Line\ Completeness = \frac{\sum L_{OSM}}{\sum L_{REF}} \times 100\% \tag{7-17}$$

其中，L_{OSM}表示 OSM 数据集中每条线的长度；L_{REF}表示参考数据集中线的长度。

2）位置精度评估

位置精度用来评估要素位置的准确程度，可以从线缓冲叠加、多边形圆度和多边形近距离三个方面进行评估。

(1) 线缓冲叠加。线缓冲叠加分析(buffer-overlap analysis)可以有效地评估线要素的位置精度[42]。它将线要素真实对象通过设置缓冲区(即可以接受的误差范围)的方法转变为多边形要素，再将评估数据集的线要素与之叠加，落在缓冲区中的线要素的长度百分比表示线要素对象与现实对象之间的吻合程度。公式如下：

$$Line\ Accuracy = \frac{\sum L_{OSM}^{B}}{\sum L_{OSM}} \times 100\% \tag{7-18}$$

其中，$\sum L_{OSM}$ 表示 OSM 数据集中线要素的总长度；$\sum L_{OSM}^{B}$ 表示落在由参考数据集建立的缓冲区中的 OSM 线要素的总长度。

(2) 多边形圆度。圆度(Circularity)通常用来描述形状，是一个用来衡量多边形边界不规则程度的参数[41]。为量化评估数据集中多边形要素的形状，采用计算多边形圆度的方法。圆度的计算公式包括多边形的面积 S 以及周长 C，计算公式如下：

$$Circularity = \frac{4\pi \times S}{C^2} \tag{7-19}$$

$$Circularity\ Difference = |C_{REF} - C_{OSM}| \tag{7-20}$$

其中，C_{REF} 表示评估多边形的圆度；C_{OSM} 则表示参考多边形的圆度。

(3) 多边形近距离。多边形的位置精度不仅包括其形状的准确程度，也包括其地理坐标的准确程度。多边形近距离(Polygon Near Distance)是用来分析待评估数据集多边形对象与真实对象之间的空间位移，位移越小，说明待评估数据集的地理坐标位置越准确。常用的方法是通过计算参考多边形与评估多边形的几何中心距离。评估公式如下：

$$Polygon\ Near\ Distance\ Difference = \left| Location_{REF}^{Centroid} - Location_{OSM}^{Centroid} \right| \quad (7-21)$$

其中，$Location_{REF}^{Centroid}$ 表示参考多边形的几何中心；$Location_{OSM}^{Centroid}$ 表示评估多边形的几何中心。

3）属性精度评估

属性精度是指地理数据对象的属性信息与其所代表的真实对象相符合的程度。属性精度包括地理数据中所有属性信息的准确性以及完整程度，而名字字段是属性中最重要的内容。由于OSM数据集与参考数据集在属性方面存在结构和精度上的差异，因此评估两者的名字字段具有一定可行性。OSM数据集与参考数据集中名字字段的完整性可以利用如下公式分别求得：

$$Name\ Completeness = \frac{\text{有名字的要素数量}}{\text{无名字的要素数量}} \times 100\% \quad (7-22)$$

4）一致性评估

由于空间拓扑一致性在地理数据一致性检验中占据重要地位，因此，本书主要介绍拓扑一致性的描述模型。目前，国际上大多采用基于相交的模型(Intersection-base model)对空间拓扑关系进行描述[55]，该模型是建立在点集拓扑理论的基础上，采用统一的形式化方法描述，包括面—面、面—线、面—点、线—线、线—点、点—点等多种形式的空间关系。4I模型、9I模型和V9I模型是最常使用的三种空间拓扑关系描述模型。

(1) 4I模型。4I模型是通过定义两个空间对象边界与边界、内部与内部、边界与内部、内部与边界的交，建立一个四元表达拓扑空间关系的描述框架[56-57]，如下所示：

$$\boldsymbol{R_{4I}} = \begin{bmatrix} B(a) \cap B(b) & B(a) \cap I(b) \\ I(a) \cap B(b) & I(a) \cap I(b) \end{bmatrix}$$

其中，$\boldsymbol{a}$ 和 $\boldsymbol{b}$ 代表2个空间对象；$\boldsymbol{B(a)}$ 和 $\boldsymbol{B(b)}$ 表示 a 和 b 的边界；$\boldsymbol{I(a)}$ 和 $\boldsymbol{I(b)}$ 表示 $\boldsymbol{a}$ 和 $\boldsymbol{b}$ 的内部。在该框架中，四元矩阵内的每一元素都有空和非空两种可能性，因此，一共有16种取值，但具有实际意义的只有8种面—面空间关系、23种线—线空间关系、19种线—面空间关系、8种点和其他空间关系。它们分别表示分离(disjoint)、相接(meet)、包含(contains)、包含于(inside)、相等(equal)、覆盖(cover)、覆盖于(covered by)和相交(overlap)。

4I模型可以很好地描述空间对象之间的连接和包含等拓扑关系，但是它不能有效地描述邻接和相离等面对象不相交的拓扑空间关系。例如，两个多边形交于一点和交于两点的邻接拓扑空间关系，它们具有相同的四元矩阵，无法区分。

(2) 9I模型。针对4I模型的不足，M. J. Egenhofer等人提出点集余的概念，用于定义空间对象的外部，可将4I模型扩展为9I模型[58]。9I模型利用两个空间对象的边界、内部和外部所形成的九个交集来描述空间拓扑关系。其拓扑关系描述框架如下：

$$\boldsymbol{R_{9I}} = \begin{bmatrix} I(a) \cap I(b) & I(a) \cap B(b) & I(a) \cap E(b) \\ B(a) \cap I(b) & B(a) \cap B(b) & B(a) \cap E(b) \\ E(a) \cap I(b) & E(a) \cap B(b) & E(a) \cap E(b) \end{bmatrix}$$

其中，$\boldsymbol{I(a)}$ 和 $\boldsymbol{I(b)}$ 表示 $\boldsymbol{a}$ 和 $\boldsymbol{b}$ 的余。

9I模型改进了4I模型描述框架的不足，但是它仅仅用空集和非空集两种结果来区分两个空间对象内部、边界和余之间的交集，对面—面、点—点、点—线、点—面的空间关系描述并无多大的改进。因此，该方法仍有一定的局限性。

(3) V9I模型。由于9I模型无法更进一步区分空间邻近与相邻关系[59]，陈军等人提出采用Voronoi区域[69]来替代9I模型中空间对象的“余”，构建了基于Voronoi的空间关系模型V9I。V9I模型描述空间对象之间关系的框架如下所示：

$$\boldsymbol{R_{V9I}} = \begin{bmatrix} I(a) \cap I(b) & I(a) \cap B(b) & I(a) \cap V(b) \\ B(a) \cap I(b) & B(a) \cap B(b) & B(a) \cap V(b) \\ V(a) \cap I(b) & V(a) \cap B(b) & V(a) \cap V(b) \end{bmatrix}$$

其中，$\boldsymbol{V(a)}$ 和 $\boldsymbol{V(b)}$ 表示 $\boldsymbol{a}$ 和 $\boldsymbol{b}$ 的Voronoi区域。

4I模型和9I模型在描述空间拓扑空间关系时往往要求空间目标在几何上相连或相接，难以表达侧向相邻关系(lateral spatial adjacency)，而V9I模型却很好地解决了这一问题[55]。

构建好空间对象的拓扑关系模型V9I后，就可以执行一致性评估，可用下面等式进行拓扑关系计算：

$$T_{REF}(a_r, b_r) = [a_r \cap b_r \quad a_r \cap v(b_r) \quad v(a_r) \cap b_r \quad v(a_r) \cap v(b_r)] \tag{7-23}$$

$$T_{OSM}(a_o, b_o) = [a_o \cap b_o \quad a_o \cap v(b_o) \quad v(a_o) \cap b_o \quad v(a_o) \cap v(b_o)] \tag{7-24}$$

其中，$\boldsymbol{T_{REF}}(a_r, b_r)$ 表示参考数据集中目标对 a_r 和 b_r 之间的拓扑关系；$\boldsymbol{T_{OSM}}(a_o, b_o)$ 表示OSM数据集中目标对 a_o 和 b_o 之间的拓扑关系。式(7-23)和式(7-24)中，矩阵每一项集合操作的结果取值可以表示为内容、维数和连通数，各取值如下[60]：

$$\boldsymbol{E} = \begin{cases} \{0,1\}，取值内容 f_C，0 为空，1 为非空； \\ \{-1, 0, 1, 2, \cdots\}，取值维数 f_D； \\ \{0, 1, 2, 3, \cdots\}，取值连通数 f_N \end{cases} \tag{7-25}$$

本书以线要素为例，阐述基于拓扑一致性的线目标空间不一致性检测方法的实现步骤如下所述：

(1) 将线目标分解为线段序列。

(2) 利用式(7-23)和式(7-24)分别计算OSM数据集和参考数据集中每条线段与其

他线段间的拓扑关系。

(3) 确定 OSM 数据集和参考数据集中对应的线段目标,从而确定需要进行一致性检验的拓扑关系。

(4) 利用拓扑一致性评价方法判断 OSM 数据集和参考数据集相应拓扑关系的一致性。

(5) 若拓扑关系不一致,则判定为拓扑出现质量问题,否则判定质量没有问题。

7.3.5 基于云平台的位置大数据质量评估系统

位置大数据来源广泛,数据格式差异性较大,很多位置数据包含大量的冗余、错误和噪声,"大而低质量"的数据往往影响了后续的决策分析和应用实施。因此,本书提出了一个新颖的位置大数据评估系统,并命名为 LDBAssessing。该系统基于 JStorm 云计算平台,可以读取和存储不同来源的位置数据,实现数据质量评估。LDBAssessing 主要分为数据集成、数据剖析、数据质量维度选择、评估模型建立和数据质量评估这五个功能模块,其基本架构如图 7-12 所示。

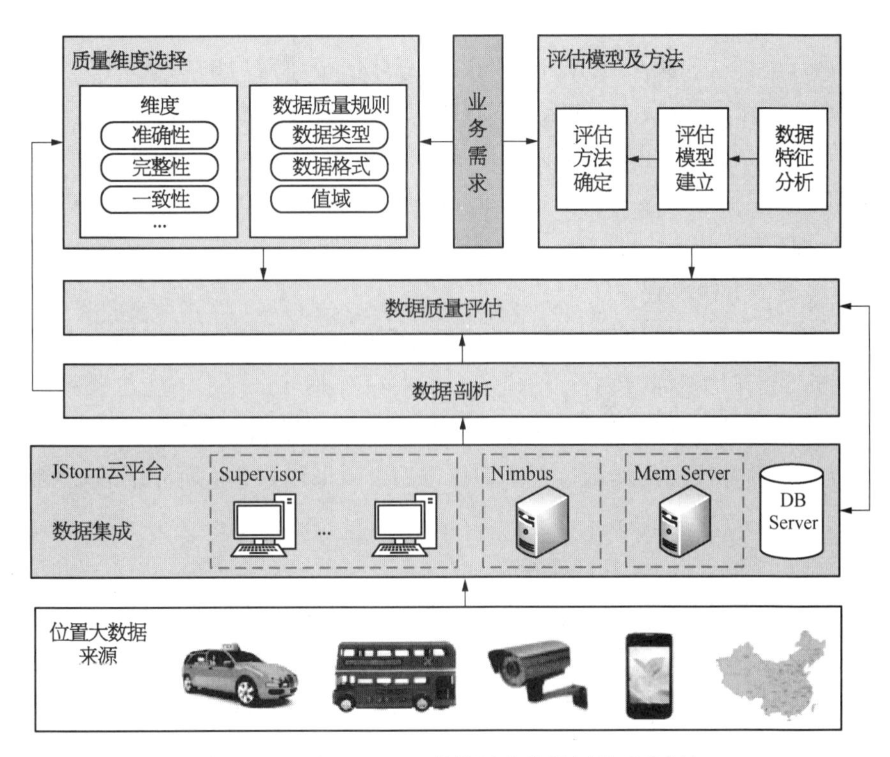

图 7-12 基于 JStorm 的位置大数据评估系统框架

1) 数据集成

数据集成模块负责采集来自不同领域的位置大数据,并将它们存储在云计算平台的数据库和文件系统中。LDBAssessing 系统可以支持多种来源的位置数据,例如,出租车 GPS 轨迹数据、手机定位数据、签到数据和智能公交卡数据。许多位置大数据的应用都需要用到城市路网数据,因此,它们也必须作为初始源数据提供给系统。

由于位置大数据属于典型的流式数据,具有数据量大和实时性强的特点,云计算平台的出现正好能满足相关应用的处理要求。Twitter 公司推出的 Storm 平台适合用于实时性要求较高的场合[64],如流数据、实时微博、实时 GPS 数据等。但 Storm 存在诸如任务分配不平衡、RPC OOM 一直没有解决、监控太简单等问题,已经被 Twitter 公司所弃用[65]。针对 Storm 的不足,阿里巴巴公司对 Storm 进行二次开发,推出了 Java 增强的开源版本 JStorm。JStorm 在网络 IO、线程模型、资源调度、可用性及稳定性上做了持续改进,已被越来越多企业使用[66]。因此,我们搭建了一个 JStorm 集群来提供数据集成和数据处理功能,相关的数据源存放在 JStorm 集群中的 MySQL 服务器中。

2) 数据剖析

数据剖析模块负责统计与数据质量相关的信息,其主要任务包括:值域分析、基数分析、类型检测、数据分布、波动检测等。根据数据剖析的结果,可以为不同的数据源选择合适的数据质量评估标准和质量基线。

3) 质量维度选择

质量维度选择模块负责确定各种位置数据在评估中所对应的质量维度。质量维度选择来自实际业务需求和数据剖析的结果。根据 7.3 节的描述,准确性、完整性和一致性是位置大数据中三个常用维度,当然也可以再增加新的维度,如唯一性。此外,将质量维度应用到实际的评估模型时,还应该分析数据类型、数据格式和属性值域的分布以建立每一个维度下的具体评估指标。

4) 评估模型及方法建立

评估模型及方法建立模块负责对各类位置数据的特征进行分析,根据分析结果和所选择的质量维度及其评估指标,建立评估模型。本书在 7.3 节介绍了一些位置数据的评估模型,评估人员可以直接使用这些模型执行评估操作,或者根据业务需求,添加新的评估模型。之后,确定评估方法及其详细过程。评估方法可以采用第 5 章所介绍的定性评估、定量评估或者综合评估方法。

5) 数据质量评估

数据质量评估模块负责根据选择的质量维度、评估模型和评估方法来执行评估操作。整个评估操作将在 JStorm 云平台上进行。数据质量评估结果将与质量基线对比,如果结果满足基线要求,则数据质量可以接受并执行后续处理;否则,将执行数据清洁操作。数据清洁完成后将再次执行质量评估,若符合基线要求,则保留数据;否则,从数据源选择新的数据并继续评估。

6) 基于 JStorm 的数据质量评估算法

将单机版的评估算法迁移到 JStorm 平台并不改变原有的数据质量评估逻辑,我们设计了如图 7-13 所示的 Topology(拓扑),该 Topology 包括 ReadLdataSpout、DQAssessingBolt 和 DQAResultBolt 三部分。JStorm 的拓扑类似于一个 MapReduce 的任务。

(1) ReadLdataSpout 是整个 Topology 的数据源,从 MemCache 服务器读取位置信息,然后将位置数据组装成一个 tuple 发送给下一个 bolt。

(2) DQAssessingBolt 是整个拓扑的计算核心,主要完成数据质量评估的计算逻辑。在收到 ReadLdataSpout 发送的一个 tuple 后,DQAssessingBolt 根据评估模型,调用评估算法对位置数据进行评价。最后,将满足质量要求的数据写入 MemCache,并发送结果到下一个 bolt。

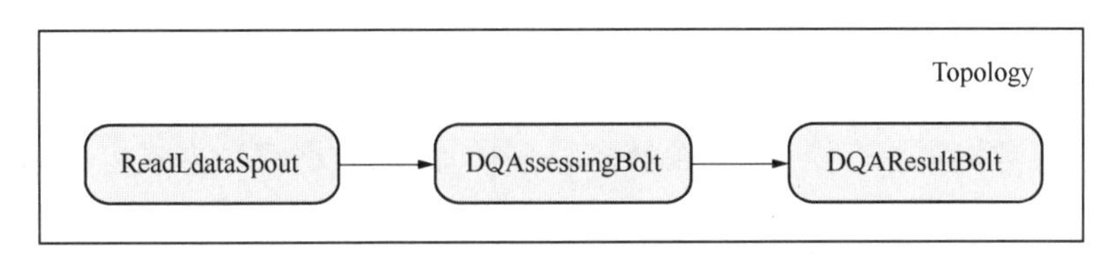

图 7-13 JStorm 上的数据质量评估算法拓扑

(3) DQAResultBolt 完成汇总操作,包括:所评估的位置数据记录数、成功满足各种质量维度和不满足质量维度的记录数量,处理时间以及单点耗时等。通过 DQAssessingBolt 计算最后得到的符合质量需求的所有数据都会被送往该 bolt 进行持久化处理。

除了 spout 和 bolt 之外,在定义 Topology 时还需要考虑流分组策略,一个流分组定义了如何将流划分给 bolt 任务。

① DQAssessingBolt 在计算时需要考虑是否使用上下文信息。以浮动车轨迹数据为例,如果要判断一辆车所产生的位置数据质量,那么这辆车的 tuple 应发送到同一个 DQAssessingBolt 实例进行处理。此时,DQAssessingBolt 的流分组策略选择 Fileds grouping(字段分组),这样能够保证车牌号(License_id)字段相同的 tuple 被送往同一个 bolt 实例。如果不使用上下文信息,则可以选择 Shuffle grouping(随机分组)策略。由系统随机分发 tuple 到 Bolt 以保证每个任务获得相等数量的 tuple。

② DQAResultBolt 进行所有结果的全局汇总和持久化,系统中该 bolt 的实例只有一个,所有的 tuple 都需要发送到该实例中,因此 DQAssessingBolt 到 DQAResultBolt 的流分组策略为 All grouping。

根据以上描述,创建评估浮动车轨迹数据质量 Topology 的完整定义如下:

```
TopologyBuilder builder = new TopologyBuilder();
builder.setSpout("read-locdata", new ReadLdataSpout(), 1);
builder.setBolt("quality-assessing",new DQAssessing(), 12).fieldsGrouping("read-locdata",new
  Fields("License_id")) ;
builder.setBolt("dqresult",new DQAResultBolt(), 1).allGrouping("DQAssessing");
```

7.4 位置大数据质量控制

位置大数据的质量控制主要围绕着数据清洁和质量保证两方面进行，其目标是从技术层面和管理层面提高数据质量，为后续的数据分析和数据挖掘提供高质量的数据。

7.4.1 位置大数据清洁

由于位置大数据来源广泛、应用领域多种多样，因此数据清洁方式也不完全一致。按照本书4.3节描述的数据清洁技术，以轨迹数据和签到数据为例，针对它们出现的质量问题，给出一些常用的数据清洁方法。

1）拼写错误的清洁方法

位置大数据的拼写错误一般是通过拼写检查器来检错和纠错，这是一种基于字典搜索的拼写检查方法。拼写检查器能够快速发现英文单词的错误，但是，对于中文单词的检错和纠错的效率却不太高，需要配合人工检查一同进行。

2）空缺值的清洁方法

位置大数据空缺值的清洁方法包括：忽略或删除元组；人工填写空缺值；使用一个全局变量填充空缺值；使用属性的中心度量（均值、中位数等）；使用与给定数据集属同一类的所有样本的属性均值、中位数、最大值、最小值、从数等；使用回归、贝叶斯方法或决策树归纳等方法填充空缺值。

在某些情况下，大量的GPS轨迹数据中会存在某一个数据缺失，这种情况容易处理。以速度为例，如果某一个GPS轨迹点在t时刻速度为零，但其前后两个GPS轨迹点的速度非零，而且采样时间较短（$\leqslant 30$ s），可以采用线性内插值法来进行数据修复，具体方式是求前后两个轨迹点速度的平均值，公式如下：

$$v.t = \frac{v.t-1+v.t+1}{2} \tag{7-26}$$

如果有多个速度数据缺失或者为0，可以使用最大期望法（expectation maximization，EM）进行插补[72]。首先，计算可用速度数据的平均值和协方差矩阵，将平均值作为缺失变量的值和插补计算的起始值。其次，基于其他变量回归有缺失值的变量，不同模式的缺失数据生成不同的回归方程，用回归方程计算的估计值替换插补的平均值，重新计算平均值和协方差矩阵。最后，重复进行回归方程的计算和插补过程，直到平均值和协方差矩阵收敛为止。

3）重复数据的清洁方法

重复数据的清洁方法一般为删除处理，但需要分析不同的情况。以 GPS 轨迹为例，一种情况是数据记录所有属性值完全相同，只需要保留一条记录，而将其余数据记录删除即可。另外一种是数据记录中浮动车信息、时间完全相同，而所处的地点，即经纬度不同。这显然是错误数据，对重复的记录保留唯一记录即可。

4）不一致数据的清洁方法

不一致数据的清洁方法通常采用语法分析和模糊匹配技术来完成数据的清理。以签到数据中 POI 的地址属性为例，规范的中文地址信息应该为"省（自治区、直辖市）＋市＋区（县）＋详细地址"四项信息，但是签到数据中的许多地址信息并不符合这一规范。为了清洁地址数据，首先要建立一个标准的地址数据集，例如，从国家统计局下载最新的行政区划代码[70]并创建标准数据集。接着，利用标准数据集判断省—市—区这三者信息是否有效，若存在不一致的数据问题，则进行规范化处理。最后，对地址进行排序，利用 SNM 算法将详细地址聚集在一个较小的窗口内，并对窗口内的地址进行匹配和清洁[71]。

5）噪声数据的清洁方法

位置大数据中的噪声数据清洁的常用方法包括：删除或者忽略；用噪声数据属性值的周围值来平滑属性的值，即用平均值、中值、从数、边缘值等来替换出错的属性值；采用回归法生成的拟合数据来光滑数据；计算机和人工检查相结合，先用计算机检测可疑数据，然后对它们进行人工判断。

经纬度坐标是轨迹数据的重要属性，也最容易出现错误数据。假设某一个 GPS 轨迹点的属性为 $P(t, lat, lon, velocity, direction)$，研究区域可以用一个矩形表示，其经纬度坐标范围为$\{(lon_{\min}, lat_{\min}), (lon_{\max}, lat_{\min}), (lon_{\max}, lat_{\max}), (lon_{\min}, lat_{\max})\}$。如果该轨迹点的经纬度坐标满足以下公式，则予以保留，否则将删除这个错误点。

$$P.lat \in (lat_{\min}, lat_{\max}) \tag{7-27}$$

$$P.lon \in (lon_{\min}, lon_{\max}) \tag{7-28}$$

若要修改错误的 GPS 轨迹数据，最好采用地图匹配算法处理[68]，以获得较为准确的经纬度坐标。

7.4.2 位置大数据质量控制

除了通过数据清洁来提升轨迹数据质量外，还可以在获取数据、数据整合和数据分析阶段，监控关键指标的波动情况，及时发现异常数据并处理以保证数据质量[73]。此种方式需要在关键数据流位置部署数据质量管理模块监控节点，监控节点负责周期性提取待检测的指标数值，若数值范围超过异常阈值，则通过电子邮件或者短信方式向维护人员推送告警信息，启动数据质量风险预防机制[22,73]。

本书根据位置大数据的特点，提出位置大数据质量实时控制系统架构，如图 7－14 所示。从应用功能划分，系统主要包括位置大数据实时审核、问题数据即时告警和问题数据处理三个部分。

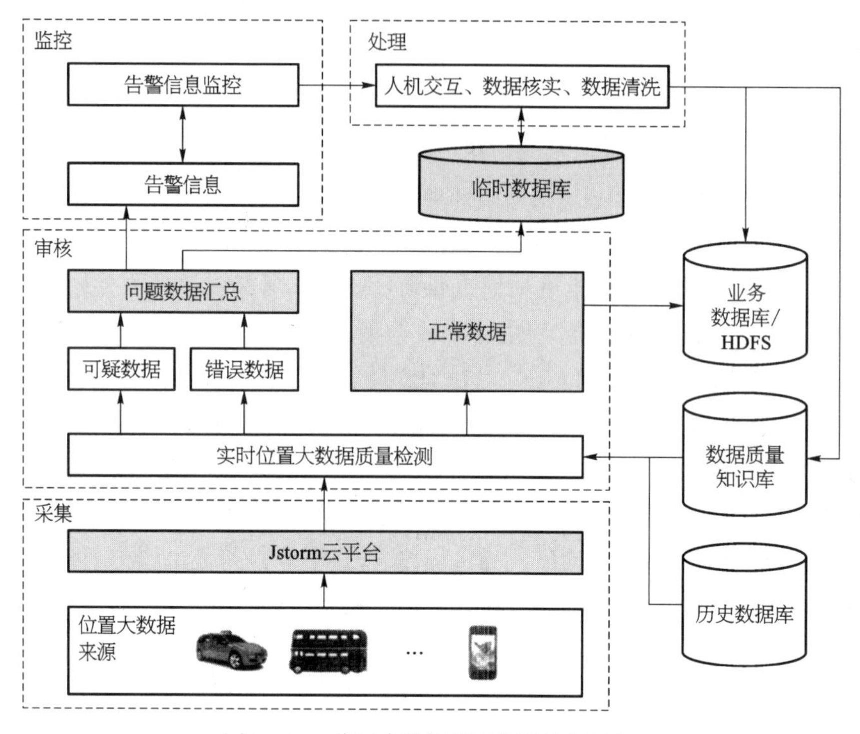

图 7－14　位置大数据质量实时控制系统

1）位置大数据实时审核

从多种途径采集到的实时位置大数据首先导入 Jstorm 云计算平台：接着对这些数据执行质量检测。经过实时审核后的正常数据直接存储在业务数据库或者 HDFS 中，而识别出的可疑数据和错误数据将保留其原始记录，并存入临时数据库中执行后续处理。检测过程中所需的数据质量维度和审核规则来自数据质量知识库。位置大数据的实时审核分别针对数据的完整性、准确性和一致性进行检查。由于某些位置大数据（如 GPS 轨迹数据）的准确性判断需要使用实际路测值，但该值较难获取，因此，可以采用历史数据的统计结果作为实际值。

2）问题数据即时告警

系统一旦监测到问题数据（可疑数据和错误数据）的存在，将自动触发告警功能。告警信息通过电子邮件或者短信等方式及时通知数据质量控制人员；同时，问题数据将保存到临时数据库中等待处理。如果告警信息未得到及时处理，告警将一直持续；如果告警信息被关闭，系统将每隔一定时间启动告警。

3）问题数据处理

数据质量控制人员接收到告警信息后，就从临时数据库中提取问题数据进行核实。如果是重复数据，则直接删除；如果是错误数据则直接删除或者修正；如果是其他问题的数据，则进一步分析和处理。在处理问题数据时,可以采用人工方式或者利用数据清洁软件自动处理。经过处理并符合质量标准的数据将从临时数据库转存到业务数据库或者 HDFS 中。此外,问题数据的产生时间、产生原因和解决方法还将写入数据质量知识库,实现历史经验沉淀。

7.4.3 OSM 地图数据质量保证

OSM 质量保证工具(quality assurance tools)有助于产生高质量的 OSM 数据。通常,为了实现这一目标,这些工具可以提供数据中存在的一个问题列表,接着使用编辑工具来修复这些问题。存在的问题要么在规则和数据分析基础上自动检测出来,要么是通过工具提供人工报告的方式进行处理,或者是这两种方式的组合。常用的质量保证工具包括:bug 报告工具、错误检测工具、可视化工具、监控工具、帮助工具和标签统计[74]。

1) bug 报告工具

Bug 报告工具有两个重要组件:Notes 和 MapDust。Notes(注解)是 OSM 网站上的一个核心功能,它可以在地图上放置一些共享 notes 以协助制图/编辑 OSM。志愿者通过 Notes 功能可以发现其他人上报的地图数据错误,也可以上传自己发现的错误。

MapDust 是一个向 OSM 报告错误(问题)的接口。其目的是使用户尽可能广泛地改善 OSM 数据库而不管他们采用何种技术技能。虽然 MapDust 与 Notes 类似,但是它集成了 Skobbler GmbH 导航产品,因此,可以报告与导航问题相关的错误。图 7-15 显示了 MapDust 的工作界面。

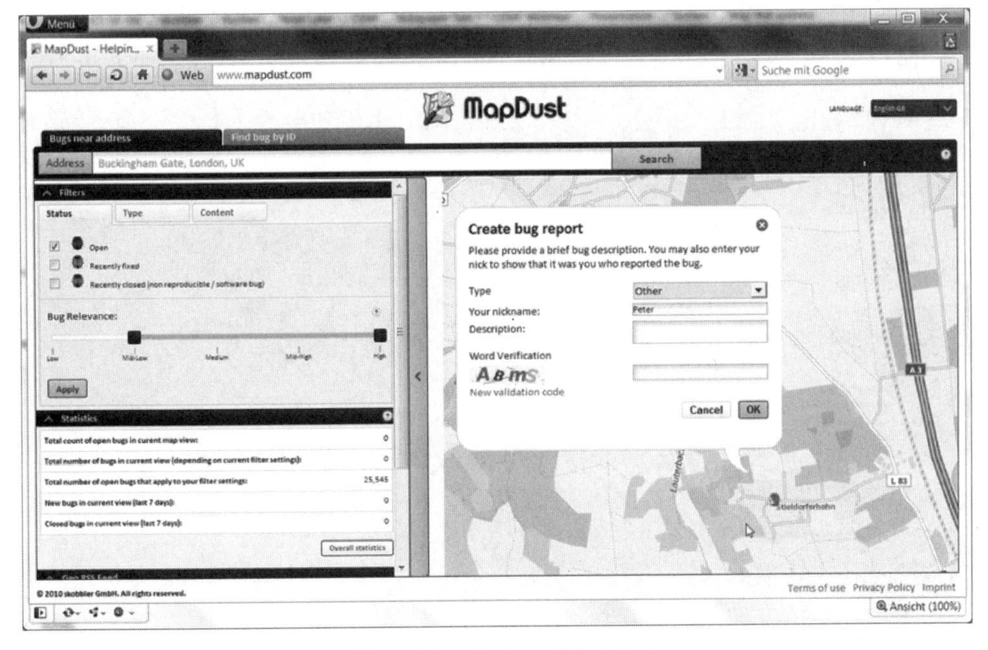

图 7-15 MapDust 工作界面

2）错误检测工具

错误检测工具检查 OSM 数据中存在的数据错误，不准确或稀疏映射的位置。OSM 提供了多种错误检测工具来提高数据质量，各种工具的名称及特征如表 7－6 所示。

表 7－6 错误检测工具

工具名称	范围	错误类型	显示类型	修复建议	下载	API	修改建议
Keep Right	全球	多种（50 以上）	标记图	否	是	是	德语
Osmose	全球	多种（200 以上）	标记图	是	是	是	是
JOSM Validator	本地	多种	列表	是	—	—	可针对一些问题
OSM Inspector	全球/部分	多种	渲染图	否	是	？	否
Maproulette	全球/部分	多种（10 以上）	一次一个特征	否	是	是	否

表 7－6 显示了用来检测 OSM 数据错误的五种常用工具，并从使用范围、检测的错误类型、显示类型、修复建议、是否提供下载、是否提供 API 接口以及修改建议七个方面进行对比。

Keep Right 是五种常用工具中使用较为广泛的工具之一，专门用于检测 OSM 数据中的一致性错误。它能够显示大量的在地图或列表中自动检测出的错误，例如：非封闭的区域、单行路没有终点、不推荐的标签、缺少标签、桥梁/隧道无分层、POIs 没有名字，道路没有节点等 50 种以上的错误类型。Keep Right 工具界面的右下角提供数据输出功能，可以将数据输出为 GeoJSON 格式。图 7－16 显示了 Keep Right 的工作界面，界面左边为错误类

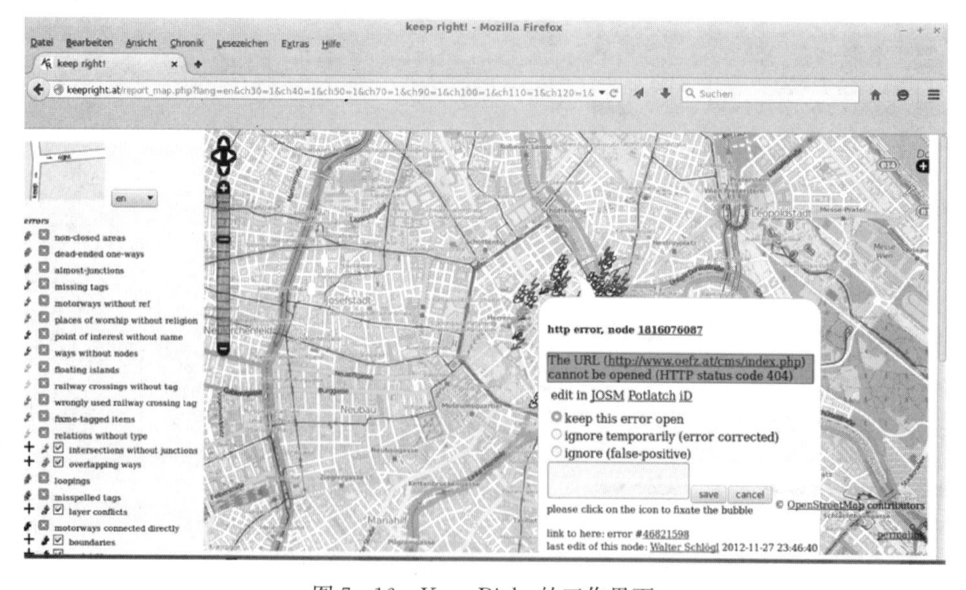

图 7－16 Keep Right 的工作界面

型,右边显示了地图上一个节点(node)所出现的 http error。

Osmose 是 OSM 网站提供的一个错误检测工具,类似于 Keep Right 但提供了更多的错误类型。

JOSM Validator 可以检查载入 JOSM 编辑器中的数据,高亮错误和警告,并可以执行自动修复。默认情况下,它会检查所有在会话中修改过的对象,但也可以对下载的数据进行验证。

OSM Inspector 是一个由 Geofabrik 提供、基于 Web 并面向高级 OSM 用户的调试工具。它可以将地图划分为不同的主题视图,每个视图又分为不同的层次,在每个层次上显示 OSM 数据的具体细节,并高亮出现的错误。

Maproulette 是一个面向众包的可定制 Web 应用程序,通过随机显示一个特定类型的项目以便修复指定的映射错误。

3) 可视化工具

OSM 的可视化工具包括 ITO Map、Pedestrian overlay 和 OSRM debug option。ITO Map 是一个来自 ITO 的地图服务覆盖。层覆盖不同的数据类型:障碍、建筑和地址、停车场、电力分布、铁路、地铁、航道、学校、水系、道路限速(km/h)、轨道类型、未知的道路等。Pedestrian overlay 显示人行道的覆盖情况,可用于检查覆盖或人行道映射连接。OSRM 演示页面的 debug 选项提供了一个由 OSRM 计算出的高速公路速度的地图覆盖。

4) 监控工具

除了上面所列举的问题和错误报告工具外,监控工具也能自动检测一些可疑的变更数据集。例如:在 OSM 网站中,"History"功能显示可能影响当前地图区域的最近所关闭的变更集合,"User edits"则显示由一个特定用户最近所做的变更集。OSM Mapper 则是一个让用户看到一个区域在最近一次被绘制的工具。WhoDidIt 分析器能够分析用户所选区域发生过什么变化。

5) 帮助工具

QualityStreetMap 是一个协调测绘工作的大网格。用户可以选择一个瓦片并采用一个特定标签来标记它。这个网格覆盖了整个世界和任何标签,OSM 的注册用户可以编辑网格。OSM 的质量保证编辑器有助于强调在某些类别下的数据丢失而且允许通过一个内置的在线编辑器直接编辑对象。

6) 标签统计

标签统计工具能够比较标签的使用情况并发现拼写错误。Taginfo 是一个用于发现和积累 OSM 标签信息的系统,通过 Taginfo,标签可以浏览和查询。ITO Map 通过运行脚本来高亮显示标签使用和是否满足一致性的情况,它可以同时显示一组相关的标签。

◇参◇考◇文◇献◇

[1] 郑宇. 城市计算概述[J]. 武汉大学学报・信息科学版,2015,40(1):1-12.

[2] 何玉宏. 挑战,冲突与代价:中国走向汽车社会的忧思[J]. 中国软科学,2006,12:67-75.

[3] 郭迟,刘经南,方媛等. 位置大数据的价值提取与协同挖掘方法[J]. 软件学报,2014,25(4):713-730.

[4] Yu Zheng, Trajectory Data Mining: An Overview [J]. ACM Transaction on Intelligent Systems and Technology, 2015, 6(3): 29-69.

[5] VANDENBERGHE W, VANHAUWAERT E, VERBRUGGE S. Feasibility of expanding traffic monitoring systems with floating car data technology[J]. Intelligent Transport Systems, 2012, 6(4): 347-354.

[6] TSENG P J, HUNG C C, HSUN T. Real-time urban traffic sensing with GPS equipped Probe Vehicles[C]. //Proc of the 2011 International Conference on ITS Telecommunications. Taiwan: 306-310.

[7] ZHENG Y, XIE X, MA W Y. GeoLife: A Collaborative Social Networking Service among User, location and trajectory[J]. Bulletin of the IEEE Computer Society Technical Committee on Data Engineering, 2010: 1-8.

[8] ANDREAS K, VASILIOS S, ATHANASIOS P, et al., Capturing Urban Dynamics with Scarce Check-In Data[J]. IEEE Pervasive Computing, 2013, 12(4): 20-28.

[9] HUANG W H , CHU L H, SONG G J, et al., Novel approach of depicting urban transportation based on mobile billing data[C]. // Proc of the 2011 International Conference on Remote Sensing, Environment and Transportation Engineering. Nanjing, 2011: 503-506.

[10] DONG H H, WU M H, SHAN Q C, et al. Urban Residents Travel Analysis Based on Mobile Communication Data[C]. // Proc of the 2013 International IEEE Annual Conference on Intelligent Transportation Systems, Hague: 1487-1492.

[11] GONZALEZ P A, WEINSTEIN J S, BARBEAU S J, et al., Automating mode detection for travel behaviour analysis by using global positioning systems enabled mobile phones and neural networks [J]. IET Intelligent Transport Systems, 2010, 4(1): 37-49.

[12] 王西点. 基于手机位置的实时交通信息采集技术[J]. 中国交通信息产业,2009(1):128-130.

[13] 毛晓汶. 基于手机信令技术的区域交通出行特征研究[D]. 重庆:重庆交通大学,2014.

[14] 关志超,胡斌,张昕,等. 基于手机数据交通规划、建设、管理决策支持应用研究[C]. //第七届中国智能交通年会优秀论文集. 北京,2012:358-367.

[15] ZHAO J J, TIAN C, ZHANG F, et al. Understanding Temporal and Spatial Travel Patterns of Individual Passengers by Mining Smart Card Data[C]. // Proc of the 2014 IEEE 17th International Conference on Intelligent Transportation Systems. Qingdao: 2991-2997.

[16] 邓春瑶. 哈尔滨市居民公交 IC 卡数据分析方法研究[D]. 哈尔滨:东北林业大学,2014.

[17] 单杰,秦坤,黄长青,等. 众源地理数据处理与分析方法探讨[J]. 武汉大学学报・信息科学版,2014,39(4):390-395.

[18] HEIPKE C. Crowdsourcing geospatial data [J]. Isprs Journal of Photogrammetry & Remote Sensing, 2010, 65(6): 550 - 557.

[19] GOODCHILD M F. Citizens as sensors: the world of volunteered geography[J]. Geo journal, 2007, 69(4): 211 - 221.

[20] DOAN A, RAMAKRISHNAN R, HALEVY A Y. Crowdsourcing systems on the World-Wide Web[J]. Communications of the Acm, 2011, 54(4): 86 - 96.

[21] ZOOK M, GRAHAM M, SHELTON T, et al. Volunteered geographic information and crowdsourcing disaster relief: a case study of the Haitian earthquake[J]. World Medical & Health Policy, 2010, 2(2): 7 - 33.

[22] 赵俊蛟. 移动通信企业数据整合与数据质量控制研究[D]. 天津: 天津大学,2011.

[23] 维基百科. OpenStreetMap [EB/OL]. [2015 - 04 - 22]. http://en.wikipedia.org/wiki/OpenStreetMap.

[24] 范博文. 众源地理数据质量研究——以昆明市为例[D]. 昆明: 云南大学,2015.

[25] YANG H, CAO Y H, SU H, et al. The Large-scale Crowd Analysis Based on Sparse Spatial-temporal Local Binary Pattern [J]. Multimedia Tools and Applications, 2012, 73(1): 41 - 60.

[26] YUAN J, ZHENG Y, ZHANG C Y, et al. T-Drive: Driving Directions Based on Taxi Trajectories [C]. SIGSPATIAL GIS, San Jose, California, 2010.

[27] YUAN J, ZHENG Y, ZHANG L H, et al. T-Finder: A Recommender System for Finding Passengers and Vacant Taxis[J]. 2013, 25(10): 2390 - 2403.

[28] MA S, ZHENG Y, WOLFSON O. T-Share: A Large Scale Dynamic Taxi Ride sharing Service [C]. // ICDE. Brisbane, Australia, 2013.

[29] RATTI C, SOBOLEVSKY S, CALABRESE F, et al. Redrawing the map of great Britain from a network of human interactions[J]. PLoS One, 2010, 5(12): e14248.

[30] PHITHAKKITNUKOON S, HORANONT T, DILORENZO G, et al. Activity-Aware Map: Identifying Human Daily Activity Pattern Using Mobile Phone Data[M]//Albert Ali Salah, Theo Gevers, Nicu Sebe, et al. Human Behavior Understanding. Berlin: Springer Heidelberg, 2010: 14 - 25.

[31] YE Y, ZHENG Y, CHEN Y K, et al. Mining Individual Life Pattern Based on Location History [C]. //IEEE MDM. Taiwan, 2009.

[32] BAO J, ZHENG Y, WILKIE D, et al. A Survey on Recommendations in Location based Social Networks[J]. 2014 (11).

[33] ZHENG Y, LIU T, WANG Y L, et al. Diagnosing New York City's Noises with Ubiquitous Data [C]. //UbiComp. Seattle, 2014.

[34] ZHENG Y, LIU F, HSIE H P. U-Air: When Urban Air Quality Inference Meets Big Data[C]. // The 19th ACM SIGKDD International Conference on Knowledge Discovery and Data Mining. New York, 2013.

[35] KARAMSHUK D, NOULAS A, SCELLATO S, et al. Geo Spotting: Mining Online Location Based Services for Optimal Retail Store Placement[C]. //IKDD. Chicago, 2013.

[36] FU Y J, XIONG H, GE Y, et al. Exploiting Geographic Dependencies for Real Estate Appraisal: A

Mutual Perspective of Ranking and Clustering[C]. //KDD. New York, 2014.

[37] SHANG J B, ZHENG Y, TONG W Z, et al. In-ferring Gas Consumption and Pollution Emission of Vehicles throughout a City[C]. //KDD. New York, 2014.

[38] SONG X, ZHANG Q, SEKIMOTO Y, et al. Modeling and Probabilistic Reasoning of Population Evacuation during Large Scale Disaster[C]. //KDD. Chicago, 2013.

[39] SADILEK A, KAUTZ H A, SILENZIO V. Modeling Spread of Disease from Social Interactions [C]. //The 6th International AAAI Conference on Weblogs and Social Media. Dublin, 2012.

[40] 黄金特. 面向浮动车 GPS 数据的质量评价系统设计与实现[D]. 广州：中山大学，2011.

[41] 马云飞. 基于出租车轨迹点的居民出行热点区域与时空特征研究——以昆山市为例[D]. 南京：南京师范大学，2014.

[42] 陈锋，刘剑锋. 基于 IC 卡数据的公交客流特征分析——以北京市为例[J]. 城市交通，2016，01：51 - 58.

[43] CHO E, MYERS S A, LESKOVEC J. Friendship and Mobility: User Movement in Location-Based Social Networks[C]. // ACM SIGKDD International Conference on Knowledge Discovery and Data Mining (KDD), 2011.

[44] 安杨，赵波. 基于本体的空间信息集成[J]. 华中科技大学学报(自然科学版)，2006(34)：90 - 93.

[45] 杨涛. 基于基站切换的交通信息采集技术应用研究[J]. 现代电子技术，2012，35(15)：145 - 147.

[46] STEVE R, BASKARAN N B, NELSON T, et al., Methods for pre-processing smartcard data to improve data quality[J]. Transportation Research Part C-emerging Technologies, 2014, 53 - 58.

[47] 李海波，陈学武. 基于公交 IC 卡和 AVL 数据的换乘行为识别方法[J]. 交通运输系统工程与信息，2013，13(6)：73 - 79.

[48] 宋少飞，李玮峰，杨东援. 基于移动通信数据的居民居住地识别方法研究[J]. 综合运输，2015，37(12)：72 - 76.

[49] LI W F, CHENG X Y, DUAN Z Y, et al. A Framework for Spatial Interaction Analysis Based on Large-Scale Mobile Phone Data [J]. Computational Intelligence & Neuroscience, 2014: 1 - 11.

[50] 蔡超，左小清，陈震霆. 一种手机定位数据的非运动数据聚类剔除方法[J]. 交通信息与安全，2010，04：60 - 63.

[51] MAJECKA B. Statistical models of pedestrian behaviour in the Forum [D]. UK: University of Edinburgh, 2009.

[52] 任颐，毛荣昌. 手机数据与规划智慧化——以无锡市基于手机数据的出行调查为例[J]. 国际城市规划，2014，29(6)：66 - 71.

[53] 吴祥国. 基于公交 IC 卡和 GPS 数据的居民公交出行 OD 矩阵推导与应用[D]. 济南：山东大学，2011.

[54] ISO. ISO 19157: 2013 Geographic information-Data quality [EB/OL]. [2016 - 01 - 15]. https://www.iso.org/obp/ui/#iso: std: iso: 19157: ed - 1: v1: en.

[55] 任艳. 空间拓扑一致性维护研究[D]. 武汉：华中师范大学，2007.

[56] Egenhofer M. J., Franzosa R. D. Ponit-set Topological Spatial Relations. International Journal of Geographical Information Systems, 1991, 5(2): 161 - 174.

[57] EGENHOFER M J, FRANZOSA R D. On Equivalence of Topological Relations. International Journal of Geographical Information Systems, 1995, 9(2): 133 - 152.

[58] EGENHOFER M, HERRING A J. Mathematical Framework for the Definition of Topological Relations [C]. //Fourth International Symposium on Spatial Data Handling. Zurich, 1990: 803 - 813.

[59] ZHAO R, LI Z. K-ORDER SPATIAL NEIGHBOURS BASED ON VORONOI DIAGRAM: DESCRIPTION, COMPUTATION AND APPLICATIONS [J]. Symposium on Geospatial Theory, Processing and Applications, 2002.

[60] 詹陈胜,武芳,翟仁健等. 基于拓扑一致性的线目标空间冲突检测方法[J]. 测绘科学技术学报,2011,28(5): 387 - 390.

[61] 张继仙. 基于 GPS 数据质量评估的路段速度估计方法研究[D]. 广州: 中山大学,2012.

[62] 毋一舟,赖俊陶,吴煜晖. 基于 LBS 签到数据更新 POI 的数据预处理研究[J]. 计算机与数字工程,2012,8: 87 - 89.

[63] 张维. 基于手机定位数据的城市居民出行特征提取方法研究[D]. 南京: 东南大学,2015.

[64] 郭页公. Storm 及 Hadoop 比较 && Strom 优点 [EB/OL]. (2013 - 04 - 19) [2016 - 01 - 20]. http: //39382728. blog. 163. com/blog/static/353600692013284160124/.

[65] Abel Avram. Twitter Has Replaced Storm with Heron [EB/OL]. (2015 - 06 - 12) [2016 - 05 - 22]. https: //www. infoq. com/news/2015/06/twitter-storm-heron.

[66] 阿里巴巴. 分布式计算系统 JStorm [EB/OL]. (2015 - 11 - 19)[2016 - 05 - 21]. http: //www. oschina. net/p/alibaba-jstorm.

[67] 刘志鹏. 移动通信数据挖掘关键应用技术研究[D]. 南京: 南京航空航天大学,2015.

[68] CAI L, ZHU B Y. Research on Map Matching Algorithm Based on Nine-rectangle Grid[C]. // Proc of the 2013 International Symposium on Computer Architecture. Changsha, 2013.

[69] 赵仁亮,陈军,陈志林,张学庄. 基于 V9I 的空间关系操作与实现[J]. 武汉测绘科技大学学报,2000,04: 62 - 72.

[70] 国家统计局. 行政区划代码[EB/OL]. [2016 - 05 - 21]. http: //www. stats. gov. cn/tjsj/tjbz/xzqhdm/.

[71] 郭文龙. 基于 SNM 算法的大数据量中文地址清洗方法[J]. 计算机工程与应用,2014,50(5): 108 - 111.

[72] 韩卫国,王劲峰,胡建军. 交通流量数据缺失值的插补方法[J]. 交通与计算机,2005,23(1): 39 - 42.

[73] 李志鹏,张玮,黄少平等. 自动气象站数据实时质量控制业务软件设计与实现[J]. 气象,2012,38(3): 371 - 376.

[74] OSM. Quality assurance [EB/OL]. [2016 - 07 - 21]. http: //wiki. openstreetmap. org/wiki/Quality-assurance.